普通高等教育土建学科专业"十一五"规划教材
高等学校建筑电气与智能化专业指导小组
规划推荐教材

建筑电气与智能化
工程项目管理

班建民 王昱安 奚雪峰 付保川 编著

中国建筑工业出版社

图书在版编目(CIP)数据

建筑电气与智能化工程项目管理/班建民等编著.—北京：
中国建筑工业出版社，2011.7（2022.8重印）
（普通高等教育土建学科专业"十一五"规划教材．高等
学校建筑电气与智能化专业指导小组规划推荐教材）
ISBN 978-7-112-13467-0

Ⅰ.①建… Ⅱ.①班… Ⅲ.①房屋建筑设备：电气设备-
建筑安装工程-工程项目管理②智能化建筑-建筑工程-工程项
目管理 Ⅳ.①TU85②TU18

中国版本图书馆 CIP 数据核字（2011）第 159619 号

本书较系统地介绍了建筑电气与智能化工程管理的知识与方法，其内容主要包括项目管理的基本概念、建筑电气与智能化工程及其项目管理概论、建筑电气与智能化工程项目组织机构与管理、建设程序与招投标、项目质量控制、项目进度控制、项目成本控制、安全文明管理、项目组织协调管理、施工环境管理、承包合同管理、工程信息管理等。本书既可作为建筑电气与智能化等相关专业学生的教材，也可作为建造师、监理工程师、造价工程师等相关技术人员的参考书。

* * *

责任编辑：王 跃 齐庆梅 张 健
责任设计：李志立
责任校对：姜小莲 王雪竹

普通高等教育土建学科专业"十一五"规划教材
高等学校建筑电气与智能化专业指导小组规划推荐教材
建筑电气与智能化工程项目管理
班建民 王昱安 奚雪峰 付保川 编著

*

中国建筑工业出版社出版、发行（北京西郊百万庄）
各地新华书店、建筑书店经销
北京红光制版公司制版
北京建筑工业印刷厂印刷

*

开本：787×1092 毫米 1/16 印张：15 字数：375 千字
2011 年 8 月第一版 2022 年 8 月第六次印刷
定价：**26.00** 元
ISBN 978-7-112-13467-0
(21238)

版权所有 翻印必究
如有印装质量问题，可寄本社退换
（邮政编码 100037）

序

自 20 世纪 80 年代起，中国乃至世界掀起兴建智能建筑的热潮。这是因为智能化建筑是现代高科技硕果的综合反映，是一个国家、地区科学技术和经济水平的综合体现，是现代化大城市建筑发展的大趋势，也是当今世界各国为实现社会经济快速发展和管理科学化最有力的技术手段。进入 21 世纪，随着我国经济社会的快速发展和城镇化、现代化、国际化进程的加快，城乡居民生活水平日趋提高，居住条件日益改善，建筑业在国民经济中的支柱地位得到进一步加强，其中智能与绿色建筑产业已成为中国经济发展中最活跃、最具有生命力的新兴产业之一。

为了促进经济社会的可持续发展，建立资源节约型、环境友好型社会，实现国家确定的节能减排目标，建筑节能将发挥越来越重要的作用。在"推广绿色建筑，促进节能减排"的任务中，建筑电气和智能化领域的专业技术人员发挥着十分重要的作用，人才的数量和素质直接关系到我国建筑节能减排目标的实现，直接影响到智能与绿色建筑产业的发展，大力发展"建筑电气与智能化"专业本科教育是十分重要和迫切的，为此自 2006 年度起教育部批准设置了"建筑电气和智能化"本科专业。

为促进建筑电气与智能化本科专业的建设和发展，高等学校建筑环境与设备工程专业指导委员会智能建筑指导小组组织编写了本套建筑电气与智能化专业的规划教材，以适应和满足建筑电气与智能化专业以及电气信息类相关专业教学和科研的需要，同时也可作为从事建筑电气、建筑智能化工作的技术人员的参考书。

建筑电气与智能化是一个跨专业的新兴学科领域，我们衷心希望各院校积极参与规划教材的编写工作，同时真诚希望使用规划教材的广大读者提出宝贵意见，以便不断完善教材内容。

高等学校建筑环境与设备工程专业指导委员会
智能建筑指导小组
寿大云

前　言

智能建筑（Intelligent Building，IB）是信息时代的产物，它伴随社会信息化和全球经济一体化的需求应运而生。智能建筑集中地体现了建筑艺术与信息技术的结合，它的出现受到世界各国的普遍重视。其固有的高科技、高难度、高风险、系统复杂、协调困难等特性，决定了项目管理对于建筑电气与智能化工程项目的重要性。要保证项目正常进行和最终实施成功，必须有严谨清晰的项目管理。其核心是运用现代管理技术，对建筑电气与智能化工程项目进行有效的管理与控制，从而保证智能化工程项目"质量、进度、成本"三大控制目标的实现，从而提高项目的投资效益。

针对建筑电气与智能化专业的培养目标和智能化工程项目管理的需求，为满足培养高素质的智能化工程项目管理人才的需要，根据作者多年来在建筑电气与智能化领域的工程实践积累和管理工作体会，以及为本科生开设工程项目管理课程的经验，编写了此书。本书较系统地介绍了建筑电气与智能化工程管理的知识与方法，其内容主要包括项目管理的基本概念、建筑电气与智能化工程及其项目管理概论、建筑电气与智能化工程项目组织机构与管理、建设程序与招投标、项目质量控制、项目进度控制、项目成本控制、安全文明管理、项目组织协调管理、施工环境管理、承包合同管理、工程信息管理等。本书既可作为建筑电气与智能化等相关专业学生的教材，也可作为建造师、监理工程师、造价工程师等相关技术人员的参考书。

本书由苏州科技学院班建民、奚雪峰、付保川和裕民（中国）建筑有限公司的王昱安编写，全书由班建民统稿。在此书编写的过程中得到了江苏晓山信息产业股份有限公司副总经理浦国美高级工程师和北京联合大学范同顺教授的大力支持和无私帮助，并在百忙之中审阅了书稿，在此谨表诚挚谢意。感谢中国建筑工业出版社张健编辑在本书编写过程中所做的大量组织与协调工作，才使该书得以最终面世。

本书是对作者多年的教学工作经验和工程实践经验的总结、归纳和提炼。同时，还广泛参阅和引用了相关的文献资料，其中绝大部分参考文献已在书末列出，在此一并对原作者表示感谢。建筑电气与智能化工程项目管理是一个新兴的学科分支而又发展迅速，因此书中存在的错误和不足之处在所难免，希望读者提出宝贵的批评意见。

目 录

第1章 工程项目管理概述 ·· 001
1.1 工程项目的定义 ·· 001
1.2 项目管理的产生与发展 ·· 003
1.3 工程项目管理的目标及主要内容 ·· 005
1.4 工程项目的周期性 ·· 007
1.5 工程项目管理的系统性 ·· 008
1.6 工程项目管理的作用 ··· 011
思考与实践 ·· 012

第2章 建筑智能化工程项目管理 ··· 013
2.1 建筑智能化系统概述 ··· 013
2.2 建筑智能化系统的基本构架 ·· 015
2.3 建筑智能化工程项目管理特点 ··· 018
2.4 建筑智能化工程项目管理的类型与范围 ··· 021
2.5 建筑智能化工程项目管理组织与体制 ·· 023
2.6 建筑智能化工程项目管理的内涵 ·· 025
思考与实践 ·· 029

第3章 智能化工程项目成本控制 ··· 030
3.1 智能化工程费用组成 ··· 030
3.2 项目成本计划的编制方法 ··· 033
3.3 项目成本控制的任务与措施 ·· 036
3.4 项目成本控制的分析和方法 ·· 041
思考与实践 ·· 045

第4章 智能化工程项目进度控制 ··· 046
4.1 智能化工程项目进度控制概论 ··· 046
4.2 智能化工程项目流水施工原理 ··· 049
4.3 智能化工程项目进度网络计划技术 ··· 052
4.4 智能化工程项目进度计划编制和审批 ·· 055
4.5 智能化工程项目进度计划实施控制 ··· 060
4.6 智能化工程项目进度控制报告 ··· 066
思考与实践 ·· 067

第5章 智能化工程项目质量控制 ··· 068
5.1 工程项目质量控制的概念和原理 ·· 068
5.2 工程项目质量控制系统的建立和运行 ·· 074

  5.3 工程项目质量控制和验收的方法 ……………………………………………… 076
  5.4 工程项目质量缺陷与事故处理 ……………………………………………… 081
  思考与实践 …………………………………………………………………………… 082

第 6 章 智能化工程项目合同管理 ………………………………………………… 083
  6.1 智能化工程项目合同管理概论 ……………………………………………… 083
  6.2 智能化工程项目招标投标 …………………………………………………… 087
  6.3 智能化工程项目合同实施控制 ……………………………………………… 095
  思考与实践 …………………………………………………………………………… 099

第 7 章 智能化工程项目安全与环境管理 …………………………………………… 100
  7.1 智能化工程项目安全管理概述 ……………………………………………… 100
  7.2 智能化工程项目安全管理制度 ……………………………………………… 101
  7.3 施工单位的安全责任 ………………………………………………………… 105
  7.4 智能化工程项目环境管理概述 ……………………………………………… 106
  思考与实践 …………………………………………………………………………… 109

第 8 章 智能化工程项目信息管理 ………………………………………………… 110
  8.1 智能化工程项目信息管理概论 ……………………………………………… 110
  8.2 智能化工程项目信息管理系统 ……………………………………………… 113
  8.3 智能化工程项目信息门户 …………………………………………………… 116
  思考与实践 …………………………………………………………………………… 120

第 9 章 智能化工程项目沟通与协调管理 …………………………………………… 121
  9.1 智能化工程项目沟通管理概述 ……………………………………………… 121
  9.2 工程项目沟通的程序和内容 ………………………………………………… 123
  9.3 智能化工程项目沟通计划 …………………………………………………… 124
  9.4 建筑工程项目沟通障碍与冲突管理 ………………………………………… 125
  思考与实践 …………………………………………………………………………… 126

第 10 章 建筑电气与智能化工程施工控制要点 …………………………………… 127
  10.1 建筑电气工程概述 ………………………………………………………… 127
  10.2 电气装置安装工程的施工要点 …………………………………………… 127
  10.3 火灾自动报警及消防联动系统的施工要点 ……………………………… 134
  10.4 建筑智能化工程的施工要点 ……………………………………………… 138
  10.5 电梯安装工程的施工要点 ………………………………………………… 144
  10.6 仪表安装工程的施工要点 ………………………………………………… 146

第 11 章 智能化工程项目管理实务与案例 ………………………………………… 149
  11.1 合同管理 …………………………………………………………………… 149
  11.2 施工进度计划管理 ………………………………………………………… 164
  11.3 项目成本管理 ……………………………………………………………… 174
  11.4 质量管理 …………………………………………………………………… 184
  11.5 施工安全管理 ……………………………………………………………… 201
  11.6 工程协调和任务划分 ……………………………………………………… 216

11.7	质量检验和质量问题处理	219
11.8	现场文明施工	223
11.9	成本构成和竣工结算	226
11.10	竣工验收和回访保修	228

参考文献 ………………………………………………………………………… 232

第1章 工程项目管理概述

1.1 工程项目的定义

在现代社会中,项目普遍存在于社会经济生活的各个领域。例如各地区、城市的建设项目和城市规划项目,各种形式的社会项目,国家和地方的各种科技项目和发展项目,国防工程项目,企业的各种新产品研究和开发项目,企业技术改造项目等等。项目已成为社会经济和文化生活中不可缺少的部分,是推动社会发展和人类进步的重要载体,现已成为国民经济发展的基本元素,在社会经济发展中扮演着重要角色。

1.1.1 项目及其特征

所谓项目(Project),是指在一定约束条件下,具有特定目标的一次性任务。例如组织一项科技攻关称作科研项目,治理环境污染的项目称作环保项目,而建设一个住宅小区的项目称作工程建设项目等。几十年来,人们对项目进行过很多定义,包括许多专家和标准化组织都企图用简单通俗的语言对不同类型、不同领域的项目共性特征进行概括和抽象化的描述。较为典型的定义有:

(1) 在工程项目管理领域,对项目的传统定义以 Martino 于 1964 年给出的定义最具代表性。其描述为"项目是一个具有规定的开始和结束时间的任务,它需要使用一种或多种资源,具有许多个为完成该任务(项目)所必须完成的相互独立、相互联系、相互依赖的活动"。

(2) 按照国际标准《质量管理——项目管理质量指南(ISO 10006)》的描述,项目被描述为"由一组有起止时间、相互协调的受控活动所组成的特定过程,该过程要达到符合规定要求的目标,包括时间、成本和资源的约束条件"。

(3) 美国项目管理协会 PMI(Project Management Institute)认为:项目是为完成某一独特的产品或服务所做的一次性努力。该定义强调了项目的对象与项目的区别、项目的一次性。

随着社会经济的发展,项目的概念已经渗入到社会生活的各个领域。在现代社会中,项目组织已成为人们最常用的组织方式,项目管理也成为人们管理事务的一种普遍方法。随着项目的应用越来越广泛,项目的类型层出不穷,本书所讨论的项目仅限于与建筑工程相关的项目。尽管具体的项目千差万别,但如果屏蔽其具体内容,它们就具有一些共同的特征。

项目具有如下几个主要特征:

(1) 项目的单件性(又称任务的一次性)。任何项目从总体上来说都是一次性的、不可重复的。每个项目都有其生命周期、明确的开始和结束时间,都会经历前期策划、设计与计划、施工(或生产、制造)、结束等阶段。即使在形式上极为相似的项目,也存在着明显的差别：他们建设的时间、地点、环境、项目组织和风险等不同。因此，项目与项目之间无法等同、无法替代。

（2）结果的不可逆转性。结果的不可逆转性是与项目的一次性密切相关的，项目不能像其他事情那样做坏了可以重来，也不可以试着做，因此项目结果具有不可逆转性。一旦出现失误很难找到纠正的机会，因此对项目实施过程中的每个环节都必须科学、严格地加以管理，保证其一次成功。

（3）项目具有明确的目标。任何项目都是为完成一定目标而设立的活动，因此具有明确的目标。项目目标由成果性目标和约束性目标构成。成果性目标是项目的最终目标，在项目实施过程中成果性目标被分解为项目的功能性要求，是项目全过程的主导目标；约束性目标也称为约束条件，是实现成果性目标的客观条件和人为约束条件的统称，是项目实施过程中必须遵守的条件。

（4）项目的整体性。项目是为实现既定目标而展开的一系列活动，而这些活动都是相互关联的，它们共同构成一个有机的整体。影响项目的因素有多种，其中的主要因素有：时间、经费、资源、技术、信息、环境等。强调项目的整体性就是强调项目的过程性和系统性，以及它们与各种因素之间的关系。

1.1.2 工程项目与项目管理

1. 工程项目管理的含义

工程项目是指要完成一定功能、规模和质量要求的工程，它是许多部分、许多功能面组合起来的综合体，有其自身的系统结构形式。按照《建设工程项目管理规范》GB/T 50326—2006 给出的定义，工程项目是指"为完成依法立项的新建、扩建、改建等各类工程而进行的、有起止日期、达到规定要求的一组相互关联的受控活动组成的特定过程，包括策划、勘察、设计、采购、施工、试运行、竣工验收和考核评价等"。

项目管理 PM（Project Management），是指人们为达到一定的目的，对管理的对象所进行的决策、计划、组织、协调、控制等一系列工作。项目管理的对象是工程项目，其管理的概念及职能在道理上与其他管理是相通的，但由于工程项目的一次性等特点，要求其管理更强调程序性、全面性和科学性，即要求运用系统工程的观点、理论和方法进行管理。因此，工程项目管理是指在一定的资源约束条件（包括时间资源、经费资源、人力资源和物质资源等）下，为使工程项目取得成功而对项目所有活动实施决策与计划、组织与指挥、控制与协调、教育与激励等一系列工作的总称。

2. 工程项目管理的职能

工程项目管理的职能是，通过选择合适的管理方式，构建科学合理的管理体系，进行规范有序的管理，力求项目决策和实施的各个阶段、各个环节的工作协调、顺畅、高效，实现工程项目建设所追求的投资省、质量优、效益高。或者说，工程项目管理任务是综合运用系统化的理念、程序和方法，采用先进的管理技术和手段对工程项目进行策划、组织、协调和控制等专业化的系列活动并达到预期的目标。其实质内涵是在项目实施周期内，通过项目策划和项目控制，使项目的费用目标、进度目标和质量目标得以实现。

其中，项目实施周期是指从项目开始至项目完成的时间区间；项目策划是指为实现目标控制所采取的一系列筹划和准备工作；费用目标对于业主而言就是投资目标，对施工方而言就是成本目标。项目决策管理工作的主要任务就是通过管理使项目的目标得以实现。

1.1.3　工程项目的相关者

一个工程项目从策划到建成通常有多方人员参与，如工程项目投资方、工程项目业主（或项目法人）、设计方、工程总承包方、设备及材料供应商等相关主体。他们在项目中扮演不同角色，发挥着不同的作用，他们是在项目的整个生命周期中与项目有某种利害关系的人或组织。工程项目的相关者参与项目都有自己的目标和期望，他们对项目的支持程度、认可程度以及在项目中的组织行为，是由他们对项目的满意程度、目标和期望值的实现程度来决定。

1. 工程项目投资方

通过直接投资、认购股票等各种方式向工程项目经营者提供资金支持。

2. 工程项目业主（或项目法人）

一般情况下，工程项目业主（或项目法人）是指项目最终成果的接受者和经营者。工程项目法人是指对工程策划、资金筹措、建设实施、生产经营、债务偿还和资产保值增值，实行全过程负责的企事业单位或其他经济组织。

3. 设计方

可以用广义工程咨询方的概念来描述，包括工程设计公司、工程监理公司、工程项目管理公司，以及其他为业主或项目法人提供工程技术和管理服务的公司企业。工程项目设计公司和业主或项目法人签订设计合同，完成相应的设计任务；工程监理公司与业主或项目法人签订监理合同，提供工程监理服务；工程项目管理公司与业主或项目法人签订项目管理合同，提供工程项目管理服务。

4. 工程总承包方

为承担工程项目施工和设备制造的公司企业，按照承发包合同约定，完成相应的建设任务。

5. 其他相关主体

工程项目管理的其他主体包括：政府的规划管理部门、计划管理部门、建设管理部门、环境管理部门、审计部门等，他们分别对工程项目立项、工程建设质量、工程建设对环境的影响以及工程建设资金的使用等方面进行监督或管理。此外，建筑材料与设备供应商、工程设备租赁公司、保险公司、银行等，均与工程项目业主签订合同，提供产品、服务、资金等。

在上述工程项目相关各方中，业主或项目法人是核心，在工程建设的全过程起主导作用。通过招标等方式选择工程项目承包方、设计单位、咨询服务方和设备及材料供应商，并对他们在实施工程项目过程中的行为进行监督和管理。

1.2　项目管理的产生与发展

1.2.1　项目管理的产生

项目管理的产生与发展是工程实践的结果，它经历了从潜意识到传统项目管理再到现代项目管理的发展过程。

项目作为国民经济及企业发展的基本元素，一直在社会经济发展中扮演着重要角色。在人类社会发展的早期，虽然人们在日常生活中总是从事和面对各种各样的项目，但是很少有人去有意识地管理这些项目。直到20世纪初期，项目管理还没有形成完善的理论，也没有先进的工具和方法、管理手段和明确的操作规程与技术标准，主要是凭借个人的经验和智慧进行项目管理，处于一种潜意识的状态，更谈不上科学性和系统性。

随着项目规模越来越大，投资资金越来越高，涉及的行业越来越广泛，项目内部的联系越来越复杂，传统的项目管理模式已经不能满足现代项目管理的需要，于是逐步探索出项目管理的现代管理模式。传统的项目管理概念主要起源于建筑行业，这是由于建筑项目相对于其他项目的组织实施过程表现得更为复杂。随着社会的发展和技术的进步，尤其是计算机技术的广泛应用，使得项目管理的手段不断得到改进和完善。与此同时，美国自20世纪50年代至70年代大力发展大型国防工业，提出并成功运用了"网络计划技术"，不仅为管理科学的发展注入了新的活力，而且使第二次世界大战中发展起来的运筹学得到充实，从而为现代项目管理的形成奠定了坚实的基础，"项目管理"一词便逐渐流行起来。

自20世纪70年代以来，人们发现项目管理不仅在技术层面上发挥作用，而且可以帮助自己获得许多综合优势。特别是信息技术的高速发展及其与其他学科的交叉渗透和相互促进，极大地丰富了项目管理的内容，拓展了项目管理的范围，并促使项目管理在概念上得到升华，推动项目管理从传统模式进入现代管理模式的新阶段。

1.2.2 工程项目管理的发展

20世纪60年代，项目管理主要应用于航天、国防和建筑行业中，进入20世纪90年代以后，项目管理的特点发生了巨大的变化。在工业时代制造业经济环境下，强调的是预测能力和重复性活动，管理的重点很大程度上在于制造过程的合理性和标准化；而在信息经济环境下，事物的独特性取代了重复性过程，而且信息本身也是动态变化的，如何实现灵活性成为现代项目管理的关键之所在。经过长期的探索与总结，项目管理逐步发展成为独立的科学体系，并成为现代管理学的重要分支。随着项目管理知识的普及和应用，项目管理的工具和方法得到了很大发展，对企业的经营、资源利用和对市场的快速反应都产生了很大影响。

实践证明不管哪个行业，如果能够熟练地运用项目管理技术和方法，就能够成功地管理好项目。自20世纪90年代以来，现代项目管理的应用领域已经成功地扩展到了电子、制造、智能建筑、软件开发、交通运输、医药、金融服务和教育培训等行业。从另一方面来看，至今为止项目管理学仍是一门发展中的学科，仍需要不断地进行补充和完善，其发展呈现出如下趋势：首先，项目管理的全球化和信息化；其次，项目管理的多元化；第三，项目管理的专业化或职业化。

现代项目管理虽然发源于美国，但在我国也有较长时间的推广、应用和发展。为了提高建设工程项目的管理水平，适应市场经济发展的需要，促进其科学化、规范化、法制化和国际化，我国先后制订了关于建设工程项目管理的一系列规范。这些规范主要有：

1984年国家计委提出在建设项目中实行招标承包制；

1986年国家计委提出全面推行"项目法施工"；

1996年建设部陆续出台一系列实施工程项目管理的文件；

2002年建设部制订并颁发我国第一部《建设工程项目管理规范》；

2004年10月建设部制订并颁发《建设工程项目经理职业资格管理规则（试行）》；

2004年11月建设部制订并颁发《建设工程项目管理试行办法》；

2005年建设部对《建设工程项目管理规范》进行修订；

2006年建设部对《建设工程项目管理规范》进行再次修订。

从20世纪90年代中期以来，随着计算机技术和网络技术的发展，智能建筑在世界各地迅速发展，而在我国的发展速度更为迅猛，智能建筑进入了一个高速发展时期。但如何对此类工程项目进行科学管理，这是对工程项目管理提出的新挑战。智能建筑工程项目所涉及的范围比传统工程项目的范围大为拓展，相应地也将工程项目管理从传统的建筑项目扩展到包括网络基础设施、通信、系统集成等弱电系统在内的建筑智能化领域。其相应的工程项目管理将在下一章中展开论述。

1.3 工程项目管理的目标及主要内容

1.3.1 工程项目管理的目标

工程项目管理的总体目标是，让项目的投资、工期、质量等按照预期计划目标去加以实现，在限定的时间内，在限定的资源（如资金、劳动力、设备材料等）条件下，以尽可能快的进度、尽可能低的成本（或投资），满足项目的质量、功能和相关需求，圆满完成项目的任务。

工程项目管理的目标主要体现在三个方面：质量目标（生产能力、功能、技术标准等）、工期目标（项目进度）、费用目标（投资或成本）。它们共同构成工程项目管理的三大目标体系，三者之间的关系如图1-1所示。这三者在项目实施过程中有如下特征：

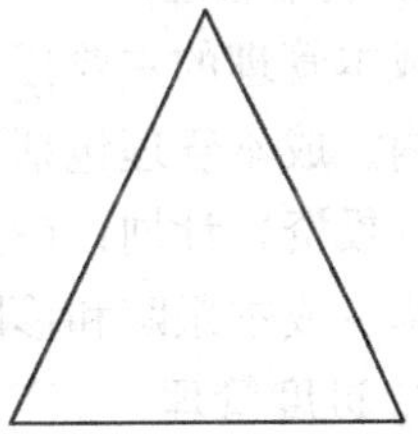

(1) 项目管理的目标体系是相互联系、相互影响，共同构成项目管理的目标系统。某一方面的变化必然会引起其他方面的变化。例如，过于追求缩短工期可能会影响项目的质量并引起成本的增加，因此项目管理应追求三者之间的优化和平衡。

图1-1 项目管理目标体系

(2) 这三个目标在项目的策划、设计、计划过程中经历由总体到具体，由概念到实施，由简单到详细的过程。项目管理的三大目标必须分解落实到各个具体的项目单元（子项目或活动）和项目组织单元上，这样才能保证总目标的实现，从而形成一个有效的控制体系，因此项目管理又称目标管理。

(3) 项目管理必须保证三者之间结构关系的均衡性和合理性。任何过分强调最短工期、最高质量、最低成本都是片面的。三者的均衡性和合理性不仅体现在项目总体，而且还体现在项目的各个单元上，它们共同构成了项目管理目标的逻辑关系。

工程项目管理的目标，通常是通过项目任务书、技术设计和计划文件、合同文件（承包合同或咨询合同）等具体地表达出来。在现代社会，人们要求工程项目承担更多更大的责任，使得项目管理的目标进一步扩展。在传统的三大目标基础上，现代工程项目管理还需要强调如下几个目标：

(1) 环境目标

在项目的实施和运行过程中必须保护好环境，与环境相协调。这是ISO 14000对工程项目管理的要求。

（2）安全目标

在项目的实施和运营过程中，必须保证施工工人、现场周边的人员、在工程运营中的操作人员、项目产品使用者的安全。

（3）健康目标

在项目的实施和运营过程中，必须保证施工工人、现场周边的人员、项目运营中的操作人员以及项目产品使用者的健康。

1.3.2 工程项目管理的主要内容

工程项目管理的内容非常广泛，涵盖项目实施过程的各个环节及几乎所有活动，包括项目范围管理、合同管理、采购管理、进度管理、质量管理、安全管理、环境管理、成本管理、资源管理、信息管理、风险管理、沟通管理和收尾管理等，其中合同管理、进度管理、质量管理、成本管理、安全管理、信息管理、协调与沟通等是工程项目管理的核心内容。

1. 合同管理

合同管理的主要任务包含以下两个方面：合同签订和合同跟踪管理。合同签订包括合同策划（准备）、谈判、合同修改与合同签订等；合同跟踪管理包括合同文件的执行、合同变更、合同纠纷处理以及索赔事宜的管理工作等。

2. 成本管理

成本管理的主要任务是编制投资计划，采用一定的方式、方法，将投资控制在计划目标之内。成本管理包括以下主要活动：(1) 工程估价，即工程的估算、概算和预算；(2) 成本（投资）计划；(3) 支付计划；(4) 成本（投资）控制，包括审查监督成本支出、成本核算、成本跟踪和诊断；(5) 工程结算和审核。

3. 进度管理

进度管理是根据工程项目的进度目标，编制合理的进度计划，并据此检查工程项目进度计划执行的情况，若发现实际执行情况与计划进度不一致，应及时分析原因并采取必要的措施，对原工程进度计划进行调整或修正。

进度管理是一个动态、循环的复杂过程，其目的是为了实现工期最优化，多快好省地完成任务。即通过进度计划控制，有效地保证进度计划的落实与执行，减少各部门之间的相互干扰，确保施工项目工期目标以及质量、成本目标的实现。

在确定项目进度管理目标时，必须全面细致地分析与建设工程进度有关的各种有利因素和不利因素，只有这样才能制订出一个科学合理的进度管理目标。确定施工进度管理目标的主要依据有：建设工程总进度目标对施工工期的要求、工程难易程度、工程条件的落实情况等。

4. 质量管理

质量管理是指确定质量方针、目标和责任，并在质量体系中通过诸如质量策划、质量控制、质量保证，使其实施管理职能的所有活动。这些活动包括：确定质量方针和目标、确定岗位职责和权限、建立质量体系并使之有效运行。

质量策划是质量管理中致力于设定质量目标，并规定必要的作业过程和指定相关资源，以实现其质量目标。质量控制是指为达到质量要求所采取的作业技术和活动，是保证项目成功的关键措施之一。质量控制的对象是过程，控制的结果是使被控对象达到规定的质量要求。为了使控制对象达到规定的质量要求，就必须采取适当的有效调控措施（作业技术和活动）。

5. 安全管理

职业健康安全是指预知人类在生产和生活各个领域存在的固有或潜在的危险，且为消除这些危险所采取的各种方法、手段和行动的总称。建筑工程项目职业健康安全管理就是利用现代管理的科学知识，通过不断改善劳动和工作条件，消除不安全因素，防止安全事故的发生，使劳动者安全健康和生命财产不受损失而采取的一系列管理活动。

建筑工程项目职业健康安全管理是确保施工企业处于职业健康安全状态的重要基础。在建筑工程施工中，由于多单位、多工种集中在同一个场地，人员和作业位置的流动性较大，致使建筑工程项目施工现场存在着较多不安全因素，属于事故多发的作业现场，因此对建筑施工现场人员进行职业健康安全管理教育具有重要意义。

6. 信息管理

工程项目信息管理是指对项目实施过程中的信息进行采集、整理、处理、存储、传递与应用等一系列工作的管理过程，即通过统计分析、对比分析、趋势预测等处理过程，为项目经理的决策提供依据，对过程的进度、质量、费用进行控制。

建设工程项目的信息管理，应根据其信息的特点，有计划地组织信息沟通，以确保能够及时、准确地获得各类管理者所需要的信息。建设工程项目信息管理的主要作用在于为各级管理人员及决策者提供所需要的各种信息，使得信息的可靠性、广泛性、准确性更高一些，并使得业主能对项目的管理目标进行较好的控制，较好地协调各方的管理。其主要内容包括：明确参与项目的各单位以及本单位内部各成员（部门）的信息流，相互之间信息传递的形式、时间和内容，确定信息收集、处理的方法和手段，确保信息流转顺畅。

综上所述，工程项目管理的核心问题是对项目的进度、质量、成本进行有效控制，项目管理组织的建立、合同管理和信息管理的实施，都是为了进行有效的控制，以确保项目目标的实现，即实现工程项目管理的三大目标：质量好、工期短、投资少（成本低）。

1.4 工程项目的周期性

1.4.1 工程项目周期

工程项目周期，是指一个工程项目从筹划立项开始，直到项目竣工投产、达到预期投资目标的整个过程。该过程主要由前期论证、投资决策、建设准备、建设实施、竣工验收、投产运营等阶段构成。对于一个项目而言，其过程是一次性的，但对于整体经济活动而言各阶段则是依次连接、周而复始进行的，是一个循环过程，因此工程项目呈现出周期性。

不同的工程项目可以划分为内容和个数不一样的若干阶段，这些不同的阶段前后衔接起来便构成了项目的生命周期。由于项目种类繁多，所以项目生命周期的长短和具体阶段的划分也不一样，小项目的生命周期可能只有几天或几个小时，而大型项目的生命周期可能长达几年甚至几十年。小型项目的某些阶段可以合并，而大型项目的阶段划分可以更细。

有些项目的子项目可能也会有清晰的生命周期。例如，智能建筑工程就可以划分为土木建筑工程和智能化工程两个相对独立的子项目，每个子项目都有自己的项目生命周期和阶段划分。

1.4.2 工程项目的阶段划分

不同类型和规模的工程项目其生命周期是不一样的，但它们所经历的过程却是相似的。按照项目自身的规律，工程项目的周期可以划分为四个阶段，即项目策划和决策阶段、项目规划和设计阶段、实施阶段、投产运营阶段（或结束阶段）。在不同阶段有着不同的目标和任务，需要投入不同的资源，因此有不同的管理内容、要求和特性。

在项目周期的不同阶段，由于工作内容和要求不同，管理工作的重点也不同。在工程项目前期阶段，主要完成项目策划和投资决策，管理的重点是对项目投资建设的必要性和可行性进行分析论证并作出决策；在工程项目准备阶段，主要完成项目立项、规划和具体设计，管理的重点是准备和安排项目所需要的建设条件，为开工建设打好基础；在工程项目实施（也称项目施工）阶段，是指从项目开工到项目可交付成果完成、直至工程竣工并通过验收的时段，管理的重点是将建设投入要素进行组合，构成实物形态，这也是工程项目管理最为复杂的一个时段；在工程项目投产运营阶段，主要完成项目的收尾和交付任务，管理的重点是对项目投资建设过程进行总结性评价。

项目阶段的前后顺序是由项目生命周期确定的，在项目实施过程中，通常要求现阶段的工作成果经过验收合格之后，才能开始下阶段工作。但有时候后继阶段也会在其前一阶段工作成果验收之前就开始了，这样在几个阶段之间可能会出现交叉和重叠。例如，规划或设计阶段的部分工作可能会延伸到实施阶段，而实施阶段的部分工作可能会延伸到结束阶段才能完成。

在项目的不同阶段，项目生命周期表现出不同的特点，概括如下：

（1）不同的项目阶段资源投入强度不同。项目开始时资源投入较少，以后逐渐增加，在项目的实施、控制阶段达到最高峰，此后又逐渐下降，直至项目终止。

（2）不同的项目阶段面临的风险程度不同。项目开始时风险和不确定性最高、成功的概率最低。随着项目任务一项一项地落实，不确定性和风险逐渐减少，项目成功的可能性逐渐增加。

（3）不同的项目阶段外部因素对项目的影响程度不同。在开始阶段，项目利益相关者的能力对项目产品的最终特征和最终成本的影响力是最大的，随着项目的逐步进展，项目利益相关者对项目的影响力逐渐削弱。项目利益相关者对项目的影响主要表现在对项目实施所发生偏差的调整。

1.5 工程项目管理的系统性

1.5.1 项目管理的系统结构

工程项目本身就是一个非常复杂的系统，它由许多子项、分项和工程活动构成，而项目管理必须包括对整个项目系统的管理，因此工程项目管理是一个复杂度更高的大系统。将工程项目管理所涉及的不同方面进行归类，可以把工程项目管理系统视为一个多维的体系，该体系以项目管理对象、项目管理任务、项目管理过程为坐标轴，共同形成多维协同作用的有机整体，如图1-2所示。

所有项目管理对象是指完整的工程管理项目所包含的全部子项目；全部项目管理任务

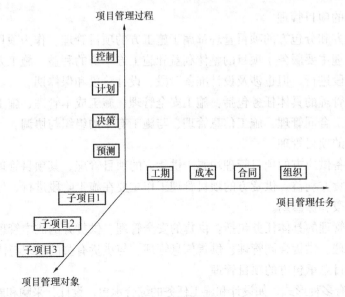

图 1-2 工程项目管理的多维体系

包括对工期、费用、质量、合同、资源、组织和信息等的管理；完整的项目管理过程包括预测、决策、计划、控制、反馈等环节。每一维分别代表工程项目管理的不同方面，一个完整的项目管理系统应将上述各方面融合为一个完整有序的整体。多维空间中的一个点代表某个子项目的一项具体任务处于某个阶段。

1.5.2 工程项目管理中的角色

在同一个工程项目中，不同的参与者在项目的不同阶段承担不同的工作任务、履行不同的工作职责，需要有相应的项目管理组织。例如，在同一个项目中业主有项目经理、项目经理部；项目管理公司（监理公司）也有项目经理、项目经理部；承包商也有项目经理、项目经理部；设计单位、供应商也要有类似的组织。但由于他们各自在项目中的角色不同，各方"项目经理"的内容、范围、管理的侧重点是不同的。通常可以将建设工程项目管理按参与者的角色不同划分为如下几种：

（1）业主方的项目管理

由投资方、开发方和由咨询公司提供的代表业主方利益的项目管理服务都属于业主方的项目管理。业主方的项目管理服务于业主的利益，其项目管理的目标包括项目投资目标、进度目标和质量目标。业主方的项目管理涉及项目实施阶段的全过程，即在设计前的准备阶段、设计阶段、施工阶段和保修期分别进行安全管理、投资控制、进度控制、质量控制、合同管理、信息管理和组织与协调等工作。

（2）设计方的项目管理

设计方作为项目建设的一个参与方，其项目管理主要服务于项目的整体利益和设计方本身的利益。设计方的项目管理工作主要在设计阶段进行，但它也涉及设计前的准备阶段、施工阶段和保修期。

设计方项目管理的具体任务包括：与设计有关的安全管理、设计成本控制和与设计工作有关的工程造价控制、设计进度控制、设计质量控制、设计合同管理、设计信息管理、与设计工作有关的组织与协调。

(3) 施工方的项目管理

施工总承包方和分包方的项目管理都属于施工方的项目管理。作为项目建设的一个参与方，其项目管理主要服务于项目的整体利益和施工方本身的利益。施工方的项目管理工作主要在施工阶段进行，但也涉及设计准备阶段、设计阶段和保修期。

施工方项目管理的具体任务包括：施工安全管理、施工成本管理、施工进度管理、施工质量管理、施工合同管理、施工信息管理、与施工有关的组织与协调。

(4) 供货方的项目管理

对材料和设备供应方的项目管理均属于供货方的项目管理。其项目管理主要服务于项目整体利益和供货方利益。供货方的项目管理工作主要在施工阶段进行，但也涉及设计准备阶段、设计阶段和保修期。

供货方项目管理的具体任务包括：供货的安全管理、供货方的成本管理、供货进度管理、供货质量管理、供货合同管理、供货信息管理、与供货有关的组织与协调。

(5) 建设项目总承包方的项目管理

工程总承包有多种形式，如设计和施工任务的综合承包，设计、采购和施工任务的综合承包等。但无论采用哪种总承包形式，它们的项目管理都属于建设项目总承包方的项目管理。

总承包方项目管理的具体任务包括：安全管理、成本管理、进度管理、质量管理、合同管理、信息管理、与建设项目总承包方相关的组织与协调。

总之，在建设工程项目管理中，由于业主方是建筑工程项目实施过程的总组织者，也是对各种可用资源的总集成者（包括人力资源、物质资源和相关知识），因此对于某一个建筑工程项目而言，虽然同时存在代表不同利益方的项目管理，但业主方的项目管理仍是整个项目管理的核心。

1.5.3　工程项目管理的职能分解

根据工程项目管理系统的多维结构，可以在其空间中划分出许多关键点或重要区域，这些点或区域即是对管理职能的分解，而职能的分解则是项目管理专业化的具体表现。通常工程项目管理职能有如下几个方面：

(1) 成本管理

主要包括：①成本的预测和计划（工程投资的估算、概算、预算等）；②工程估价、工程标底和报价，以及在工程施工过程中对工程变更进行估价；③工程项目的支付计划、收款计划、资金计划等；④成本控制，包括对已完工程的量方，指令各种形式的工程变更，处理费用索赔，审查、批准进度付款，监督成本支出，进行成本跟踪和诊断；⑤工程款结算与审核。准备竣工结算及最终决算，提出结算报告。

(2) 工期管理

这方面的工作主要是在工程量计算、施工方案选择、施工准备等工作基础上进行的，主要包括以下一些管理活动：①工期计划。确定工程活动的持续时间、安排活动之间的逻辑关系、按照总工期目标安排各工程活动的工期。②资源供应计划。③进度控制。审核承包商的实施方案和进度计划，监督项目参与各方按计划开始和完成工作，要求承包商修改进度计划、指令暂停工程或指令加速工程进度。

(3) 质量、安全、环境、健康等的管理

主要包括：①审核承包商的质量保证体系和安全保证体系；②对材料采购、实施方案、设备等实施进场检查和验收；③对工程实施过程进行质量监督和中间环节检查；④对不符合要求的工程、工艺、材料、设备等进行处置；⑤对已完工程进行验收，并组织对整个工程竣工验收、安装调试和移交；⑥为项目运行做各种准备；⑦实施现场管理、安全管理、环境管理。

(4) 组织和信息管理

主要包括：①建立项目组织机构和人事安排、组建项目管理班子、培训项目管理人员；②制订项目管理工作流程、落实各方面的责权利关系，制订项目管理工作规则，编制项目手册；③处理好内部和外部的关系，沟通、协调项目参与各方，解决出现的各种问题和纷争；④信息管理，建立管理信息系统，确定组织成员或部门之间的信息传递形式及流程，收集工程项目进展过程中的各种信息并予以保持，起草相关文件，向承包商发布图纸、指令，向业主、企业和其他相关方面提交各种报告。

(5) 采购与合同管理

主要包括：①采购计划的制订和采购工作安排；②招投标管理，包括合同策划、招标准备、招标文件起草、合同审查等；③合同实施的监督与控制，监督合同实施、对往来信息进行合同审查、审查承包商的分包合同、批准分包单位等；④合同变更管理；⑤索赔管理，解决合同纠纷。

(6) 风险管理

包括风险识别、风险计划、风险控制等。

(7) 沟通管理

沟通协调各参与者的利益和责任，向企业领导和企业职能部门经理汇报项目状况，举行各种协调会议。

(8) 其他管理

如项目范围管理等。

1.5.4 工程项目管理的工作流程

工程项目管理的各个职能以及各个管理部门，在项目实施过程中互相依赖、互相影响。它们之间既存在着工作过程的联系或称工作流，也存在着信息联系或称信息流，它们构成了一个完整的项目管理过程，也称为项目管理工作的基本逻辑关系。

项目管理流程设计是管理系统设计的重要组成部分，在此基础上才能进行信息系统设计。项目管理工作流程可以从多角度加以描述。一方面，可以按项目进展的各阶段去定义流程，即把项目各阶段中的管理工作定义成项目管理系统的相应子系统（如项目计划子系统、项目实施控制子系统等），在子系统中再去体现项目管理的成本、合同、进度、组织等主要职能之间的关系；另一方面，还可以按项目管理任务去定义流程，将项目管理系统分解为进度管理子系统、成本管理子系统、质量管理子系统、合同管理子系统等，在子系统中再去展示项目的各种职能管理工作内容和流程；此外，还可以按照不同的子项目去定义管理工作的流程。

1.6 工程项目管理的作用

工程项目管理是由管理实践的一系列活动构成的，是一种人们有意识地按照项目的特点及其规律性对工程进行组织、管理的活动。它已被世界上众多国家证明是一种成功的管理模式，能给企业带来诸多好处。例如能够更好地控制财务和对资源的利用、降低费用、保证项目按时完成、保证项目质量、能够改进与用户的关系等。具体地说，工程项目管理至少可以在如下几方面发挥作用：

（1）项目管理是促使项目成功的重要保障

项目管理是人们有意识地按照项目的特点和规律，对项目的全过程进行组织、管理的活动，它已被无数的实践证明是确保项目成功的重要措施。

（2）项目管理能够促使项目实施过程规范化

项目管理是以项目活动为研究对象的管理科学，它研究项目活动科学组织与管理的理论与方法，现已形成一门独立的学科体系，并成为现代管理学的重要分支，从根本上改善了项目管理的效益。工程项目管理是按照一定的规范和流程，对工程项目的过程管理提出规范化的管理要求。

（3）项目管理促进管理创新

项目管理的实质就是创新。在项目管理的过程中，既要利用现有的知识、方法，又要在解决项目管理新问题的过程中创造出新的知识、方法、技能和理念，使项目管理有新的突破和发展。每个项目都有其自身的独特之处，不可能按照一成不变的模式去进行管理，需要在项目管理过程中不断地创新，才能实现项目的既定目标。当前，全球范围的竞争日渐激烈，所有企业都面临着竞争的压力，必须不断地推出新技术、新工艺、新产品和各种改革措施，实际上任何创新和改革自身就是一种典型的项目，都需要进行项目管理。

综上所述，工程项目管理在工程项目实施过程中发挥着巨大作用。建筑智能化工程项目作为建筑工程项目大类的一个重要分支，具有建筑工程项目管理的主要特征，但又有其独特的一些特质，是建筑工程项目管理所无法兼顾或取代的，因此需要对建筑智能化工程项目管理的内涵及特征进行更深入的讨论。

思 考 与 实 践

1. 工程项目管理的目标。
2. 工程项目管理的内容。
3. 工程项目管理的工作流程。
4. 工程项目管理的主要特点。

第 2 章　建筑智能化工程项目管理

2.1　建筑智能化系统概述

2.1.1　智能建筑的定义

智能建筑（Intelligent Building，IB）是信息时代的产物，它伴随着社会信息化与全球经济一体化应运而生。智能建筑集中地体现了建筑艺术与信息技术的结合。随着电子信息和网络技术的快速发展，多媒体技术和数据通信技术在建筑领域得到快速普及和应用，建筑物与外界的通信联络手段得到极大改善，建筑设备的自动化程度不断提高，目前正朝着集成化和智能化的方向发展。智能建筑通常是在一座建筑物或一个建筑物群中实施对信息的综合利用，包括对信息的采集与综合、信息的分析与处理以及信息的交换与共享等，并通过对建筑设备的自动控制为人们提供舒适、便利、安全的工作和生活环境，从而达到节能和保护环境的目的。

从其发展过程来看，智能建筑的发展经历了萌芽、起步、快速发展、理性发展等几个阶段。那么，什么是智能建筑？如何建造智能建筑？这些问题至今尚无统一定论。但是，人们对智能建筑实质性的探索却一刻也不曾停止过。在美国智能建筑协会的体系中，将智能建筑描述为："对建筑的结构、系统、服务和管理这四个基本要素及其相互联系进行综合与全面优化，使其能够为用户提供一个高效而且具有经济效益的环境"；在日本智能建筑被描述为"具备信息通信、办公自动化信息服务，以及楼宇自动化各项功能，便于进行治理活动需要的建筑物"；在欧洲和东南亚一些国家，人们对智能建筑均有不同形式的描述。在我国，人们经过多年的实践探索和经验总结，对智能建筑的认识水平也在不断地深化和升华，目前已形成了如下比较一致的看法：

智能建筑是以建筑为基础平台，采用系统集成的方法，将自动控制技术、计算机技术、网络技术、通信技术等现代信息技术与建筑艺术进行有机结合，通过对建筑设备系统的自动监控、对信息资源系统的有效管理及其优化组合，从而向使用者提供智能型的综合信息服务，以获得投资合理、舒适、高效和便利的建筑环境。

《智能建筑设计标准》GB/T 50314—2006 对智能建筑的定义为："以建筑物为平台，兼备信息设施系统、信息化应用系统、建筑设备管理系统、公共安全系统等，集结构、系统、服务、管理及其优化组合为一体，向人们提供安全、高效、便捷、节能、环保、健康的建筑环境。"

从智能建筑涉及的范围来看，它涉及建筑学、建筑环境与设备、机电一体化、计算机技术、信息技术、管理技术等多个学科和技术领域，属于大系统工程的范畴，因此需要采用系统集成的方法才能将系统资源进行整合与优化。

综上所述，无论采用哪种描述方法，均揭示出智能建筑的两层基本含义：第一，智能建筑的目的是为人们提供安全、高效、便捷、节能、环保、健康的建筑环境；第二，智能建筑的信息化特征（对信息的传输、处理、监控、管理以及系统集成等）是基于对多种新技术的综合运用，该特征得益于信息设施系统、信息化应用系统、建筑设备管理系统、公共安全系统等的集成和融合。

2.1.2 智能建筑与建筑智能化系统

智能建筑与建筑智能化系统是既相互联系又有明显区别的两个概念。从整体和局部的关系来看，智能建筑是指建筑系统的整体，它不仅强调要注重建筑设备的智能化，而且要充分考虑人的需求与建筑环境的协调统一。建筑智能化系统是指建筑系统中具有智能性的建筑设备和环境，其主体是建筑物中建筑设备自动化系统 BAS（Building Automation System）、办公自动化系统 OAS（Office Automation System）、通信与计算机网络系统 CNS（Communication Network System）以及对这些系统的集成，建筑智能化系统隶属于智能建筑；从目标和过程的关系来看，智能建筑是在社会发展到某个阶段对建筑所追求的目标，而建筑智能化则是强调过程，是为建筑物赋予智能性而增加相应的自动化设备和智能化系统的过程，其内涵随着新技术的发展而不断更新。简言之，具有智能化系统的建筑称其为"智能建筑"。

就现阶段而言，BAS、OAS、CNS 是智能建筑的基本要素，缺少其中任何一个要素都不能再称其为智能建筑。BAS（建筑设备自动化系统）主要是指建筑物内或建筑群内的电力、照明、空调、给水排水、燃气、安防、车库管理等设备或系统，以及对它们进行集中监视、控制和管理而构成的综合系统。OAS（办公自动化系统）是为提高办公质量和办公效率，综合利用计算机、网络通信、多媒体、自动化、管理科学等多种先进技术及先进的办公设备，而形成的跨学科、综合性的人机信息处理系统。CNS（通信与计算机网络系统）是为了实现建筑物内部人员和设备信息的互通，以及内部人员和设备与外界的有效信息交流所使用的系统，如公用电话网、综合业务数字网、计算机互联网、数据通信网、卫星通信网等均属于通信与计算机网络系统。在该系统中传输的信息包括数据、语音、图像、文字等。

在讨论智能建筑时，不仅要关注其自身的系统构架，同时还要考虑其他相关因素，如建筑环境、服务环境、人文环境等。因为无论智能建筑的智能化程度有多高，它的最终目的是为使用者提供服务的，而使用者对服务质量、服务内容、服务水平的评价往往又是综合性的，因此只有对上述各种要素（子系统）进行整体集成和有效管理，才能实现信息共享、软硬件资源共享和各子系统的协同工作，从而确保为使用者提供安全、舒适、高效的办公环境、工作环境和生活居住环境。

2.1.3 建筑智能化系统的主要支撑技术

建筑智能化系统的核心子系统主要包括 BAS、OAS 和 CNS 以及相应的系统集成。而构建这些子系统的核心技术主要包括：计算机技术、数据通信与网络技术、自动控制技术、系统集成技术等，因此这些技术也就成为建筑智能化系统的核心支撑技术。

1. 计算机技术

与智能建筑相关的计算机技术主要包括：计算机硬件技术、计算机软件技术、网络技术、嵌入式技术、多媒体技术、信息安全技术等。这些技术已成为智能建筑的基本技术，以信息管理、通信管理、控制方式等为主的计算机技术在智能建筑的信息设施系统、信息化应用系统、建筑设备管理系统、公共安全系统、机房工程中起着重要作用。例如，以计算机网络为基础，连接计算机和建筑物内空调、电梯、给水排水、冷热源等各种设备，完成对设备的自动监控管理和系统集成，完成对消防和安全防范系统的自动控制与管理。

2. 自动控制技术

自动控制技术是构建建筑设备自动化系统的核心技术之一，在智能建筑控制系统中起着主导作用。计算机技术与自动控制技术的结合、网络技术与自动控制技术的结合，使得控制系统能够实现先进的控制策略以保证高精度、高性能，通过方便地实现控制与管理的有机结合，推动着建筑设备自动化的程度进一步提升。

借助于计算机实现对建筑设备的自动控制，已由分布式控制系统发展到了开放式控制系统，即控制网络技术体系结构正向着开放性与网络互连的方向发展。在互联网技术的推动下，控制网络为满足开放性的要求，逐步将网络互连融入其中，促使建筑设备自动化系统发展成为开放互连的网络集成系统。即只要在建筑设备管理系统中嵌入 Web 服务器，就可以使 BMS 与 Intranet 融为一体，从而基于网页方式实现对建筑设备的自动化管理。

3. 数据通信技术

通信的本质是快速、准确地传递信息。自 20 世纪 90 年代以来，计算机网络技术的快速发展与应用普及，推动了数字通信技术向着数字化、高速化和智能化、网络化的方向发展，从而为系统集成提供了多样化的方法和丰富的技术手段。现代数据通信技术应用于智能建筑形成了智能建筑通信网络系统，它是实现智能建筑的通信功能与建筑设备管理、信息化应用系统和办公自动化系统的基础。

4. 系统集成技术

系统集成是以计算机网络为平台，将不同功能的建筑智能化子系统联结为一个有机的整体，以形成具有信息汇集、资源共享及优化管理综合功能的系统。系统集成的目的是对建筑物内的各智能化系统进行综合管理，使建筑物内外的信息实现资源共享；系统集成的途径是通过计算机网络或信息网络，汇集建筑物内外各处的信息。将系统集成技术应用于建筑智能化领域所形成的系统即称为智能化系统集成。

2.2 建筑智能化系统的基本构架

2.2.1 智能建筑的体系结构

根据《智能建筑设计标准》GB/T 50314—2006 规定的描述，智能建筑的体系结构可以被视为由两大部分构成：建筑物平台和智能化系统。其中智能化系统由信息设施系统、信息化应用系统、建筑设备管理系统、公共安全系统、智能化集成系统、机房工程等能够体现信息化特征的几类系统构成，如图 2-1 所示。而每一类系统又包含有多个不同的子系统，不过这些子系统在智能建筑中都是具有物理设施或应用软件的实际应用系统。每类系统所含有的子系统的多少取决于建筑物的用途和用户需求定位，因此智能建筑的体系结构是一个弹性较大的结构。但无论系统规模大小，构成其体系结构框架的要素（系统类别）是相对固定的，功能和目的都是向人们提供安全、高效、舒适、便利的建筑环境和服务。

虽然不同类型的智能建筑在功能需求和用途方面有较大差别，但从智能建筑的组成结构来看，不同类型智能建筑的体系结构却有其共同之处即相同的构成要素，因此建筑智能

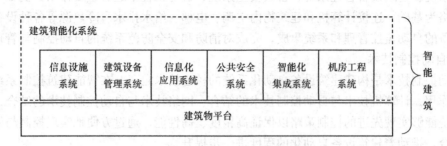

图 2-1 智能建筑的体系结构

化系统的工程设计要素具有通用性和广泛性。建筑智能化系统工程设计应根据建筑物的类别，按用户需求和功能定位等实际情况选择配置相关的子系统。当然在选配子系统时应特别注意，既要考虑建筑物的物理环境，又要考虑管理和服务等软环境，智能建筑追求的是一个综合性的智能化环境。

2.2.2 信息设施系统

信息设施系统 ITSI（Information Technology System Infrastructure）是指为确保建筑物与外部信息通信系统的互连及信息畅通，对各类信息（如数据、语音、图像等）予以接收、传输、交换、存储、检索和显示，将各种设备及系统加以组合，提供实现建筑物业务处理及管理等应用功能的信息通信基础设施。

信息设施系统 ITSI 主要包括：通信接入系统、电话交换系统、信息网络系统、综合布线系统、移动通信覆盖系统、卫星通信系统、有线电视系统、广播系统、会议系统、信息引导及发布系统、时钟系统和各类业务管理功能所需要的其他相关通信系统。

信息设施系统 ITSI 的构建应满足如下一些要求：(1) 应为建筑物的使用者及管理者提供良好的信息应用环境；(2) 应根据需要对建筑物内外的各类信息，予以接收、传输、交换、存储、检索和显示等综合性处理，并提供符合信息化应用功能所需的各类信息设施条件。

2.2.3 建筑设备管理系统

建筑设备管理系统 BMS（Building Management System）是将建筑物内的空调与通风、冷热源交换、照明、给水排水、电梯等建筑设备，以及公共安全系统、停车场管理系统等进行联动管理而形成的建筑设备综合自动化系统。它主要通过网络将分布在各监控现场区域的节点连接起来，以层次化的分布式控制结构实现集中操作管理和分散控制，以保证建筑物内所有设备处于高效、节能、安全、可靠和最佳运行状态。构建 BMS 的基础是控制网络 CNS（Control Network System）或现场总线（Field bus），通过它将传感器、执行器、控制设备等连接起来，实现实时的信息交互，并将其与数据网络或互联网连接起来，达到远程监控的效果。

建筑设备管理系统 BMS 的构建应满足以下一些要求：(1) 应具备对设备进行测量、监视和控制的功能，确保各类设备系统运行稳定、安全、可靠，并达到节能和环保的管理要求；(2) 宜采用基于控制网络的集散式控制系统；(3) 应具有对建筑物的环境参数进行监测和自动报警功能；(4) 应与数据网络无缝对接，实现数据共享，满足系统集成的需要；(5) 应满足对物业管理的需要，自动生成优化管理所需的各种相关信息分析及统计报表；(6) 应具有良好的人机交互界面，便于管理人员操作。

2.2.4 公共安全系统

公共安全系统 PSS (Public Security System) 是指为维护公共安全，综合运用现代科技手段，以应对危害社会公共安全的各类突发事件而构建的技术防范系统和保障体系。

公共安全系统 PSS 的构建应满足以下几项功能要求：(1) 应对火灾、非法入侵、重大安全事故等危害人们生命财产安全的各种突发事件，建立应急和长效的技术防范保障体系；(2) 系统要安全可靠，能够不间断地连续工作，监视智能建筑物的重要区域与公共场所，避免漏报误报，确保建筑物内人员与财物的安全；(3) 能够实现应急联动，一旦火灾自动报警系统有报警，应急联动系统应做出相应的反应（例如紧急广播及显示大屏应播放和显示紧急疏散的引导信息，自动打开疏散通道，自动切断动力电源等）。

2.2.5 信息化应用系统

信息化应用系统 ITAS (Information Technology Application System) 是指以建筑物信息设施系统、建筑设备管理系统以及公共安防系统等为基础，为满足建筑物各类业务和管理功能的需要，将各类信息设备及应用软件有机组合在一起所形成的应用系统。

此类系统主要包括：工作业务系统、物业运营管理系统、公共服务管理系统、智能卡应用系统、信息网络安全管理系统以及其他相关应用系统等。信息化应用系统 ITAS 的构建应满足如下一些功能需求：(1) 基于信息网络平台，提供高效快捷的信息流转功能；(2) 对于上述信息化应用系统应提供完善的业务支持功能；(3) 应具备完善的信息网络安全管理机制，确保信息应用系统的安全。

2.2.6 机房工程

机房工程 EEEP (Engineering of Electronic Equipment Plant) 是指为建筑智能化系统的核心设备或装备提供安装、运行条件而配套的综合工程，以确保各系统能够安全、稳定和可靠地运行，且便于日常维护。机房工程 EEEP 的范围包括信息中心机房、消防监控中心机房、安防监控中心机房、通信接入设备机房、智能化系统设备总控室、应急指挥中心机房等，但有些机房是可以联合使用的。机房工程的内容主要包括机房配电及照明系统、机房空调系统、机房电源系统、防雷接地系统、机房装饰与布局、机房环境监控及机房气体灭火系统等。

机房工程的组成是依据其性质、任务、业务量大小等因素确定的，但无论选择何种类型的设备，都必须以高度的可靠性、安全性和稳定性为前提，同时要舒适实用、节能高效并具有良好的可扩充性。从工程建设的内容来看，机房工程不仅仅是一个装饰工程，更是一个涉及计算机网络工程、综合布线系统工程、防雷接地工程等专业技术领域的综合工程。在设计施工中，应对供配电方式、抗干扰措施、防静电、防电磁辐射、防雷、防火、防潮、防泄漏等诸多方面给予高度重视，以确保交换机、服务器等核心设备的正常运转。

机房工程的建筑设计应着重考虑：(1) 火灾自动报警系统及消防联动系统的主机或主设备均应占据独立的空间；(2) 通信接入系统、建筑设备管理系统、公共安全管理系统、广播系统等的特殊要求，各系统设备应占据独立的工作区域且互不干扰；(3) 对电磁干扰比较敏感的信息中心设备机房、通信系统总配线设备机房和智能化系统设备总控室等主要机房不应与变配电室或电梯机房相邻，且与智能化系统无关的管线不得从机房中穿越。

2.2.7 智能化集成系统

智能化集成系统 IIS（Intelligented Integration System）是将不同功能的建筑智能化系统，通过统一的信息化平台实现集成，以形成具有信息汇集、资源共享及优化管理等综合功能的系统。信息设施系统尤其是网络系统为信息的传递、资源共享提供了统一的构架平台，是 IIS 实现的基础。而建筑设备管理系统、公共安全管理系统、信息化应用系统、机房工程和建筑环境系统等则是 IIS 实施集成的对象。

对智能化集成系统 IIS 的配置要求：(1) 与集成有关的通信协议和接口应符合相关的技术标准；(2) 应具备与各智能化系统进行数据通信、信息采集和综合处理的能力，并支撑工作业务系统及物业管理系统；(3) 应具有可靠性、容错性、易维护性和可扩展性。

2.3 建筑智能化工程项目管理特点

智能建筑作为信息时代的产物，它通过对建筑物及其所在区域的各种信息进行收集与综合、分析与处理、交换与共享，使得建筑物能够对各种需求或异常情况做出及时响应，从而实现对建筑物的智能化。在建筑智能化系统建设过程中，所进行的管理活动即建筑智能化工程项目管理。

智能建筑是一个综合的建筑环境，它既包含了建筑设备物理环境，又包含了管理和服务方面的软环境，它的主体基础是建筑智能化系统，建筑智能化工程的核心和基础是信息化。显然，对这样的工程项目实施管理比起普通的建设工程项目管理具有更高的难度。从管理的广度来看，建筑智能化系统新增加了十多个子系统，所涉及的专业领域大大扩展，已突破了传统建筑领域的限制；从管理的深度来看，智能化意味着不同系统之间的联动以及系统集成的级数增加。因此，建筑智能化工程项目从策划、设计、施工到运营的整个建设过程，所涉及的部门、单位、专业和学科领域都比原来有大幅度的增加，使得建筑智能化工程项目的管理变得更加复杂，与其他工程项目管理相比较具有自身鲜明的特点。

2.3.1 智能化工程项目的共性特征

建筑智能化工程项目作为建筑工程项目大类的一个分支，仍存在许多与建筑工程项目管理相同的特征，如工程项目目标的确定性、工程项目的阶段性、项目管理的综合性、项目管理的不确定性、工程项目的约束条件等。智能化工程项目管理的共性特征表现在以下几个方面：

(1) 工程项目的一次性

项目的一次性决定了工程项目管理的一次性。因此，一次性是项目管理与重复性操作、运作工作的最大区别。工程项目管理的一次性主要体现在以下几个方面：①项目管理的一次性是就项目整体而言的，并不排除在项目中存在着部分重复性的工作；②从项目的成本构成、授权管理者、组织管理机构等方面，均表现为一次性；③从作业层的层面来看，项目的劳务构成是一次性的，因此项目管理也是一次性的。

(2) 工程项目的综合性

工程项目中的一切活动都是相互关联的，它们共同构成一个有机的整体。影响项目的因素有多种，其中主要的制约因素包括时间、经费、资源、技术、信息、环境等方面。因此，要求项目管理者必须在一定的制约条件下，合理运用各种资源，按期完成既定目标。

在项目进行的过程中,既不能缺少项目活动的环节,也不能有多余的其他活动,否则将损害项目目标的如期实现。

(3) 工程项目管理的阶段性

工程项目管理通常被划分为四个阶段:启动阶段、规划阶段、实施阶段、收尾阶段。各阶段之间具有明确的时间界限,在不同的阶段项目表现出不同的特征;同时,项目的各阶段与整个过程之间存在着密切的关联,是实施项目管理的主要依据之一。

(4) 工程项目管理的不确定性

项目管理的不确定性主要是源于项目的独特性,由于每个项目都有其独特的内容,无法进行复制,而需要进行不同程度的创新,创新就意味着存在不确定性;其次,项目的一次性也是造成项目不确定性的原因,因为项目活动的一次性使得人们没有改进的机会,从而使项目的不确定性增加。

(5) 工程项目均有约束条件

任何工程项目的实施都有一定的条件限制或约束条件,这些约束条件表现为三个方面:资金限制、人力资源和其他资源的限制(如对劳动力、材料及设备供应条件和供应能力的限制,技术条件及信息资源的限制等)、环境条件的限制(如气候等自然条件、地理位置、场地空间等)。

2.3.2 智能化工程项目管理的个性化特征

由于建筑智能化工程项目的复杂性,决定了其管理应从管理体系、技术、计划、组织、实施和控制、沟通与协调、验收等各个环节入手,实施与其特点相匹配的管理,才能保证达到工程项目的最终目标。建筑智能化工程项目管理的个性化特征主要体现在以下几个方面:

(1) 专业性强导致工程管理的风险增大。智能化工程属于信息技术的范畴,其技术含量高、专业性强、涉及面广、知识更新快。与此同时,由于人们对智能化工程的建设过程、模式、手段的认识不足,由此导致智能化工程项目实施的风险加大。因此,应通过加强沟通与协调管理来弥补。

(2) 软件作为智能化工程的基础,易引起项目设计阶段和实施阶段的交叠,导致工程管理困难。软件是智能化工程项目竞争力的核心和基础,建筑智能化工程的系统集成和应用软件开发是必不可少的。在软件开发和系统集成工作中,设计和实施是非常难以划分清楚的,因为用户需求是通过反复修改、逐步明确的(用户需求很难一步到位),这就导致反复的设计修改和实施修改,导致智能化工程项目的管理难度加大。因此,建筑智能化工程项目往往需要聘请系统集成商来负责整个集成系统的设计和实施。

(3) 产品更新换代快,对系统的可扩充性和可维护性要求高。信息技术发展迅速,信息类产品更新换代快。因此,在选择建筑智能化工程所使用的产品或设备时,要兼顾技术的先进性和价格之间的平衡,使性价比达到最优化,这也是对工程项目管理的一种挑战。

(4) 对信息安全和系统的可靠性要求高。建筑智能化工程的安全问题主要是指计算机病毒或黑客攻击等所造成的信息被窃、篡改和破坏;而可靠性则是指程序错误、传输错误、误操作等所造成的信息失效或失误。它们是一个系统化的整体概念,不仅与计算机系统有关,还与其应用的环境、人员素质和社会因素有关,其内容包括智能化工程的硬件安全、软件安全、数据安全、运行安全、信息安全等方面的因素,这些因素是智能化工程项目管理所必须考虑的。

（5）前期基础工作多，使得智能化工程项目管理周期拉长。建筑智能化工程所代表的不仅是管理手段的升级，更重要的是管理思想的创新。因此，前期基础性工作包括管理手段现代化、信息数据规范化，大量的数据资料整理，明确的用户需求分析，对以后建筑智能化工程的成败影响巨大。考虑到前期准备工作的复杂性，最好聘请信息技术专家协助处理前期基础性工作。

（6）建筑智能化工程的系统性，对工程项目管理提出了更高要求。建筑智能化工程的系统性主要表现在两个方面：环境的整体性和技术的集成性。

环境的整体性主要体现在建筑智能化系统的建设必须与其内部和外部环境相适应，处理好智能与环境的关系。内部环境包括智能建筑的结构、资源分布、建筑艺术风格以及用户的经营管理状况等；外部环境主要是指智能建筑所处地区的经济、人文环境和周边的自然环境等。衡量智能建筑成功与否的标准，主要是看系统的设计是否符合用户需要，用户使用是否方便，系统维护是否容易，系统是否成熟可靠，能否最大限度地利用投资，取得最佳应用效果。建筑搞不好，智能化系统很难做好；反之，即使建筑做得再好，如果没有适应信息化时代的智能化系统，则建筑就会徒有其表，无法为人们提供足够的功能去满足人们的需要。

技术的集成性主要体现在建筑智能化技术的多学科交叉领域，其主要特点是众多的功能子系统横向涉及多种行业，纵向贯穿于工程项目的全过程，这就使得建筑智能化技术具有整体性和全局性的特点，需要人们从整体和全局的观点看待智能化工程项目。与此同时，建筑智能化系统设计的核心是系统集成，通过系统集成将不同功能、不同技术、不同厂商、不同要求、不同操作平台、不同接口的设备和系统，集成到统一系统平台上来实现协调动作。

（7）建筑智能化系统依附于建筑体内，与建筑的其他系统具有直接相关性，需要配合其他工程项目（如建筑电气与装修工程等），同时也需要其他工程项目的配合，因此建筑智能化工程项目对协调性要求很高，必须进行广泛的沟通与协调。建筑智能化工程在实施过程中，往往要求与建筑主体工程的进度相配合。

（8）对服务水平要求高，需要慎重选择服务供应商。为保证建筑智能化工程的顺利实施，保证工程完工后有良好的运行维护，选择服务质量好的软、硬件服务供应商至关重要。因为建筑智能化工程发包人对智能化技术应用需求的个性化差异很大，系统集成商很难确定标准化的需求分析和设计方案，项目中根据发包人特殊需求进行开发的成分较高；与此同时，建筑智能化工程涉及国民经济的各个行业，以及多种科学技术领域的交叉与综合，这些都对供应商的服务水平提出了很高的要求。

建筑智能化工程设计的复杂性、施工过程的复杂性、与各专业配合的复杂性、技术人员管理的复杂性、分包管理的复杂性、售后管理的长期性等都是工程项目管理过程中需要重点考虑的内容。

2.3.3　智能化工程项目管理的内容

建筑智能化工程项目管理的内容，通常可以概括为如下四个阶段：工程项目的前期策划、工程项目设计与规划、工程项目实施、工程项目收尾等。每个阶段都有其特定的任务。

1. 工程项目的前期策划

这个阶段的工作主要包括项目构思、项目建设要达到的预期总目标、项目的定义和总体方案策划（包括工程项目总的功能定位、功能分解、项目阶段划分、总投资方案的设计、实施、运行等）、提出项目建议书、项目可行性研究、工程项目的评价与决策等。要取得工程项目的成功，就必须在这个阶段进行严格的项目管理。

2. 工程项目的设计与规划

根据工程承包方式和管理模式的不同，这个阶段的工作过程会有所不同。这个阶段的主要工作包括：项目管理组织的筹建、工程项目的设计（例如初步设计、技术设计、施工图设计等）、工程项目的计划（对工程建设的实施方法、过程、费用、进度、采购、组织等所作的详细安排）、工程招标、现场准备等。

3. 工程项目的实施

是指从项目现场开工到工程竣工、验收和交付。在这个阶段，工程施工单位、供应商、项目管理（咨询、监理）单位及设计单位按照合同规定完成各自的过程任务，并按照实施计划将项目的设计一步一步地形成符合要求的工程。这个阶段是项目管理最为活跃，资源的投入量最大，也是管理难度最大、最复杂的阶段。

工程项目的实施主要包括项目计划执行和项目控制两个过程。在项目计划执行过程中，应处理好计划核实、计划签署、实施动员、项目团队管理等；项目控制就是通过对项目实际进度的监视或检测，及时发现问题并采取行动，使项目进度回到项目计划的轨道上来。项目的一次性特点使项目控制有别于其他管理控制，由于没有可复制的先例，事先制订的控制标准往往由于各种内外部因素的变化而需要调整。所以，应根据所投入的费用、人力和其他相关资源的数量来评价实际实施效果，并通过与基准计划的比较、判断、协商，采取相应的应对措施。

4. 工程项目的收尾

在这个阶段主要完成两项工作：第一，将工程项目移交运营单位（移交时应履行必要的移交手续和仪式）；第二，工程项目竣工后的相关后续工作，主要包括工程竣工决算、竣工资料总结、资料交付和存档等工作。

当工程项目按照任务书、设计文件或合同要求完成规定的内容之后，就可以组织竣工检验和移交。如果工程项目由多个承包商承包，则每个承包商所承包的工程都须有竣工检验和移交的过程。只有每个承包商所承包的工程都完成竣工检验和移交，才可以认为整个工程项目的施工结束。而对于一些特殊的工程项目，属于施工阶段的工作任务或竣工工作可能会持续到项目的结束阶段，但这些工作并不影响整个工程项目的总体进度。

2.4 建筑智能化工程项目管理的类型与范围

2.4.1 智能化工程项目管理的类型

按建筑智能化工程项目管理组织的特点，一个项目往往由许多参与单位承担不同的建设任务，而各参与单位的性质、工作任务、承担的责任不同，形成了不同类型的工程项目管理。项目管理类型可以划分为：工程项目业主方的项目管理、设计方的项目管理、施工方的项目管理、供货方的项目管理、建设总承包方的项目管理等。

1. 工程项目业主方的项目管理

由于工程项目业主方既是建设工程项目生产过程的总集成者（包括人力资源、物质资源和知识的集成），又是工程项目生产过程的总组织者，因此工程项目业主方的项目管理是智能化工程项目的核心。

2. 设计方的项目管理

设计方作为建设项目的一个参与方，其项目管理主要服务于项目的整体利益和设计方本身的利益。其项目管理目标主要包括设计的成本目标、进度目标、质量目标以及项目的投资目标。设计方的项目管理工作主要在设计阶段进行，但也涉及设计前的准备阶段、施工阶段以及工程项目运行的保修期。

3. 施工方的项目管理

施工方作为项目建设的一个参与方，其项目管理主要服务于项目的整体利益和施工方本身的利益。其项目管理目标主要包括施工的成本目标、进度目标和质量目标。

4. 供货方的项目管理

材料和设备供应方的项目管理均属于供货方的项目管理。供货方作为项目建设的一个参与方，其项目管理主要服务于项目的整体利益和供货方本身的利益。其项目管理目标主要包括供货方的成本目标、进度目标和质量目标。供货方项目管理的主要任务包括：供货的安全管理、供货方的成本控制、供货的进度控制、供货质量控制、供货合同管理、供货信息管理、与供货方有关的组织与协调等。

5. 建设总承包方的项目管理

建设项目总承包方作为项目建设的一个参与方，其项目管理主要服务于项目的整体利益和建设项目总承包方的利益。其项目管理的目标主要包括项目的总投资目标、总承包方的成本目标、项目的进度目标和项目的质量目标。建设项目总承包方的项目管理工作涉及项目实施阶段的全过程，其管理任务主要包括：安全管理、投资控制、总承包方的成本控制、进度控制、质量控制、合同管理、信息管理、与工程项目总承包方有关的组织与协调。

2.4.2 项目范围管理的界定

项目范围是指，为了成功达到项目的目标，完成项目可交付的成果而必须完成的工作。确定项目的范围就是确定项目的系统边界，并进一步明确项目的管理对象。项目范围管理是项目管理的一部分，包括项目范围的确定、范围管理的组织责任、范围控制、范围变更管理、竣工阶段的范围核查等工作。具体地说，项目范围管理的目的是：

（1）按照项目目标及其他相关要求，确定项目应完成的工程活动，并对这些活动做出详细的定义和计划；

（2）在项目进行过程中，确保在预定的项目范围内有计划地进行项目的实施和管理工作，完成规定要做的全部工作，既不能多又不能遗漏；

（3）确保项目的各项活动能够满足项目范围定义所描述的要求；

（4）为确定项目费用、时间和资源计划提供基准，进而为成本管理、进度管理、质量管理、采购管理等提供依据；

（5）分清项目责任，以便对任务的承担者进行考核与评价提供依据。

2.4.3 项目范围管理的内容

项目范围管理涉及项目管理的整个过程，主要包括如下几方面：

(1) 项目范围的确定。项目范围确定就是明确项目的目标以及可交付的成果，确定项目的总体系统范围并形成文件，以此作为项目设计、计划、实施和评价项目成果的依据。

(2) 范围管理的组织责任。在工程项目中，项目范围管理是一项职能管理工作，包括编制范围控制程序，落实范围管理组织责任，对可能发生的变更进行监控和调整。

(3) 范围定义。所谓管理范围是指对项目系统范围所进行的结构分解，其结果是形成关于工作分解结构的相关说明文件（工作分解结构的每一项活动均应在工作范围说明文件中加以说明或注解）。即用可测量的指标来定义项目的工作任务并形成文件，以此作为分解项目目标、落实组织责任、安排工作计划和实施控制的依据。

(4) 项目范围预期的稳定性评价。项目范围变更通常取决于项目目标的科学性、项目自身的复杂性、工程实施的可行性、环境条件的变化和用户需求的确定性等因素，因此项目范围预期的稳定性是对上述因素在项目实施过程中发生范围变更的可能性、程度和状况所进行的评估。

(5) 项目实施过程中的范围控制。是对项目实施过程中实际工作内容的控制，以确保项目实施的内容控制在预定的范围之内。范围控制的内容主要包括：审核设计任务书、施工任务书、承包合同、采购合同、会议纪要以及其他的信函和文件等，以掌握项目动态并识别所分派的任务是否属于合同工作范围，是否存在遗漏或多余。范围控制的方式，主要是通过定期或不定期的现场观察和阅读项目实施状态报告，来了解项目实施的中间过程和动态，识别是否按项目范围的定义实施以及任务的范围和标准有无变化等，从而达到项目范围控制之目的。

(6) 范围变更管理。项目范围变更是项目变更的一个方面，是指在项目实施期间项目工作范围所发生的变化，如增减某些工作项目等。实际上，项目实施过程中的许多变更最终都可以归结为范围的变更。因此，范围变更管理应符合变更管理的一般程序，即建立范围变更控制系统，将范围变更与环境监控和预警，以及目标控制等集成到一个系统中形成完整的控制体系。

由于项目范围变更常常伴随着对成本、进度、质量和项目其他目标进行调整的要求，所以伴随着项目范围的变更，相应的设计和计划文件的内容必须同步更新。

(7) 范围确认。在工程项目的结束阶段，或将项目的最终交付成果移交之前，应对项目的可交付成果进行审查，审核项目范围内规定的各项工作或活动是否已经完成，可交付成果是否完备和令人满意。范围确认的方式可通过必要的测量、考察和试验等活动来完成。

2.5 建筑智能化工程项目管理组织与体制

2.5.1 工程项目的组织

项目组织是指为完成特定的项目任务而建立起来的从事项目具体工作的组织。它是项目所有者、项目任务的承担者按照一定的规则和规律所构成的整体，是项目的行为主体所构成的系统。该组织是在项目生命期内临时组建，是一次性的暂时组织，随着项目生命期的结束而自动解散。

为了实现项目目标，使人们在项目中高效率地工作，必须进行项目组织，并对项目组织的运作进行有效的管理。通常，工程项目是由目标产生工作任务，由工作任务决定承担者，由承担者形成组织，并按项目的范围管理和系统结构进行分解。在工程项目的组织和管理中，存在两个不同的概念：项目组织和项目管理组织。

1. 项目组织

按照 ISO 10006，项目组织是从事项目具体工作的组织。工程项目组织主要是由负责完成项目分解结构图中的各项工作的人、单位、部门组合起来的群体，通常包括业主、项目管理单位（包括监理单位）、施工单位、设计单位和供应单位等，有时还包括为项目提供服务或与项目有关的部门（如政府部门等）。

2. 项目管理组织

项目管理组织主要是指项目经理部、项目管理小组等。广义的项目管理组织是在整个项目中从事各种具体管理工作的人员、单位、部门组合起来的群体。项目管理组织是按照具体对象进行组织的，如业主的项目管理组织、项目管理公司的项目管理组织、承包商的项目管理组织，这些组织之间存在各种联系，有各种管理工作、责任和任务的划分，形成项目形态总体的管理组织系统。

从项目管理的组织形式来看，虽然项目管理公司、承包商、设计单位、供应商等在项目组织中属于一个组织单元，但他们都有自己的项目经理部和人员。通常，投资方、开发方和由咨询公司提供的代表业主方利益的项目管理都属于业主方的项目管理；施工总承包方和分包方的项目管理都属于施工方的项目管理；材料和设备供应方的项目管理都属于供货方的项目管理。而建设项目总承包又有多种形式，如设计和施工任务综合的承包，设计、采购和施工任务综合的承包等，它们的项目管理都属于建设项目总承包方的项目管理。

3. 项目管理的组织结构

在工程项目管理过程中，根据项目管理工作所涉及的范围和内容不同，可以将其分为如下几个层次：决策层、项目管理层、项目实施层等。

决策层是指项目的发起者（或投资者），包括项目所属企业的经理、对项目投资的财团、参与项目融资的单位等。它位于项目组织的最高层，在项目的前期策划和实施过程中起到决策和宏观调控的作用。

项目管理层是指项目业主，通常是由投资者委托的项目主持人或项目建设负责人来实施管理。业主以所有者的身份进行项目过程的总体管理工作，以保证项目目标的实现。战略管理层的工作主要有：确定生产规模、选择工艺方案；确定总体实施计划；委托项目任务，选择项目经理和承包单位；批准项目目标、设计文件和实施计划等；审定和选择工程项目所用材料、设备和工艺流程，提供项目实施所需的物质条件和环境条件；对项目进行宏观调控，给项目管理层持续性的支持。

项目实施层对应于项目的设计、施工、供应等单位，由它们承担具体的项目管理工作。具体地说，在项目实施过程中承担项目计划、协调、监督、控制等一系列具体任务的项目管理工作，它通常由业主委托的项目管理公司承担，以保证项目整体目标的实现。

2.5.2　智能化工程项目管理体制

根据我国有关法律法规的规定以及智能化工程自身的特点，智能化工程项目建设实行的管理体制是：一个体系、两个层次、三个主体。

1. 一个体系。是指在建筑智能化工程项目建设的组织上和法规上形成一个完整统一的系统。政府从组织机构和手段上加强和完善对建筑智能化工程项目建设过程的监督和控制，同时把发包方自行管理项目的封闭式体制，改为由发包方委托专业化、社会化的信息系统工程监理单位管理工程项目建设的开放体制。社会监理工作在建筑智能化工程项目建设中自成体系，有独立的思想、组织、方法和手段，坚持按工程合同和国家法律、行政法规、规章和技术标准实施项目，既不受委托监理的发包方随意指挥，也不受承包施工单位和设备材料供应单位的干扰。

2. 两个层次。是指工程建设的宏观层次和微观层次。宏观层次是指政府监管；微观层次是指社会监理。两者相辅相成，缺一不可，共同构成我国建筑智能化工程项目管理的完整体制。

政府监管是指我国政府有关部门对建筑智能化工程项目管理实施强制性监管和对社会监理工作进行监督管理。政府监管对建筑智能化工程建设活动可分为两个阶段：项目决策阶段和工程建设实施阶段。两个阶段分别由计划部门和建设部门实施监督。

社会监理是指信息系统工程监理单位受发包方委托，对建筑智能化工程项目建设全过程或某一阶段实施监理。它既与发包方签订委托合同，又处于独立的第三方地位，主要依据发包方和承包方双方签订的工程承包合同，以及有关的法律、法规、标准、规范等，具体组织管理和监督建筑智能化工程项目实施活动，在工程实施阶段控制项目费用、质量和进度，并维护发包方和承包施工单位双方的合法权益。

3. 三个主体。建筑智能化工程项目管理活动涉及发包方、承包方和监理单位，这三者是建筑智能化工程项目实施的主体。发包方和承包方是合同关系；监理单位和承包方是监理、被监理的关系，而不是合同关系，这种关系由发包方和承包方所签订的合同所确定；发包方和监理单位之间是委托合同关系。

(1) 发包方与承包方之间的职责关系。发包方与承包方之间是工程发包与承包关系，是一种经济法律关系。按双方工程承包合同规定，由承包方按合同约定来完成工程并得到自己的利益。承包方承担了工程项目的建设任务，负有按时、保质、保量完成任务的责任。

(2) 发包方与监理单位之间职责关系。发包方与监理单位之间是委托和被委托的关系，是一种经济法律关系，通过合同来确定双方的权利和义务。发包方与监理单位的关系是相互平等的主体，发包方把工程项目委托给监理单位之后，主要精力应放在积极创造施工条件和改善外部环境条件、决定工程项目建设的重大变革、协调各方关系等内容。发包方与监理单位双方在工程项目实施中应将保证质量、提供项目的效益作为共同的目标。

(3) 监理单位和承包方之间职责关系。监理单位与承包方之间没有签订合同，是监理和被监理关系。它们虽然没有经济法律关系，但两者的关系是相互平等的主体。

2.6 建筑智能化工程项目管理的内涵

2.6.1 智能化工程项目进度管理

项目进度管理是为了确保项目最终目标按时完成所进行的一系列管理过程。根据《建设工程项目管理规范》的规定，企业应建立项目进度管理体系，制定项目进度管理目标，并将目标按照项目实施过程、专业、阶段或实施周期进行分解。

建筑智能化工程项目进度管理的实施与此类似，只是涉及的专业更加广泛。在智能化工程项目实施过程中，不断地把计划进度与实际进度进行比较分析，及时发现它们之间的差距，果断采取措施纠正其偏差，确保智能化工程项目的实施按计划进行。项目进度管理的依据是项目进度计划，项目进度管理的关键环节是进度控制。

1. 项目进度计划

项目进度计划是根据项目的实际条件和合同要求，以拟建项目的竣工或交付使用时间为目标，按照合理的顺序所安排的实施日程，是执行项目工作和达到里程碑目标的时间计划，其实质是把各工作的时间估计反映在逻辑关系图上。制定项目进度计划是建筑智能化工程项目进度管理的基本职能之一，是进行有效管理的前提。计划应当指明为了实现项目最终目标而必须完成的各阶段任务，各阶段任务又被逐级分解成一些便于分派和执行的具体任务以及这些任务之间的衔接关系，并指明项目对各种资源的需求以及资源在各项任务之间的分配关系。

2. 项目进度控制

进度控制的主要任务是预防进度偏离和纠正进度偏离，分析可能影响项目进度的各种因素并及时采取预防措施。因为项目计划是对项目未来活动的打算，而实际的项目活动由于受到许多不确定因素的影响并不一定能够完全按照预定计划顺利进行，可能出现一些事先不曾预料到的新情况而导致实际进度偏离进度计划。通过进度管理不断地将实际进度与计划进度相比较，及时发现它们之间的差异，分析和评价这些差异，协调各局部任务之间的关系，保证各部分任务之间的逻辑关系正确，尽可能好地达到项目预期目标。

2.6.2 智能化工程项目质量管理

根据《建设工程项目管理规范》的规定，企业应遵照《建设工程质量管理条例》和《质量管理体系》GB/T 19001 的要求，建立质量管理体系，并在各层次设立专职管理部门或专职人员。智能化工程项目质量管理应按照预防为主的原则，持续改进，为项目增值服务。

建筑智能化工程项目质量管理的程序：(1) 进行质量策划，确定质量目标；(2) 编制质量计划；(3) 实施质量计划；(4) 总结项目质量管理工作，提出持续改进的要求。

建筑智能化工程项目质量管理的内容主要包括如下几个方面：(1) 项目质量策划，即规定项目质量管理体系的过程和资源，确定质量目标，编制针对项目质量管理的相关文件；(2) 编制质量计划，即确定每一个项目的相关质量标准，把质量问题纳入项目管理的全过程；(3) 质量保证，包括定期评价项目总体执行情况，以提供项目要满足的质量标准；(4) ISO 9000 系列质量认证；(5) 质量检查；(6) 质量审计；(7) 项目质量控制与处置；(8) 持续改进等。

建筑智能化工程项目质量是一个动态概念，随着客观条件而变化，必须加强动态控制，把可能出现质量问题的隐患消灭在萌芽状态。因此，建筑智能化工程项目质量管理的重点应从工程项目实施后的检验，转移到实施前和实施中的控制与指导，贯彻预防为主的原则。

2.6.3 智能化工程项目成本管理

智能化工程项目成本管理是指在工程项目实施过程中，预测和计划工程成本并控制工程成本，以确保工程项目在成本预算的约束条件下完成。工程项目成本管理的目的是通过对工程成本目标的动态控制，使其能够最优化地实现。

工程项目成本管理的基础是编制财务报表（包括现金流量表、损益表、资金来源与运用表、借款偿还计划表等）。由于智能化工程项目管理的复杂性，通常采用单价合同形式的费用支付方式，因此智能化工程项目建设过程中工程成本管理的关键环节是工程计量与支付。工程计量是通过实际测量而得到的已完成的工作量，工程费用的支付是对工程项目质量、进度的最终评价。在建筑智能化工程项目实施过程中，两者高度统一、共为一体，工程成本除了反映发包方和承包方的直接经济关系之外，其支付还反映了工程的进度和质量。

2.6.4 智能化工程项目环境管理

工程项目环境是指对工程项目有影响的所有外部因素的总和，是实施项目管理不可缺少的要素，它们构成了项目的边界条件。而项目活动和项目管理是在一个更大的环境中进行的，因此项目管理人员必须对项目环境（包括内部环境和外部环境）管理有正确的认识和足够的了解。构成项目环境的要素包括：项目的利益相关者、与项目有关的管理知识和方法、项目组织机构和项目外部环境等。环境对项目的过程有着重大影响，其作用主要表现在：

（1）工程项目的需求产生于上层系统和外部环境，它们决定着项目的存在价值。因此，通常在环境系统中出现的问题，就必须从上层系统和环境条件的角度来进行分析和解决。

（2）环境决定着项目的技术方案和实施方案以及它们的优化，决定了工期和成本。工程项目的实施需要外部环境提供各种资源和条件，受外部环境条件的制约，因此工程项目的实施过程是项目与环境之间相互作用的过程。如果项目没有充分利用环境条件或忽视环境的影响，必然会造成项目实施过程中的障碍和困难。

（3）环境是产生风险的根源。由于现代工程项目所在的环境处于不断变化之中，而环境变化对工程项目所造成的干扰，会导致项目不能按照原计划实施，由此造成对项目目标的修改甚至导致整个项目失败，这就是项目环境所带来的风险。风险管理的主要内容就是化解项目环境的不确定因素及环境变化对项目所造成的影响。

对影响工程项目管理的外部因素进行梳理和应对构成了项目环境管理的主要内容，主要包括以下几方面：

（1）项目管理者的组织状况。主要包括项目所属企业的组织体系、组织结构，项目要求，工程承包商、供应商、设计单位的基本情况，技术能力，组织能力等。

（2）社会政治环境、社会经济环境、社会法律环境、社会人文环境、自然条件等。

（3）项目周围的基础设施、交通运输和通信状况。

（4）技术环境。与项目相关的技术标准、规范、技术发展水平、技术能力等构成了项目管理的技术环境。

总之，环境对项目和项目管理所造成的影响是决定性的，因此在项目实施的过程中必须重视环境的作用。为了降低环境变化对项目干扰所造成的风险，项目管理者必须进行全面的环境调查,及时把握环境变化情况,在项目实施过程中注意研究和把握环境与项目的交互作用所产生的影响。

2.6.5 智能化工程项目信息管理

建筑智能化工程项目管理工作是以信息为基础的,因此信息管理在建筑智能化工程项目实施过程中具有特别重要的意义。工程项目管理的主要任务之一就是进行目标控制,而控制的基础是各类与项目有关的信息,对任何目标的控制只要在这些信息的支持下才能有效地进行。因此,在建筑智能化工程项目实施过程中,如何全面、准确、及时地收集、加工、整理、存储、传递和应用各类信息,是一项极其重要的工作。

建筑智能化工程项目信息管理的目的,是通过有组织的信息流通使项目管理人员及时掌握完整、准确的信息,为进行科学决策提供可靠依据。建筑智能化工程项目中集中了大量的新概念、新结构、新工艺、新材料,其技术构成日益复杂,技术的复杂性和社会分工的广泛性使得参与项目建设的设计、施工、安装、调试以及材料设备供应商不仅数量众多,而且他们之间工作和工序上的衔接越来越复杂。这种情况导致了无论是发包方、承包方还是监理方,其项目管理过程实质上已成为项目信息管理的过程。

高效的信息管理必须有一套严格的信息管理制度。这样工程项目进展的详细情况才可能被项目经理准确掌握,或者说信息管理制度是项目信息管理的保证。没有信息管理制度的保证,很难做到项目信息的规范化管理。建筑智能化工程项目信息管理制度至少应包括信息类别、信息清单、信息流程和项目经理部所有成员在信息管理方面的职责规定等方面的内容。

2.6.6 智能化工程项目沟通与协调管理

沟通管理的目标是保证有关项目产生的信息能够及时以合理的方式进行传递和交流,为此需要对项目信息的内容、信息传递方式、信息传递过程等进行全面的管理。通过沟通,不但可以解决各种协调的问题,如在技术、管理方法和程序中的矛盾、困难,而且还可以解决各参与者在心理和行为方面的障碍。项目沟通是项目管理重要的组成部分之一,是联系其他各方面管理的纽带,也是影响项目成败的重要因素。因此,沟通是保持项目顺利进行的润滑剂。

沟通管理的基础是项目沟通计划,项目沟通计划是针对项目利益相关者的沟通需求进行分析,从而确定谁需要什么信息,什么时候需要这些信息,以及采用何种方式进行信息传递。虽然所有项目都需要信息沟通,但是信息需求和信息传递方式可能存在很大差别,因此确定项目利益相关者需要沟通的信息以及信息传递的方式是项目成功的关键因素。

项目沟通计划是一个指导性的沟通文件,它是项目整体计划的一部分。该计划一般在项目的初期阶段制定,其类型和内容根据项目的需求而变化。项目沟通计划主要内容包括:信息收集渠道、信息发送渠道、信息格式、归档的规章制度、信息流转日程表、信息访问权限安排、更新沟通计划的方法、项目利益相关者的沟通分析等。

建筑智能化工程项目是综合性很强的一类工程建设项目,涉及的参与方多且组织结构复杂,同时智能化工程项目建设持续的时间较长(将持续整个工程项目的生命周期),因此沟通与协调管理在这类项目的实施过程中显得更加迫切,是建筑智能化工程项目成功实施的重要保证。

思 考 与 实 践

1. 简述智能建筑的定义及其特点。
2. 简述建筑智能化系统的基本构架。
3. 建筑智能化工程项目管理的内涵有哪些?

第 3 章 智能化工程项目成本控制

项目的预算和成本控制是承包商和业主共同关注的内容，也是项目管理的重点内容之一。成本控制包含在项目进度计划控制之中。

3.1 智能化工程费用组成

我国现行的《建筑安装工程费用项目组成》（建标 [2003] 206 号关于印发《建筑安装工程费用项目组成》的通知）规定，建筑安装工程费由直接费、间接费、利润和税金组成。如表 3-1 所示。

建筑安装工程费用项目组成　　　　　表 3-1

建筑安装工程费用项目组成	直接费	直接工程费	人工费
			材料费
			施工机械使用费
		措施费	环境保护费
			文明施工费
			安全施工费
			临时设施费
			夜间施工费
			二次搬运费
			大型机械设备进出场及安拆费
			混凝土、钢筋混凝土模板及支架费
			脚手架费
			已完工程及设备保护费
			施工排水、降水费
	间接费	规费	工程排污费
			工程定额测定费
			社会保障费
			住房公积金
			危险作业意外伤害保险费
		企业管理费	管理人员工资
			办公费
			差旅交通费
			固定资产使用费

续表

建筑安装工程费用项目组成	间接费	企业管理费	工具用具使用费
			劳动保险费
			工会经费
			职工教育经费
			财产保险费
			财务费
			税金
			其他
	利润		
	税金		

3.1.1 直接费

直接费由直接工程费和措施费组成。

直接工程费是指施工过程中耗费的构成工程实体的各项费用,包括人工费、材料费、施工机械使用费。

1. 人工费是指为直接从事建筑安装工程施工的生产工人开支的各项费用,内容包括:

(1) 基本工资:是指发放给生产工人的基本工资。

(2) 工资性补贴:是指按规定标准发放的物价补贴,煤、燃气补贴,交通补贴,住房补贴,流动施工津贴等。

(3) 生产工人辅助工资:是指生产工人年有效施工天数以外非作业天数的工资,包括职工学习、培训期间的工资,调动工作、探亲、休假期间的工资,因气候影响的停工工资,女工哺乳时间的工资,病假在六个月以内的工资及产、婚、丧假期的工资。

(4) 职工福利费:是指按规定标准计提的职工福利费。

(5) 生产工人劳动保护费:是指按规定标准发放的劳动保护用品的购置费及修理费,徒工服装补贴,防暑降温费,在有碍身体健康环境中施工的保健费用等。

2. 材料费是指施工过程中耗费的构成工程实体的原材料、辅助材料、零件等的费用,内容包括:

(1) 材料原价(或供应价格)。

(2) 材料运输费:是指材料自来源地运至工地仓库或指定堆放地点所发生的全部费用。

(3) 运输损耗费:是指材料在运输装卸过程中不可避免的损耗。

(4) 采购及保管费:是指在组织采购、供应和保管材料过程中所需要的各项费用。

(5) 检验试验费:是指对建筑材料、设备和建筑安装物进行一般鉴定、检查所发生的费用,包括自设试验室进行试验所耗用的材料和化学药品等费用。

3. 施工机械使用费是指施工机械作业所发生的机械使用费以及机械安拆费和场外费。包括折旧费、大修理费、经常修理费、安拆费及场外运费、人工费、燃料动力费、养路费及车船使用税等七项费用。

4. 措施费是指为完成工程项目施工,发生于该工程施工前和施工过程中非工程实体项目的费用。内容包括：

(1) 环境保护费：是指施工现场为达到环保部门要求所需要的各项费用。

(2) 文明施工费：是指施工现场文明施工所需要的各项费用。

(3) 安全施工费：是指施工现场安全施工所需要的各项费用。

(4) 临时设施费：是指施工企业为进行建筑工程施工所必须搭设的生活和生产用的临时建筑物、构筑物和其他临时设施费用等。

(5) 夜间施工费：是指因夜间施工所发生的夜班补助费、夜间施工降效、夜间施工照明设备摊销及照明用电等费用。

(6) 二次搬运费：是指因施工场地狭小等特殊情况而发生的二次搬运费用。

(7) 大型机械设备进出场及安拆费：是指机械整体或分体自停放场地运至施工现场或由一个施工地点运至另一个施工地点，所发生的机械进出场运输和转移费用及机械在施工现场进行安装、拆卸所需的人工费、材料费、机械费、试运转费和安装所需的辅助设施的费用。

(8) 混凝土、钢筋混凝土模板及支架费：是指混凝土施工过程中需要的各种钢模板、木模板、支架等的支、拆、运输费用及模板、支架的摊销（或租赁）费用。

(9) 脚手架费：是指施工需要的各种脚手架搭、拆、运输费用及脚手架的摊销（或租赁）费用。

(10) 已完工程及设备保护费：是指竣工验收前，对已完工程及设备进行保护所需费用。

(11) 施工排水、降水费：是指为确保工程在正常条件下施工，采取各种排水、降水措施所发生的各种费用。

3.1.2 间接费

间接费由规费、企业管理费组成。

规费是指政府和有关权力部门规定必须缴纳的费用（简称规费）。包括：

(1) 工程排污费：是指施工现场按规定缴纳的工程排污费。

(2) 工程定额测定费：是指按规定支付工程造价（定额）管理部门的定额测定费。

(3) 社会保障费：指企业按规定标准为职工缴纳的基本养老保险费、失业保险费和基本医疗保险费。

(4) 住房公积金：是指企业按规定标准为职工缴纳的住房公积金。

(5) 危险作业意外伤害保险：是指按照建筑法规定，企业为从事危险作业的建筑安装施工人员支付的意外伤害保险费。

企业管理费是指建筑安装企业组织施工生产和经营管理所需费用。内容包括：

(1) 管理人员工资：是指管理人员的基本工资、工资性补贴、职工福利费、劳动保护费等。

(2) 办公费：是指企业管理办公用的文具、纸张、账表、印刷、邮电、书报、会议、水电、烧水和集体取暖（包括现场临时宿舍取暖）用煤等费用。

(3) 差旅交通费：是指职工因公出差、调动工作的差旅费、住勤补助费、市内交通费和误餐补助费、职工探亲路费、劳动力招募费、职工离退休及退职一次性路费、工伤人员就医路费、工地转移费以及管理部门使用的交通工具的油料、燃料、养路费及牌照费。

(4) 固定资产使用费：是指管理和试验部门及附属生产单位使用的属于固定资产的房屋、设备仪器等的折旧、大修、维修或租赁费。

(5) 工具用具使用费：是指管理使用的不属于固定资产的生产工具、器具、家具、交通工具和检验、试验、测绘、消防用具等的购置、维修和摊销费。

(6) 劳动保险费：是指由企业支付离退休职工的易地安家补助费、职工退职金、六个月以上的病假人员工资、职工死亡丧葬补助费、抚恤费、按规定支付给离休干部的各项经费。

(7) 工会经费：是指企业按职工工资总额计提的工会经费。

(8) 职工教育经费：是指企业为职工学习先进技术和提高文化水平，按职工工资总额计提的费用。

(9) 财产保险费：是指施工管理用财产费用、车辆保险费用。

(10) 财务费：是指企业为筹集资金而发生的各种费用。

(11) 税金：是指企业按规定缴纳的房产税、车船使用税、土地使用税、印花税等。

(12) 其他：包括技术转让费、技术开发费、业务招待费、绿化费、广告费、公证费、法律顾问费、审计费、咨询费等。

利润是指施工企业完成所承包工程获得的盈利。

税金是指国家税法规定的应计入建筑安装工程造价内的营业税、城市维护建设税及教育费附加等。

3.2 项目成本计划的编制方法

项目成本计划的编制依据包括：合同报价书、施工预算；施工组织设计或施工方案；人、料、设备市场价格；公司颁布的材料指导价格、劳动力内部挂牌价格；周转设备内部租赁价格、摊销损耗标准；已签订的工程合同、分包合同（或估价书）；外加工计划和合同；有关财务成本核算制度和财务历史资料；其他相关资料。

根据建设部第107号部令《建筑工程施工发包与承包计价管理办法》的规定，发包与承包价的计算方法分为工料单价法和综合单价法。

3.2.1 工料单价法计价程序

工料单价法是以分部分项工程量乘以单价后的合计为直接工程费，而直接工程费由人工、材料、机械的消耗量及其相应价格确定。直接工程费汇总后另加间接费、利润、税金生成工程发承包价，其计算程序分为以下三种：

1. 以直接费为计算基础，见表3-2。

以直接费为计算基础　　　　　　表3-2

序　号	费用项目	计　算　方　法	备　注
(1)	直接工程费	按预算表	
(2)	措施费	按规定标准计算	
(3)	小计	(1)-(2)	
(4)	间接费	(3)×相应费率	

续表

序号	费用项目	计算方法	备注
(5)	利润	[(3)+(4)]×相应利润率	
(6)	合计	(3)+(4)+(5)	
(7)	含税造价	(6)×(1+相应税率)	

2. 以人工费和机械费为计算基础，见表3-3。

以人工费和机械费为计算基础　　　　　　　　　　表3-3

序号	费用项目	计算方法	备注
(1)	直接工程费	按预算表	
(2)	直接工程费中的人工费和机械费	按预算表	
(3)	措施费	按规定标准计算	
(4)	措施费中的人工费和机械费	按规定标准计算	
(5)	小计	(1)+(3)	
(6)	人工费和机械费小计	(2)+(4)	
(7)	间接费	(6)×相应费率	
(8)	利润	(6)×相应利润率	
(9)	合计	(5)+(7)+(8)	
(10)	含税造价	(9)×(1+相应税率)	

3. 以人工费为计算基础，见表3-4。

以人工费为计算基础　　　　　　　　　　表3-4

序号	费用项目	计算方法	备注
(1)	直接工程费	按预算表	
(2)	直接工程费中人工费	按预算表	
(3)	措施费	按规定标准计算	
(4)	措施费中人工费	按规定标准计算	
(5)	小计	(1)+(3)	
(6)	人工费小计	(2)+(4)	
(7)	间接费	(6)×相应费率	
(8)	利润	(6)×相应利润率	
(9)	合计	(5)+(7)+(8)	
(10)	含税造价	(9)×(1+相应税率)	

3.2.2　综合单价法计价程序

综合单价法是分部分项工程单价为全费用单价，全费用单价经综合计算后生成，其内容包括直接工程费、间接费、利润和税金。各分项工程量乘以综合单价的合价汇总后，生成工程发承包价。

由于各分部分项工程中的人工、材料、机械含量的比例不同,各分项工程可根据其材料费占人工费、材料费、机械费合计的比例(以字母"C"代表该项比值)在以下三种计算程序中选择一种计算其综合单价。

1. 当 $C>C_0$(C_0 为本地区原费用定额测算所选典型工程材料费占人工费、材料费和机械费合计的比例)时,可采用以人工费、材料费、机械费合计为基数计算该分项的间接费和利润。

以直接费为计算基础,见表 3-5。

以直接费为计算基础　　　　　　　　　　　　　　表 3-5

序 号	费用项目	计 算 方 法	备 注
(1)	分项直接工程费	人工费+材料费+机械费	
(2)	间接费	(1)×相应费率	
(3)	利润	[(1)+(2)]×相应利润率	
(4)	合计	(1)+(2)+(3)	
(5)	含税造价	(4)×(1+相应税率)	

2. 当 $C<C_0$ 值的下限时,可采用以人工费和机械费合计为基数计算该分项的间接费和利润,见表 3-6。

以人工费和机械费为计算基础　　　　　　　　　　表 3-6

序 号	费用项目	计 算 方 法	备 注
(1)	分项直接工程费	人工费+材料费+机械费	
(2)	其中人工费和机械费	人工费+机械费	
(3)	间接费	(2)×相应费率	
(4)	利润	(2)×相应利润率	
(5)	合计	(1)+(3)+(4)	
(6)	含税造价	(5)×(1+相应税率)	

3. 如该分项的直接费仅为人工费,无材料费和机械费时,可采用以人工费为基数计算该分项的间接费和利润,见表 3-7。

以人工费和机械费为计算基础　　　　　　　　　　表 3-7

序 号	费用项目	计 算 方 法	备 注
(1)	分项直接工程费	人工费+材料费+机械费	
(2)	直接工程费中人工费	人工费	
(3)	间接费	(2)×相应费率	
(4)	利润	(2)×相应利润率	
(5)	合计	(1)+(3)+(4)	
(6)	含税造价	(5)×(1+相应税率)	

3.3 项目成本控制的任务与措施

3.3.1 项目成本控制的任务

项目成本控制就是要在保证工期和质量满足要求的情况下，利用组织措施、经济措施、技术措施、合同措施把成本控制在计划范围内，并进一步寻求最大程度的成本节约。项目成本控制的任务主要包括：成本预测、成本计划、成本控制、成本核算、成本分析和成本考核。

1. 项目成本预测

项目成本预测就是根据成本信息和施工项目的具体情况，运用一定的专门方法，对未来的成本水平及其可能发展趋势做出科学的估计，其实质就是在施工以前对成本进行估算。通过成本预测，可以使项目经理部在满足业主和施工企业要求的前提下，选择成本低、效益好的最佳成本方案，并能够在施工项目成本形成过程中，针对薄弱环节，加强成本控制，克服盲目性，提高预见性。因此，施工项目成本预测是施工项目成本决策与计划的依据。预测时，通常是对施工项目计划工期内影响其成本变化的各个因素进行分析，比照近期已完工施工项目或将完工施工项目的成本（单位成本），预测这些因素对工程成本中相关项目成本项目的影响程度，预测出工程的单位成本或总成本。

2. 项目成本计划

项目成本计划是以货币形式编制施工项目在计划期内的生产费用、成本水平、成本降低率以及为降低成本所采取的主要措施和规划的书面方案，它是建立施工项目成本管理责任制、开展成本控制和核算的基础。一般来说，一个施工项目成本计划应包括从开工到竣工所必需的项目成本，它是该施工项目降低成本的指导文件，是设立目标成本的依据，可以说，成本计划是目标成本的一种形式。

施工成本计划编制的依据包括：

(1) 投标报价文件、已签定的工程合同、分包合同（或估价书）。

(2) 企业定额、施工预算。

(3) 施工组织设计或施工方案。

(4) 人工、材料、机械台班的市场价。

(5) 企业颁布的材料指导价、企业内部机械台班价格、劳动力内部挂牌价格。

(6) 周转设备内部租赁价格、摊销损耗标准。

(7) 有关财务成本核算制度和财务历史资料。

(8) 施工成本预测资料。

(9) 拟采取的降低施工成本的措施。

(10) 其他相关资料。

施工成本计划的编制方式有：

(1) 按成本组成编制施工成本计划。施工成本可以分解为直接费和间接费，直接费可以分解为人工费、材料费、施工机械使用费和措施费，如图3-1所示。

(2) 按子项目组成编制施工成本计划。可以将施工项目总成本分解到单项工程和单位工程，再进一步分解到分部和分项工程，如图3-2所示。

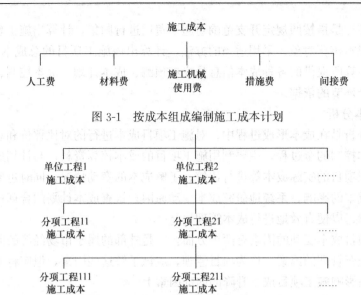

图 3-1 按成本组成编制施工成本计划

图 3-2 按子项目组成编制施工成本计划

（3）按工程进度编制施工成本计划。在建立网络图时，一方面确定完成各项工作所花费的时间，另一方面同时确定完成这一工作合适的施工成本支出计划，形成按时间进度的施工成本计划。

以上三种编制成本计划的方法并不是相互独立的，可以将三种方法结合使用。

施工成本计划的具体内容包括：

（1）编制说明。指对工程的范围、投标竞争过程及合同条件、承包人对项目经理提出的责任成本目标、施工成本计划编制的指导思想和依据等的具体说明。

（2）施工成本计划的指标。施工成本计划的指标应经过科学的分析预测确定，可以采用对比法、因素分析法等方法来进行测定。施工成本计划一般情况下有以下三类指标：成本计划的数量指标，如按分部汇总的各单位工程；成本计划的质量指标，如施工项目总成本降低率；成本计划的效益指标，如工程项目成本降低额。

（3）按工程量清单列出的单位工程计划成本汇总表。

（4）按成本性质划分的单位工程成本汇总表，根据清单项目的造价分析，分别对人工费、材料费、机械费、措施费、企业管理费和税费进行汇总，形成单位工程成本计划表。

3. 项目成本控制

项目成本控制是指在施工过程中，对影响施工项目成本的各种因素加强管理，并采用各种有效措施，将施工中实际发生的各种消耗和支出严格控制在成本计划范围内，随时揭示并及时反馈，严格审查各项费用是否符合标准，计算实际成本和计划成本（目标成本）之间的差异并进行分析，消除施工中的损失浪费现象，发现和总结先进经验。

施工项目成本控制应贯穿于施工项目从投标阶段开始直到项目竣工验收的全过程，它是企业全面成本管理的重要环节。因此，必须明确各级管理组织和各级人员的责任和权限，这是成本控制的基础之一，必须给以足够的重视。

项目成本控制可分为事先控制、事中控制（过程控制）和事后控制。

4. 项目成本核算

项目成本核算是指按照规定开支范围对施工费用进行归集，计算出施工费用的实际发生额，并根据成本核算对象，采用适当的方法，计算出该施工项目的总成本和单位成本。施工项目成本核算所提供的各种成本信息是成本预测、成本计划、成本控制、成本分析和成本考核等各个环节的依据。

5. 项目成本分析

项目成本分析是在成本形成过程中，对施工项目成本进行的对比评价和总结工作。它贯穿于项目成本控制的全过程，主要利用施工项目的成本核算资料，与计划成本、预算成本以及类似施工项目的实际成本等进行比较，了解成本的变动情况，同时也要分析主要技术经济指标对成本的影响，系统地研究成本变动原因，检查成本计划的合理性，深入揭示成本变动的规律，以便有效地进行成本管理。

影响施工项目成本变动的因素有两个方面：一是外部的属于市场经济的因素，二是内部的属于企业经营管理的因素。作为项目经理，应该了解这些因素，但应将施工项目成本分析的重点放在影响施工项目成本升降的内部因素上。

成本分析的基本方法包括：比较法、因素分析法、差额计算法和比率法。

6. 项目成本考核

项目成本考核是指施工项目完成后，对施工项目成本形成中的各责任者，按施工项目成本目标责任制的有关规定，将成本的实际指标与计划、定额、预算进行对比和考核，评定施工项目成本计划完成情况和各责任者的业绩，并以此给以相应的奖励和处罚。通过成本考核，做到有奖有惩，赏罚分明，才能有效地调动企业的每一个职工在各自的施工岗位上努力完成目标成本的积极性，为降低施工项目成本和增加企业的积累，做出自己的贡献。

施工成本考核分为两个层次：一是企业对项目经理的考核；二是项目经理对所属部门、施工队和班组的考核。

企业对项目经理考核的内容包括：

(1) 项目成本目标和阶段成本目标的完成情况。

(2) 建立以项目经理为核心的成本管理责任制的落实情况。

(3) 成本计划的编制和落实情况。

(4) 对各部门、各施工队和班组责任成本的检查和考核情况。

(5) 在成本管理中责权利相结合原则的贯彻执行情况。

项目经理对所属各部门、各施工队和班组考核的内容包括：

(1) 对各部门的考核内容：本部门、本岗位责任成本的完成情况；本部门、本岗位成本管理责任的执行情况。

(2) 对各施工队的考核内容：对劳务合同规定的承包范围和承包内容的执行情况；劳务合同以外的补充收费情况；对班组施工任务单的管理情况，以及班组完成施工任务后的考核情况。

(3) 对生产班组的考核内容（平时由施工队考核）：以分部分项工程成本作为班组的责任成本。以施工任务单和限额领料单的结算资料为依据，与施工预算进行对比，考核班组责任成本的完成情况。

施工成本管理的每一个环节都是相互联系和相互作用的。成本预测是成本决策的前提，成本计划是成本决策所确定目标的具体化。成本计划控制则是对成本计划的实施进行控制和监督，保证决策的成本目标的实现，而成本核算又是对成本计划是否实现的最后检验，它所提供的成本信息又为下一个施工项目成本预测和决策提供基础资料。成本考核是实现成本目标责任制的保证和实现决策目标的重要手段。

3.3.2 项目成本控制的措施

为了取得项目成本控制的理想成果，应当从多方面采取措施实施管理，通常可以将这些措施归纳为组织措施、技术措施、经济措施、合同措施等四个方面。

1. 组织措施

组织措施是从项目成本控制的组织方面采取的措施，如实行项目经理责任制，落实项目成本控制的组织机构和人员，明确各级项目成本控制人员的任务和职能分工、权利和责任，编制本阶段项目成本控制工作计划和详细的工作流程图等。项目成本控制不仅是专业成本管理人员的工作，各级项目管理人员都负有成本控制责任。组织措施是其他各类措施的前提和保障，而且一般不需要增加什么费用，运用得当可以收到良好的效果。

2. 技术措施

技术措施不仅对解决项目成本控制过程中的技术问题是不可缺少的，而且对纠正项目成本控制目标偏差也有相当重要的作用。因此，运用技术纠偏措施的关键，一是要能提出多个不同的技术方案，二是要对不同的技术方案进行技术经济分析。在实践中，要避免仅从技术角度选定方案而忽视对其经济效果的分析论证。

3. 经济措施

经济措施是最易为人接受和采用的措施。管理人员应编制资金使用计划，确定、分解项目成本控制目标。对项目成本控制目标进行风险分析，并制定防范性对策。通过偏差原因分析和未完工程项目成本预测，可发现一些潜在的问题将引起未完工程项目成本的增加，对这些问题应以主动控制为出发点，及时采取预防措施。由此可见，经济措施的运用绝不仅仅是财务人员的事情。

4. 合同措施

成本管理要以合同为依据，因此合同措施就显得尤为重要。对于合同措施从广义上理解，除了参加合同谈判、修订合同条款、处理合同执行过程中的索赔问题、防止和处理好与业主和分包商之间的索赔之外，还应分析不同合同之间的相互联系和影响，对每一个合同作总体和具体分析等。

3.3.3 施工成本控制的主要内容

1. 工程预付款

工程预付款是建设工程施工合同订立后由发包人按照合同的约定，在正式开工前预先支付给承包人的工程款。它是施工准备和所需材料等流动资金的主要来源。

按照我国有关规定，实行工程预付款的，双方应当在合同专用条款内约定发包方向承包方预付工程款的时间和数额，开工后按约定的时间和比例逐次扣回。预付时间应不迟于约定的开工日期前7天。发包人不按照约定预付，承包人在约定预付时间7天后向发包方发出预付款的通知，发包人收到通知后仍不能按要求预付，承包人可在发出通知7天后停工，发包人应从约定支付之日起向承包人支付应付款的贷款利息，并承担违约责任。

工程预付款额度，各地区、各部门的规定不完全相同，主要是保证施工所需材料和构件的正常储备。一般是根据施工工期、建安工作量、主要材料和构件费用占建安工作量的比例以及材料储备周期等因素经测算来确定。发包人根据工程的特点、工期长短、市场行情、供求规律等因素，招标时在合同条件中约定工程预付款的百分比。

2. 工程进度款

随着工程的进展，发包方要向承包方及时支付工程进度款。《建设工程施工合同（示范文本）》关于工程款的支付做出了相应的约定："在确认计量结果后 14 天内，发包人应向承包人支付工程款（进度款）"。还约定"发包人超过约定的支付时间不支付工程款（进度款），承包人可向发包人发出要求付款的通知，发包人接到承包人通知后仍不能按要求付款，可与承包人协商签订延期付款协议，经承包人同意后可延期支付"。协议应明确延期支付的时间和从计量结果确认后第 15 天起计算应付款的贷款利息。"发包人不按合同约定支付工程款（进度款），双方又未达成延期付款协议，导致施工无法进行，承包人可停止施工，由发包人承担违约责任"。

3. 工程结算

工程结算是指施工单位（分包单位）将已完成的部分工程，向建设单位（总包单位）结算工程价款，其目的是用以根据合同要求补偿施工过程中资金的耗用，以确保工程的顺利进行。

施工项目结算可以根据不同情况采取多种方式：

（1）按月结算。即先预付部分工程款，在施工过程中按月结算工程进度款，竣工后进行竣工结算。

（2）竣工后一次结算。建设项目或单项工程全部建筑安装工程建设期在 12 个月以内，或者工程承包合同价值在 100 万元以下的，可以实行工程价款每月月中预支，竣工后一次结算。

（3）分段结算。即当年开工，当年不能竣工的单项工程或单位工程按照工程实际进度，划分不同阶段进行结算。

（4）结算双方约定的其他结算方式。

实行竣工后一次结算和分段结算的工程，当年结算的工程款应与分年度的工作量一致，年终不另清算。

4. 竣工结算

《建设工程施工合同（示范文本）》约定："工程竣工验收报告经发包人认可后 28 天内，承包人向发包人递交竣工结算报告及完整的结算资料，双方按照协议书约定的合同价款及专用条款约定的合同价款调整内容，进行工程竣工结算。"专业监理工程师审核承包人报送的竣工结算报表；总监理工程师审定竣工结算报表；与发包人、承包人协商一致后，签发竣工结算文件和最终的工程款支付证书。

发包人收到承包人递交的竣工结算报告及结算资料后 28 天内进行核实，给予确认或者提出修改意见。发包人确认竣工结算报告后通知经办银行向承包人支付竣工结算价款。承包人收到竣工结算价款后 14 天内将竣工工程交付发包人。

发包人收到竣工结算报告及结算资料后 28 天内无正当理由不支付工程竣工结算价款，从第 29 天起按承包人同期向银行贷款利率支付拖欠工程价款的利息，并承担违约责任。

发包人收到竣工结算报告及结算资料后 28 天内无正当理由不支付工程竣工结算价款,承包人可以催告发包人支付结算价款。发包人在收到竣工结算报告及结算资料后 56 天内仍不支付的,承包人可以与发包人协议将该工程折价,也可以由承包人申请人民法院将该工程依法拍卖,承包人就该工程折价或者拍卖的价款优先受偿。

工程竣工验收报告经发包人认可后 28 天内,承包人未能向发包人递交竣工结算报告及完整的结算资料,造成工程竣工结算不能正常进行或工程竣工结算价款不能及时支付,发包人要求交付工程的,承包人应当交付;发包人不要求交付工程的,承包人承担保管责任。

5. 工程变更价款的确定

《建设工程施工合同(示范文本)》约定的工程变更价款的确定方法为,在工程变更确定后 14 天内,设计变更涉及工程价款调整的,由承包人向发包人提出,经发包人审核同意后调整合同价款。变更合同价款按照下列方法进行:

(1) 合同中已有适用于变更工程的价格,按合同已有的价格变更合同价款。

(2) 合同中只有类似于变更工程的价格,可以参照类似价格变更合同价款。

(3) 合同中没有适用或类似于变更工程的价格,由承包人或发包人提出适当的变更价格,经对方确认后执行。如双方不能达成一致意见,双方可提请工程所在地工程造价管理机构进行咨询或按合同约定的争议或纠纷解决程序办理。因此,在变更后合同价款的确定上,首先应当考虑使用合同中已有的、能够适用或者能够参照适用的,其原因在于合同中已经订立的价格(一般是通过招投标)是较为公平合理的,因此应当尽量采用。

3.4 项目成本控制的分析和方法

3.4.1 施工成本控制方法

施工成本控制的方法很多。成本控制的主要方法常采用挣值分析法,挣值分析法可以比较直观地反映工程的进度和费用。项目经理根据分析得到的结果来调整项目的人力和物力分配,以便于工程按计划进行。下面主要介绍挣值法。

挣值法又称为赢得值法或偏差分析法,是在工程项目实施中使用较多的一种方法,可以对项目进度和费用进行综合控制。利用挣值法可以求得任意检查时刻的成本偏差和进度偏差。计算公式如下:

施工成本偏差(CV)=已完工程实际施工成本(ACWP)−已完工程计划施工成本(BCWP)

施工进度偏差(SV)=拟完工程计划施工成本(BCWS)−已完工程计划施工成本(BCWP)

式中 已完工程实际施工成本=已完工程量×实际单位成本;

已完工程计划施工成本=已完工程量×计划单位成本;

拟完工程计划施工成本=拟完工程量×计划单位成本。

施工成本偏差和进度偏差的计算结论见表 3-8。

挣值法可以采用不同的表现形式,常有横道图法、表格法和曲线法。

施工成本偏差和进度偏差的计算结论　　　　　　　　　表 3-8

序号	偏差种类	偏差值	结论
1	施工成本偏差	CV>0	成本超支
		CV=0	成本按计划进行
		CV<0	成本节约
2	施工进度偏差	SV>0	进度拖延
		SV=0	进度按计划进行
		SV<0	进度提前

1. 横道图法

横道图法是用不同的横道标识已完成工程计划施工成本、拟完成工程计划施工成本和已完成工程实际施工成本，横道的长度与其金额成正比。

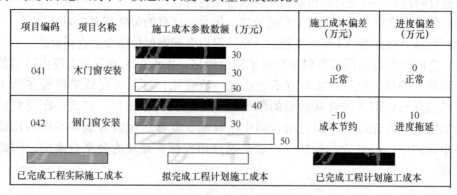

图 3-3　横道图的施工成本偏差分析

横道图法具有形象、直观、一目了然等优点，它能够准确表达出施工成本的偏差，而且能一眼感受到偏差的严重性，如图 3-3 所示但这种方法反映的信息量少，一般在项目的高层领导中使用。

2. 表格法

表格法也是进行偏差分析最常用的方法之一，它将项目编号、名称、各施工成本参数以及施工成本偏差综合归纳入一张表格中，并且直接在表格中进行比较。由于各偏差都在表中列出，使得施工成本管理者能够综合地了解并处理这些数据。

表格法具有灵活、适用性强、信息量大的特点，如表 3-9 所示。表格处理可借助于计算机，从而节约大量数据处理所需的人力，并大大提高速度。

施工成本偏差分析表　　　　　　　　　表 3-9

项目名称	(2)	木门窗安装	钢门窗安装
单位	(3)		
计划单位成本	(4)		
拟完工作量	(5)		
拟完工程计划施工成本	(6)=(5)×(4)	30	50

续表

项目名称	(2)	木门窗安装	钢门窗安装
已完工作量	(7)		
已完工程计划施工成本	(8) = (7) × (4)	30	40
实际单位成本	(9)		
已完工程实际施工成本	(10) = (7) × (8)	30	30
施工成本偏差	(11) = (10) − (8)	0	−10
施工进度偏差	(12) = (6) − (8)	0	10

3. 曲线法

曲线法是用施工成本累计曲线（S曲线）来进行施工成本偏差分析的一种方法。如图3-4所示，ACWP表示已完工程实际成本值曲线，BCWP表示已完工程计划成本曲线，BCWS表示拟完工程计划成本值曲线。

曲线法分析同样具有形象、直观的特点，但这种方法很难直接用于定量分析，只能对定量分析起一定的作用。

3.4.2 施工成本分析方法

施工成本分析的基本方法包括：比较法、因素分析法、差额计算法。下面作一下简单介绍。

1. 比较法

比较法又称"指标对比分析法"，就是通过技术经济指标的对比，检查计划的完成情况，分析产生差异的原因，从而挖掘降低成本的内在潜力。该法通俗易懂，简单易行。

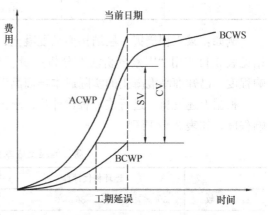

图3-4 曲线法的施工成本偏差分析

比较法的应用通常有以下形式：

（1）将实际指标与计划指标对比。以检查计划的完成情况，分析完成计划的积极因素和影响计划完成的原因，以便及时采取措施，保证成本目标的实现。

（2）实际指标与上期实际指标对比。通过这种对比，可以看出各项技术经济指标的动态情况，反映施工项目管理水平的提高程度。

（3）实际指标与本行业平均水平、先进水平对比。通过这种对比，可以反映本项目的技术管理和经济管理与其他项目的平均水平和先进水平的差距，进而采取措施赶超先进水平。

例如：某项目本年计划节约"三材"8万元，实际节约10万元，上年节约6万元，本行业先进水平节约11万元。根据上述资料编制分析表，见表3-10。

材料费节约对比分析表（万元） 表3-10

本期实际	上期实际	企业先进	本期计划	差 异 数		
				与上期比	与企业先进比	与本期计划比
10	6	11	8	4	−1	2

由上述分析表可知:

与上期比节约 4 万元,项目管理水平有较大提高;

与企业先进水平比超支 1 万元,与企业先进水平比有一定差距;

与计划比节约 2 万元,圆满完成了计划。

2. 因素分析法

因素分析法又称连锁置换法或连环替代法。这种方法可用来分析各种因素对成本形成的影响程度。在进行分析时,首先要假定众多因素中的一个因素发生了变化,而其他因素则不变,然后逐个替换,并分别比较其计算结果,以确定各个因素的变化对成本的影响程度。

商品混凝土计划成本与实际成本对比表　　　　　表 3-11

项 目	单 位	计 划	实 际	差 额
产量	m³	500	520	+20
单价	元	700	720	+20
损耗率	%	4	2.5	-0.5
成本	元	36400	383760	+19760

例如:某工程浇捣一层结构商品混凝土,实际成本比计划成本超支 19760 元,具体数据见表 3-11。用"因素分析法"分析产量、单价、损耗率等因素的变动对实际成本的影响程度。已知商品混凝土的实际成本=商品混凝土产量×单价×(1+损耗率)。

根据上述资料,进行连环替代计算,求出产量、单价、损耗率等因素变动对成本的影响程度,如表 3-12 所列。

商品混凝土成本变动因素分析表　　　　　表 3-12

	连环替代计算	差 异	因素分析
计划数	500×700×1.04=364000		
第一次替代	520×700×1.04=378560	14560	产量增加 20m³ 使成本增加 14560 元
第二次替代	520×720×1.04=389376	10816	单价提高 20 元使成本增加 10816 元
第三次替代	520×720×1.025=383760	-5616	损耗率降低 1.5% 使成本减少 5616 元
合计	14560+10816-5616=19760		综合结果导致成本增加 19760 元

3. 差额计算法

差额计算法是因素分析法的一种简化形式,它利用各个因素的计划与实际的差额来计算其对成本的影响程度。

仍采用表 3-11 所示的数据,用差额计算法进行分析,具体计算见表 3-13。

差额计算法分析商品混凝土成本变动因素　　　　　表 3-13

因 素	差 额	影 响 程 度
产量	+20m³	20×700×1.04=14560
单价	+20 元	20×520×1.04=10816
损耗率	-1.5%	-0.015×520×720=-5616

思 考 与 实 践

1. 建筑安装工程费用由哪些项目组成？
2. 如何做好人工费、材料费、施工机械使用费的控制？
3. 施工项目成本控制的方法有哪些？
4. 施工项目成本的影响因素有哪些？

第 4 章 智能化工程项目进度控制

项目进度控制是工程项目管理的核心内容之一。如果进度符合建筑电气与智能化过程项目承包合同要求，建设速度既快又科学，则有利于承包人降低工程成本，并保证工程质量，也给承包人带来好的工程信誉；相反，工程进度拖延或匆忙赶工，都会使承包人的工程费用增大，垫付的资金周转时间增加，给承包人造成亏损。而且竣工期限延长，也给发包人带来工程管理费用的增加以及延期交付使用所带来的经济损失等。

4.1 智能化工程项目进度控制概论

4.1.1 智能化工程项目进度控制的概念

1. 术语与定义

（1）工作持续时间和工期

在工程界，习惯将工作所需要的时间称为工作持续时间。而将完成某个工程项目或合同段所需要的时间，称为工期。

（2）延误和工期拖延

延误是指在项目实施中实际进度与计划进度相比较的耽误，进而产生进度偏差。无限定词的延误一般是指某项工作，或者是局部某一分项、分部、单位工程的拖延，不是指整个工程项目或合同段。

工期拖延（或称延误工期）是指工程项目所需要的时间超过计划或合同规定的竣工时间，简称误期。进度控制的目标，就是尽量避免误期的发生。

（3）项目计划和项目进度计划

项目计划是项目组织根据项目目标的规定，对项目实施过程中进行的各项工作作出的周密安排。在大型建筑电气与智能化工程项目中，项目计划往往分为项目总计划和项目局部计划。项目总计划只需要明确不同承担单位所承担任务的总体任务，即质量要求、完成期限和分配资源；项目局部计划则按照各单位具体承担任务分别细化制定。所以，整个工程项目计划最终体现为由总计划和各个局部计划组成的层次结构体系。

项目进度计划是对项目计划的实施在时间进度上的安排。一般根据实际条件和合同要求，以拟建项目的竣工投产或交付使用时间为目标，按照合理的顺序安排实施日程，其实质是把各工作的时间估计值反映在逻辑关系图上。项目进度计划内容包括项目分解的子任务及其正确衔接；子任务所需各类资源及其分配；完成项目的组织形式、机构设置和人员配备；完成各项任务及完成整个项目的预期时间表等信息。

2. 工程项目三要素的博弈模型

在项目实施中，工期、质量、费用三者之间存在相互依存、相互联系，又相互矛盾、相互制约的博弈关系，如图4-1所示。

如果要求有高质量的工程，则需要投入足够的费用，且需要合理工期；如果需要加快工程竣工时间，即获取较短工期，则必须在保证质量的前提下，投入足够费用，统筹计划，合理安排，方能达到高效省时的目的。

图 4-1　工程项目三要素的博弈

4.1.2　智能化工程项目进度控制的目标和任务

1. 目标

建筑电气与智能化工程项目进度控制的最终目标是：以实现施工合同约定的交工日期为最终目标。或者在保证质量和不增加费用的条件下，适当缩短施工工期。这个目标，首先由工程承包方的管理层承担；之后由项目经理部负责实现。

项目经理部根据具体目标编制施工进度计划，确定进度计划控制目标，并对进度控制的总目标进行层层分解，形成实施进度控制、相互制约的目标体系。

可以根据不同的分解要素，如施工顺序、进展阶段、承建单位、专业工种及建设规模等进行分解。

例如，按照施工顺序可以分为准备阶段进度目标、正式施工阶段进度目标和竣工收尾阶段进度目标。按照规模可以分解为建设项目总进度目标、单位工程施工进度目标、分部/分项工程进度目标和季/月/旬作业目标。

2. 任务

建筑电气与智能化工程项目进度控制任务主要有：编制施工进度计划并控制其执行；预防进度偏离和纠正进度偏离，分析可能影响项目进度的各种因素，及时采取预防措施保证项目按计划进行，以尽可能好地达到项目目标。

具体任务可以划分为如下程序进行：

（1）根据施工合同确定的开工日期、总工期和竣工日期确定工程进度目标，明确计划开工日期、计划总工期和计划竣工日期，确定项目分期分批的开、竣工日期。

（2）编制施工进度计划，具体安排实现前述目标的工艺关系、组织关系、搭接关系、起止时间、劳动力计划、材料计划、设备计划和其他资源计划。

（3）向总监理工程师提出开工申请报告，按总监理工程师开工令指定的日期开工。

（4）实施施工进度计划，在实施中加强协调和检查，如出现偏差及时进行调整，并不断预测未来进度状况。

（5）在工程项目竣工验收前抓紧收尾阶段进度控制；全部任务完成后进行进度控制总结，并编写进度控制报告。

4.1.3　智能化工程项目进度控制的流程和要点

工程项目经理部进行项目进度控制的流程如图 4-2 所示。其中，实施施工进度计划的要点有：

（1）项目经理部首先要建立进度实施、控制的科学组织系统和严密的工作制度；

（2）依据工程项目进度管理目标体系，对施工的全过程进行系统控制。

一旦发现实际进度与计划进度有偏差，系统将发挥调控职能，分析偏差产生的原因及对后续施工和总工期的影响。必要时，可对原计划进度作出相应的调整，提出纠正偏差方案和实施技术、经济、合同保证措施，以及取得相关单位支持与配合；确认可行后，将调整后的新进度计划输入到进度实施系统，施工活动继续在新的控制下运行。

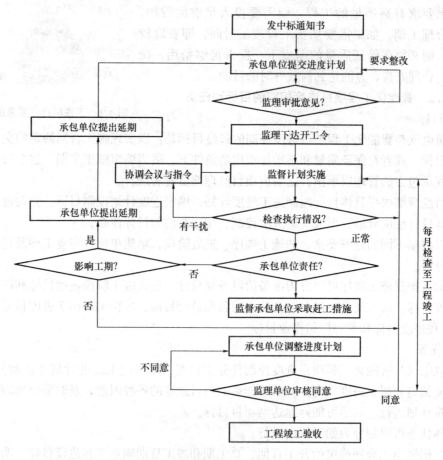

图 4-2 项目进度控制流程图

4.1.4 智能化工程项目进度控制的措施

建筑电气与智能化工程项目进度控制的主要措施有：组织措施、技术措施、合同措施、经济措施和信息管理措施等。

1. 组织措施

合理的组织是目标能否实现的决定性因素。为了实现工程项目施工进度目标，必须建立健全项目管理的组织体系，在项目组织结构中应有独立的工作部门和符合进度控制岗位资格的专人负责进度控制工作。

2. 技术措施

施工进度控制的技术措施主要是施工技术方法的选用。施工方案对工程进度有直接的影响，在选用时，不仅应分析技术的先进性和经济合理性，还应考虑其对进度的影响。一旦工程进度受阻，可以首先考虑是否存在施工技术的影响因素；为实现进度目标，有无改变施工技术、施工方法和施工机械的可能性。

3. 合同措施

合同措施是指通过合同建立合同工期与有关进度计划目标相关联的限制措施。

4. 经济措施

经济措施主要是指实现进度计划的经济保证措施。为确保进度目标的实现，应编制与

第4章 智能化工程项目进度控制

进度计划相适应的资金需求计划和其他资源需求计划，分析资金供应条件，制定资金保证措施，并付诸实施。同时，为鼓励在保证质量的条件下，提前完成工程进度，也需要考虑采取相应经济激励措施所需要的费用。

5. 信息管理措施

建筑电气与智能化工程进度控制，尤其要重视信息技术在进度控制中的应用。应用各类信息管理手段，采集与施工实际进度有关的信息资料，并进行整理统计分析，与计划进度进行实时比较，定期向参与工程的各方反馈进度信息，可以起到促进进度信息交流，有利各方协同工作的目的。

4.2 智能化工程项目流水施工原理

4.2.1 流水施工原理

施工项目根据施工特点、工艺流程、资源利用等情况可以分为依次施工、平行施工及流水施工三种组织方式。

如某建筑电气与智能化工程项目拟对 A、B 两幢建筑物施工，它们的施工工程量都相等，而且均由综合布线、计算机网络系统部署、建筑设备管理系统部署三个施工过程组成。每个施工过程在每个建筑物中的施工天数均为 5 天。采用依次施工组织方式如图 4-3 所示。

由图可知，依次施工的特点是：

(1) 工期比较长，没有充分利用工作面。

(2) 如果按专业成立施工队，各专业队伍不能连续作业，有时间间歇，劳动力及施工机具等资源无法均衡使用。

(3) 如果由一个工作队完成全部施工任务，则不能实现专业化施工，不利于资源供应的组织。

(4) 单位时间内投入的劳动力、施工机具、材料等资源较少，有利于资源的供应和组织。

(5) 施工现场的组织、管理比较简单。

编号	施工过程	施工天数	依次施工进度计划（天）					
			5	10	15	20	25	30
A	综合布线	5	■					
	计算机网络	5		■				
	建筑设备管理	5			■			
B	综合布线	5				■		
	计算机网络	5					■	
	建筑设备管理	5						■

图 4-3 依次施工组织方式图

平行施工组织方式如图 4-4 所示。

由图可知，平行施工的特点是：

(1) 工期比较短，充分利用工作面进行施工。

(2) 如果按专业成立施工队，各专业队伍不能连续作业，劳动力及施工机具等资源无法均衡使用。

(3) 如果由一个工作队完成全部施工任务，则不能实现专业化施工，不利于提高劳动生产率和质量。

(4) 单位时间内投入的劳动力、施工机具、材料等资源成倍增加，不利于资源的供应和组织。

(5) 施工现场的组织、管理比较复杂。

编号	施工过程	施工天数	平行施工进度计划（天）		
			5	10	15
A	综合布线	5	━━		
	计算机网络	5		━━	
	建筑设备管理	5			━━
B	综合布线	5	━━		
	计算机网络	5		━━	
	建筑设备管理	5			━━

图 4-4　平行施工组织方式图

流水施工的组织方式如图 4-5 所示。

由图可知，流水施工具有以下特点：

(1) 尽可能利用工作面进行施工，工期比较短。

(2) 各专业队实现专业化，有利于提高生产率和工作质量。

(3) 各专业队能够连续施工，相邻专业队的开工时间能够最大限度地搭接。

(4) 单位时间内投入的资源均衡，易于管理。

(5) 为文明施工和科学管理创造了条件。

编号	施工过程	施工天数	流水施工进度计划（天）			
			5	10	15	20
A	综合布线	5	━━			
	计算机网络	5		━━		
	建筑设备管理	5			━━	
B	综合布线	5		━━		
	计算机网络	5			━━	
	建筑设备管理	5				━━

图 4-5　流水施工组织方式图

4.2.2　流水作业分类

根据流水施工组织的范围划分，流水施工通常可分为：

(1) 分项工程流水施工。分项工程流水施工也称为细部流水施工，它是在一个专业工种内部组织起来的流水施工。

(2) 分部工程流水施工。分部工程流水施工也称为专业流水施工，它是在一个分部工程内部、各分项工程之间组织起来的流水施工。

（3）单位工程流水施工。单位工程流水施工也称为综合流水施工，它是在一个单位工程内部、各分部工程之间组织起来的流水施工。

（4）群体工程流水施工。群体工程流水施工亦称为大流水施工，它是在若干单位工程之间组织起来的流水施工。

4.2.3 流水施工参数

在组织拟建工程项目流水施工时，用以表达流水施工在工艺流程、空间布置和时间安排等方面状态的参数，称为流水参数。它主要包括工艺参数、空间参数和时间参数三种。

1. 工艺参数

工艺参数是指一组流水中施工过程的个数。在工程项目施工中，施工过程所包括的范围可大可小，既可以是分部工程、分项工程，又可以是单位工程、单项工程。

计算时用 N 表示施工过程数。

2. 空间参数

空间参数指的是单体工程划分的施工段或群体工程划分的施工区的个数。如图 4-6 所示的建筑，共划分了三个施工区。当建筑物只有一层时，施工段数就是一层的段数。当建筑物是多层时，施工段数是各层段数之和。

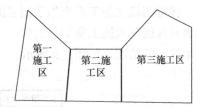

图 4-6 空间参数的计算

计算时用 M 表示空间参数。

3. 时间参数

时间参数包括流水节拍、流水步距和工期三种。

流水节拍是指某个专业队在一个施工段上的施工作业时间。计算时用符号"t"表示。流水步距是指两个相邻的施工队进入流水作业的最小间隔时间。计算时用符号"k"表示。工期是指从第一个专业队投入流水作业开始，到最后一个专业队完成最后一个施工过程的最后一段工作退出流水作业为止的整个持续时间。计算时用符号"Tt"表示。

例如：某建筑共计两层，每层的智能化施工过程分两个施工段。对其中的综合布线子分部工程中的垂直子系统、水平子系统、桌面子系统三个分项工程组织流水施工，具体见图 4-7。分别求出流水参数。由图 4-7 可知：

施工层	施工过程	流水施工进度计划(天)						
		2	4	6	8	10	12	14
1	垂直子系统	①	②					
	水平子系统		①	②				
	桌面子系统			①	②			
2	垂直子系统				①	②		
	水平子系统					①	②	
	桌面子系统						①	②

图 4-7 流水施工方式

施工过程数：施工过程有垂直子系统、水平子系统、桌面子系统三个，$N=3$；

空间参数：分两个施工层，每个施工层分了两个施工段，$M=2\times2=4$；

时间参数：流水节拍：$t=2$ 天；

流水步距：$k=2$ 天；

流水组的工期：$Tt=14$ 天。

4.2.4 流水施工的表达方式

流水施工可以用横道图或网络图表示，见图 4-8。

横道图法水平指示图表的表达方式中，横坐标表示流水施工的持续时间；纵坐标表示开展流水施工的施工过程、专业工作队的名称、编号和数目；呈梯形分布的水平线段表示流水施工的开展情况，水平指示的横道图见图 4-7。

横道图流水施工垂直指示图表的表达方式中，横坐标表示流水施工的持续时间；纵坐标表示开展流水施工所划分的施工段编号；n 条斜线段表示各专业工作队或施工过程开展流水施工的情况，如图 4-9 所示。

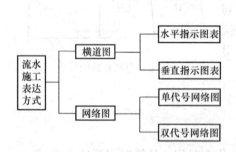

施工段编号	流水施工进度计划(天)					
	2	4	6	8	10	12
A						
B		垂直子系统	水平子系统	桌面子系统		
C						
D						

图 4-8 流水施工的表达方式　　　　图 4-9 流水施工的垂直表达方式

横道图水平指示图表的优点是：绘图简单，施工过程及先后的顺序表达清楚，时间和空间状况形象直观，使用方便，因而得到广泛使用。

横道图垂直指示图表的优点是：施工过程及先后的顺序表达清楚，时间和空间状况形象直观，斜向进度线的斜率可以直观地表示施工过程的进展速度，但编制实际工程进度计划不如水平指示图表方便。

网络图表示的流水施工见下节介绍。

4.3 智能化工程项目进度网络计划技术

4.3.1 智能化工程项目进度网络技术概论

网络图是由箭头和节点组成的，用来表示工作流程的有向、有序的网状图形。按代号的不同，可以区分为双代号网络和单代号网络图。在网络图上加注工作的时间参数而编成的进度计划，称为网络计划。

网络计划的基本原理可以归纳为以下几点：

(1) 把一项工程总体任务分解为若干项子任务，并按照其开工时间顺序和相互制约、相互依赖的关系，绘制出网络图。

(2) 进行时间参数计算，找出关键工作和关键路线。

（3）利用最优化原理，改进初始方案，寻求最优网络计划方案。

（4）在网络计划执行过程中，进行有效监督与控制，以最少的消耗，获得最佳的经济效果。

我国《工程网络计划技术规程》JGJ/T 121—99推荐的常用工程网络计划类型包括：双代号网络计划、单代号网络计划、双代号时标网络计划、单代号搭接网络计划。

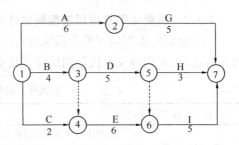

图 4-10 双代号网络

1. 双代号网络计划图

双代号网络计划图是以箭线及其两端节点的编号表示工作的网络图，如图4-10所示。

2. 单代号网络计划图

单代号网络计划图是以节点及其编号表示工作，以箭线表示工作之间的逻辑关系的网络图，如图4-11所示。

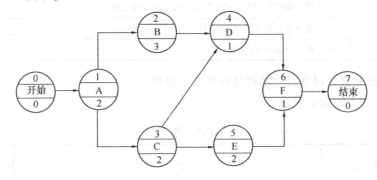

图 4-11 单代号网络

3. 双代号时标网络图

双代号时标网络计划是以时间坐标为尺度绘制的网络计划。时标的时间单位应根据需要在编制网络计划之前确定，可为时、天、周、旬、月或季，如图4-12所示。

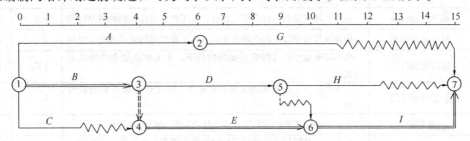

图 4-12 双代号时标网络

4. 单代号搭接网络计划

紧前工作虽然尚未完成但已经提供了紧后工作开始工作的条件，紧后工作就可以在这种条件下与紧前工作平行进行。这种关系就称为搭接关系。用单代号网络计划来表示工作之间的逻辑关系和搭接关系网络计划。

4.3.2 智能化工程项目进度网络计划绘制

网络计划的编制应该符合国家现行标准《网络计划技术》及行业标准《工程网络计划技术标准》。单代号及双代号网络计划技术的绘制规则见表4-1。

双代号、单代号网络图绘制规则　　　　　　表 4-1

内容	要点
单代号网络图绘制规则	①与双代号网络图绘制规则基本相同
	②有多项开始工作时,应增设一项虚拟工作(S)
	③有多项结束工作时,应增设一项虚拟工作(F)
双代号网络图绘制规划	①按照已定的逻辑关系绘制
	②严禁出现循环回路
	③箭线应保持自左向右的方向
	④严禁出现双向箭头和无箭头的连线
	⑤严禁出现没有箭尾节点和没有箭头节点的箭线
	⑥严禁在箭线上引入或引出箭线(可采用母线绘图法)
	⑦尽量避免箭线交叉(采用过桥法或指向处理法)
	⑧只有一个起点节点和终点节点

4.3.3 智能化工程项目进度网络计划时间参数

网络计划的时间参数见表4-2。

网络计划的时间参数　　　　　　表 4-2

序号	参数名称		定义	表示方法	
				双代号	单代号
1	持续时间		指一项工作从开始到完成的时间	D_{i-j}	D_i
2	工期	计算工期	根据网络计划时间参数计算而得到的工期	T_c	
3		要求工期	是任务委托人所提出的指令性工期	T_r	
4		计划工期	指根据要求工期和计算工期所确定的作为实施目标的工期	T_p	
5	最早开始时间		指在其所有紧前工作全部完成后,本工作有可能开始的最早时刻	ES_{i-j}	ES_i
6	最早完成时间		指在其所有紧前工作全部完成后,本工作有可能完成的最早时刻	EF_{i-j}	EF_i
7	最迟完成时间		在不影响整个任务按期完成的前提下,本工作必须完成的最迟时刻	LF_{i-j}	LF_i
8	最迟开始时间		在不影响整个任务按期完成的前提下,本工作必须开始的最迟时刻	LS_{i-j}	LS_i
9	总时差		在不影响总工期的前提下,本工作可以利用的机动时间	TF_{i-j}	TF_i
10	自由时差		在不影响其紧后工作最早开始时间的前提下,本工作可以利用的机动时间	FF_{i-j}	FF_i
11	节点的最早时间		在双代号网络计划中,以该节点为开始节点的各项工作的最早开始时间	ET_i	
12	节点的最迟时间		在双代号网络计划中,以该节点为完成节点的各项工作的最迟完成时间	LT_j	
13	时间间隔		指本工作的最早完成时间与其紧后工作最早开始时间之间可能存在的差值	LAG_{i-j}	

4.4 智能化工程项目进度计划编制和审批

4.4.1 智能化工程项目进度计划编制的前期准备

1. 项目进度计划的种类

项目进度计划是指在确保合同工期和主要里程碑时间的前提下，对设计、采购和施工的各项作业进行时间和逻辑上的合理安排，以达到合理利用资源、降低费用支出和减少施工干扰的目的。按照项目不同阶段的先后顺序，分为以下几种计划：

（1）项目实施计划：承包商基于业主给定的重大里程碑时间（开工、完工、试运、投产），根据自己在设计、采办、施工等各方面的资源，综合考虑国内外局势以及项目所在国的社会及经济情况制定出的总体实施计划。该计划明确了人员设备动迁、营地建设、设备与材料运输、开工、主体施工、机械完工、试运、投产和移交等各方面工作的计划安排。

（2）详细的执行计划（目标计划）：由承包商在授标后一段时间内（一般是一个月）向业主方（或业主委托监理方）递交的进度计划。该计划是建立在项目实施计划基础之上，根据设计部提出的项目设计文件清单和设备材料的采办清单，以及施工部提出的项目施工部署，制定出详细的工作分解，再根据施工网络技术原理，按照紧前紧后工序编制完成。该计划在业主方批准后即构成正式的目标计划予以执行。

详细的执行计划（更新计划）：在目标计划的执行过程中，通过对实施过程的跟踪检查，找出实际进度与计划进度之间的偏差，分析偏差原因并找出解决办法。如果无法完成原来的目标计划，那么必须修改原来的计划形成更新计划。更新计划是依据实际情况对目标计划进行的调整，更新计划的批准将意味着目标计划中逻辑关系、工作时段、业主供货时间等方面修改计划的批准。

施工单位的进度计划包括：施工总进度计划和单位工程施工进度计划。施工总进度计划是对全工地所有单位工程做出时间上的安排。单位工程施工进度计划是对某一单位工程中的各个施工过程做出的时间和空间上的安排。同时施工方应视项目的特点和施工进度控制的要求，编制深度不同的控制性、指导性和实施性进度计划，以及按照不同的计划周期（年度、季度、月度和旬）的施工计划等。

项目进度计划的编制依据及内容如表4-3所示。

2. 常用制定进度计划的方法

基本进度计划要说明哪些工作必须于何时完成和完成每一任务所需要的时间，但最好同时也能表示出每项活动所需要的人数。常用的制定进度计划的方法有以下几种：

（1）关键日期表

这是最简单的一种进度计划表，它只列出一些关键活动和对应的日期安排。

（2）甘特图

也叫做线条图或横道图。它是以横线来表示每项活动的起止时间。甘特图的优点是简单、明了、直观，易于编制，因此到目前为止仍然是小型项目中常用的工具。即使在大型工程项目中，它也是高级管理层了解全局、基层安排进度时有用的工具。

在甘特图上，可以看出各项活动的开始和终了时间。在绘制各项活动的起止时间时，也考虑它们的先后顺序。但各项活动之间的关系却没有表示出来，同时也没有指出影响项目寿命周期的关键所在。因此，对于复杂的项目来说，甘特图就显得不足以适应。

项目进度计划的编制依据及内容　　　　　　　　　　表 4-3

计划系统	编 制 依 据	编 制 内 容
施工总进度计划	①施工总方案 ②资源供应条件 ③各类定额资料 ④合同文件 ⑤工程项目建设总进度计划 ⑥工程动用时间目标 ⑦建设地区自然条件及有关技术经济资料等	①编制说明 ②施工总进度计划表 ③分期分批施工工程的开工日期、完工日期及工期一览表 ④资源需要量及供应平衡表等
单位工程施工进度计划	①《项目管理目标责任书》 ②施工总进度计划 ③单位工程施工方案 ④资源供应条件 ⑤合同工期或定额工期 ⑥施工图和施工预算 ⑦施工现场条件、气候条件、环境条件	①编制说明 ②进度计划图 ③单位工程施工进度计划的风险分析及控制措施

（3）关键路线法（Critical Path Method，简称 CPM）与计划评审技术（Program Evaluation and Review Technique，简称 PERT）

CPM 和 PERT 是 20 世纪 50 年代后期几乎同时出现的两种计划方法。随着科学技术和生产的迅速发展，出现了许多庞大而复杂的科研和工程项目，它们工序繁多，协作面广，常常需要动用大量人力、物力、财力。因此，如何合理而有效地把它们组织起来，使之相互协调，在有限资源下，以最短的时间和最低费用，最好地完成整个项目就成为一个突出的重要问题。CPM 和 PERT 就是在这种背景下出现的。这两种计划方法是分别独立发展起来的，但其基本原理是一致的，即用网络图来表达项目中各项活动的进度和它们之间的相互关系，并在此基础上，进行网络分析，计算网络中各项活动时间，确定关键活动与关键路线，利用时差不断地调整与优化网络，以求得最短周期。然后，还可将成本与资源问题考虑进去，以求得综合优化的项目计划方案。因这两种方法都是通过网络图和相应的计算来反映整个项目的全貌，所以又叫做网络计划技术。

此外，后来还陆续提出了一些新的网络技术，如 GERT（Graphical Evaluation and Review Technique，图示评审技术）、VERT（Venture Evaluation and Review Technique，风险评审技术）等。

很显然，采用以上几种不同的进度计划方法本身所需的时间和费用是不同的。关键日期表编制时间最短，费用最低。甘特图所需时间要长一些，费用也高一些。CPM 要把每个活动都加以分析，如活动数目较多，还需用计算机求出总工期和关键路线，因此花费的时间和费用将更多。PERT 法可以说是制定项目进度计划方法中最复杂的一种，所以花费时间和费用也最多。

应该采用哪一种进度计划方法，主要应考虑下列因素：

(1) 项目的规模大小。很显然，小项目应采用简单的进度计划方法，大项目为了保证按期按质达到项目目标，就需考虑用较复杂的进度计划方法。

(2) 项目的复杂程度。这里应该注意到，项目的规模并不一定总是与项目的复杂程度成正比。例如修一条公路，规模虽然不小，但并不太复杂，可以用较简单的进度计划方法。而研制一个小型的电子仪器，步骤复杂且涉及较多专业知识，可能就需要较复杂的进度计划方法。

(3) 项目的紧急性。在项目急需进行，特别是在开始阶段，需要对各项工作发布指示，以便尽早开始工作，此时如果用很长时间去编制进度计划，就会延误时间。

(4) 对项目细节掌握的程度。如果在开始阶段项目的细节无法明确，CPM 和 PERT 法就无法应用。

(5) 总进度是否由一、两项关键事项所决定。如果项目进行过程中有一、两项活动需要花费很长时间，而这期间可把其他准备工作都安排好，那么对其他工作就不必编制详细复杂的进度计划了。

(6) 有无相应的技术力量和设备。例如，没有计算机，CPM 和 PERT 进度计划方法有时就难以应用。而如果没有受过良好训练的合格技术人员，也无法胜任用复杂的方法编制进度计划。

此外，根据情况不同，还需考虑客户的要求，综合考虑预算、风险等各因素。到底采用哪一种方法来编制进度计划，要全面考虑以上各个因素。

4.4.2 智能化工程项目进度计划的编制

进度计划的编制一般按照以下步骤进行，如图 4-13 所示。

1. 确定项目进度控制目标

项目经理部的项目进度控制目标应根据《项目经理目标责任书》中的规定确定。

2. 确定工程项目

工程项目的确定取决于客观需要，根据施工图纸和施工顺序把拟建单位工程的各个施工过程，结合施工方法、施工条件、劳动组织等因素，划分编制施工进度计划所需要的工程项目。工程项目划分的粗细程度也要根据进度计划的编制要求确定。一般通过工作分解结构（WBS，Work Breakdown Structure）的方法来确定工程项目。

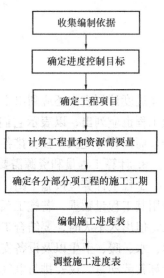

图 4-13 进度计划编制基本步骤

项目工作分解结构（WBS），就是把一个项目，按一定的原则分解，项目分解成任务，任务再分解成一项项工作，再把一项项工作分配到每个人的日常活动中，直到分解不下去为止。即：项目→任务→工作→日常活动。项目工作分解结构以可交付成果为导向，对项目要素进行分组，它归纳和定义了项目的整个工作范围，每下降一层代表对项目工作的更详细定义。

WBS 的最低层次的项目可交付成果称为工作包（Work Package），具有以下特点：

(1) 工作包可以分配给另一位项目经理进行计划和执行。

(2) 工作包可以通过子项目的方式进一步分解为子项目的 WBS。

(3) 工作包可以在制定项目进度计划时，进一步分解为活动。

(4) 工作包可以由惟一的一个部门或承包商负责。用于在组织之外分包时，称为委托包（Commitment Package）。

工作包的定义应考虑80小时法则（80-Hour Rule）或两周法则（Two Week Rule），即任何工作包的完成时间应当不超过80小时。在每个80小时或少于80小时结束时，只报告该工作包是否完成。通过这种定期检查的方法，可以控制项目的变化。例如某智能大楼WBS分解的结果为图4-14所示。

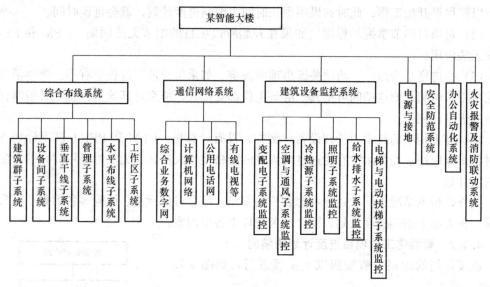

图 4-14　某住宅楼智能化工程 WBS 图

进度计划表中还应列出主要的施工准备工作，土建工程、水、暖、卫生设备安装等专业工程也应列出，以表示它们和电气智能化工程的关系。但只列出项目名称，不必再细分，而由各专业队单独安排各自的施工进度计划。

3. 计算工程量和资源需要量

工程量计算应按施工图、施工方案和劳动定额手册进行。如已编制施工预算，可直接引用其工程量数据。若施工预算中某些项目所采用的定额和项目划分与施工进度计划有出入，但出入不大时，要结合工程项目的实际需要做某些必要的变更、调整、补充。土建工程、水、暖、卫生以及设备安装等由专业部门进行工程量计算，在编制施工进度计划时不计算其劳动量，仅安排与电气智能化工程配合的进度。各施工过程的劳动量 P 可用下式计算：

$$P = \frac{Q}{S} \text{工日（或台班）}$$

$$\text{或 } P = Q \cdot R \text{ 工日（或台班）}$$

式中　P——需要的劳动量（工日）；

Q——工程量（m^3、m^2、t 等）；

S——采用的产量定额（m^3、m^2、t……/工日或台班）；

R——采用的时间定额 $R=1/S$（工日或台班/m^3、m^2、t……）。

对于一些新技术和特殊施工方法，定额尚未列入定额手册，此时，其定额可参考类似项目的定额与有关试验资料确定。

4. 确定各分部分项工程的施工工期

根据实际投入的施工劳动力确定。可按下式计算：

$$T_i = \frac{P_i}{nb}$$

式中 T_i——完成某分部分项工程的施工天数（工日）；

P_i——某分部分项工程所需的机械台班数（台班）或劳动量（工日）；

n——每班安排在某分部分项工程上施工机械台数或劳动人数；

b——每天工作班数。

5. 编制施工进度表

各分部工程的施工时间和施工顺序确定之后，可开始设计施工进度计划表。可以用横道图或网络图表示。

6. 调整施工进度计划表

施工进度表的初始方案编出之后，需进行若干次的平衡调整工作，直至达到符合要求，比较合理的施工进度计划。

4.4.3 智能化工程项目进度计划的审批

根据国际咨询工程师联合会颁发的土木工程施工合同条件之通用条件第十四条规定：工程承包人在接到中标通知书之日后，在合同要求的时间内应当向监理工程师提交一份格式和细节都符合合同要求的工程总进度计划，以取得监理工程师的批准。

如果监理工程师提出要求，承包人还须以书面形式提交一份有关承包人为完成工程而建议采用的施工方案和施工方法的总说明，供监理工程师审阅。

智能化工程项目进度计划审批的基本流程如下：

（1）要求承包商根据建设工程施工合同的约定，按时编制施工总进度计划、季度进度计划、月进度计划，报项目监理机构审批。

（2）监理工程师根据本工程的条件及施工队伍的条件，全面分析承包商编制的施工总进度计划的合理性、可行性。

（3）对季度及年度进度计划，要求承包商同时编写主要工程材料、设备的采购及进场时间等计划安排。

（4）项目监理机构对进度目标进行风险分析，制定防范性对策，确定进度控制方案。

（5）总进度计划应经总监理工程师批准实施，并报送业主，需要重新修改的，应限时要求承包单位重新申报。

监理工程师会同建设单位，需要对进度计划进行严密审查，审查的内容主要包括：

（1）工期和时间安排的合理性

①总工期的安排是否符合承包合同工期。

②各实施阶段或单位工程的施工顺序、时间安排是否与材料、设备的进场计划相协调。

③易受气候影响的工程是否安排在适当的时间，且是否采取了有效的预防和保护措施。

④对动员、清场、假日及天气影响的时间，是否有充分的考虑并留有余地。

(2) 施工准备的可靠性

①项目实施所需要的主要材料和设备的运输到货日期是否有保证。

②主要骨干人员及施工队伍的进场日期是否已经落实。

③工程测量、设备检测、材料检查及标准试验的工作是否已经安排。

④进场道路及供电、供水、驻地建设是否已经解决或有可靠的解决方案。

(3) 计划目标与施工能力的适应性

①各实施阶段计划完成的工程量及投资额是否与承包人的设备和人力资源实际状况相适应。

②各项实施方案和方法是否与承包人的经验和技术水平相适应。

③关键路径上的施工力量安排是否与非关键路径上的施工力量安排相适应。

当监理单位和建设单位完成上述审查，经过综合评价后，认为承包人为完成工程项目而提供的工程进度计划是合理的，并且是可行的，则应当在合理的时间内签字确认承包人的进度计划并通知承包人可以按照计划安排项目实施。

4.5 智能化工程项目进度计划实施控制

4.5.1 智能化工程项目进度计划实施

施工项目进度计划的实施就是施工活动的进展，也就是用施工进度计划指导施工活动、落实和完成计划。施工项目进度计划逐步实施的进程就是施工项目建造的逐步完成过程。为了保证施工项目进度计划的实施，并且尽量按编制的计划时间逐步进行，保证各进度目标的实现，应做好如下工作。

1. 项目进度计划的贯彻

(1) 检查各层次的计划，形成严密的计划体系。保证系统施工项目的所有施工进度计划（施工总进度计划、单位工程施工进度计划、分部分项工程施工进度计划等）都是围绕一个总任务而编制的。它们之间的关系是：高层次的计划作为低层次计划制定的依据，低层次计划是高层次计划的具体化。在各计划贯彻执行时，应当首先检查是否协调一致，计划目标是否层层分解，互相衔接，组成一个计划实施的保证体系，以施工任务书的方式下达施工队以保证实施。

(2) 层层签订承包合同或下达施工任务书。施工项目经理、施工队和作业班组之间分别签订承包合同，按计划目标明确规定合同工期、相互承担的经济责任、权限和利益，或者采用下达施工任务书，将作业下达到施工班组，明确具体施工任务、技术措施、质量要求等内容，使施工班组必须保证按作业计划时间完成规定的任务。

(3) 计划全面交底，发动群众实施计划。施工进度计划的实施是全体工作人员共同的行动，要使有关人员都明确各项计划的目标、任务、实施方案和措施，使管理层和作业层协调一致，将计划变成群众的自觉行动，充分发动群众，发挥群众的干劲和创造精神。在计划实施前要进行计划交底工作，可以根据计划的范围召开全体职工代表大会或各级生产会议进行交底落实。

2. 项目进度计划的实施

第 4 章 智能化工程项目进度控制

项目的进度计划应通过编制年、季、月、旬、周施工进度计划来实现。年、季、月、旬、周施工进度计划应逐级落实,最终通过施工任务书由班组实施。

(1) 编制年(季)施工进度计划的格式可以参考表 4-4。

(2) 编制月(旬)作业计划。为了使施工计划更具体、切合实际和可行,将规定的任务结合现场施工条件,如施工场地的情况、劳动力机械等资源条件和施工的实际进度,在施工开始前和过程中不断地编制本月(旬)的作业计划。在月(旬)计划中要明确:本月(旬)应完成的任务,所需要的各种资源量,提高劳动生产率和节约的措施。月(旬)作业计划表参考表 4-5。

(3) 签发施工任务书。编制好月(旬)作业计划以后,将每项具体任务通过签发施工任务书的方式使其进一步落实。施工任务书是向班组下达任务实行责任承包、全面管理和原始记录的综合性文件,是计划和实施的纽带。施工班组必须严格按照施工任务书的指令来完成任务。施工任务书的格式参考表 4-6。

××项目年(季)施工进度计划表 表 4-4

单位工程 (分部工程)名称	工程量	总产值 (万元)	开工 日期	计划完工日期	本年(季) 完成数量	本年(季) 形象进度

××工程月(旬、周)施工进度计划表 表 4-5

| 分项工程 | 工程量 | | 本月完成
工程量 | 需要人数
(机械数) | 施工进度 | | | | | |
名 称	单位	数量								

施工任务书格式模板 表 4-6

施 工 任 务 书

第____施工队____组 任务书编号_____

	开工	竣工	天数
计划			
实际			

工地名称_____ 单位工程名称_____ 签发日期____年____月____日

定额 编号	工程部位 及项目	计量 单位	计 划			实 际			安全、质量、技术、 节约措施及要求
			工程量	时间 定额	每工 产量	定额 工日	工程量	定额 工日	实际 用工

									验收意见
								生产 效率	定额 用工 工日
									实际 用工 工日
									工效 %

(4) 做好施工进度记录,填好施工进度统计表。在计划任务完成的过程中,各级施工进度计划的执行者都要跟踪做好施工记录,记载计划中的每项工作开始日期、工作进度和完成日期,为施工项目进度检查分析提供信息,因此要求实事求是记载,并填好有关图表。

(5) 做好施工中的调度。工作施工中的调度是组织施工中各阶段、环节、专业和工种的互相配合、进度协调的指挥核心。调度工作是使施工进度计划实施顺利进行的重要手段。其主要任务是掌握计划实施情况,协调各方面关系,采取措施,排除各种矛盾,实现动态平衡,保证完成作业计划和实现进度目标。

调度工作内容主要有:监督作业计划的实施,调整协调各方面的进度关系;监督检查施工准备工作;督促资源供应单位按计划供应劳动力、施工机具、运输车辆、材料配件等,并对临时出现的问题采取调配措施;按施工平面图管理施工现场,结合实际情况进行必要调整,保证文明施工;了解气候、水、电、气的情况,采取相应的防范和保证措施;及时发现和处理施工中各种事故和意外事件;调节各薄弱环节;定期召开现场调度会议,贯彻施工项目主管人员的决策,发布调度令。

4.5.2 智能化工程项目进度的实时检查

在项目的实施进程中,为了进行进度控制,进度控制人员应经常地、定期地跟踪检查施工实际进度情况,主要是收集施工项目进度材料,进行统计整理和对比分析,确定实际进度与计划进度之间的关系。其主要工作包括:

(1) 跟踪检查施工实际进度。跟踪检查施工实际进度是项目施工进度控制的关键措施。其目的是收集实际施工进度的有关数据。跟踪检查的时间和收集数据的质量,直接影响控制工作的质量和效果。

一般检查的时间间隔与施工项目的类型、规模、施工条件和对进度执行要求程度有关。通常可以确定每月、半月、旬或周进行一次。若在施工中遇到天气、资源供应等不利因素的严重影响,检查的时间间隔可临时缩短,次数应频繁,甚至可以每日进行检查,或派人员驻现场督阵。检查和收集资料的方式一般采用进度报表方式或定期召开进度工作汇报会。为了保证汇报资料的准确性,进度控制的工作人员,要经常到现场察看施工项目的实际进度情况,从而保证经常地、定期地准确掌握施工项目的实际进度。

(2) 整理统计检查数据。收集到的施工项目实际进度数据,要进行必要的整理,按计划控制的工作项目进行统计,形成与计划进度具有可比性的数据。一般可以按实物工程量、工作量和劳动消耗量以及累计百分比整理和统计实际检查的数据,以便与相应的计划完成量相对比。

(3) 对比实际进度与计划进度。将收集的资料整理和统计成具有与计划进度可比性的数据后,用施工项目实际进度与计划进度进行比较。通常用的比较方法有:横道图比较法、S形曲线比较法、"香蕉"型曲线比较法和前锋线比较法等。通过比较得出实际进度与计划进度相一致、超前、拖后三种情况。

1. 进度计划检查的方法

(1) 用横道图计划检查。

用横道图编制施工进度计划有形象直观、编制方法简单、使用方便等特点。该法是把在项目施工中检查实际进度收集的信息,经整理后直接用横道线并列标于原计划的横道图上，进行直观比较的方法，如图 4-15 所示。

工序	施工进度(天)							
	1	2	3	4	5	6	7	8
A								
B								
C								
D								
E								

图 4-15　利用横道图记录项目进度

------ 表示计划进度；────── 表示实际进度

由图 4-15 可知：由于 E 工序的实际进度提前 1 天完成，该流水施工提前 1 天完成。

（2）用前锋线进行检查。

当绘制了时标网络计划时，可采用"前锋线比较法"对进度的执行情况进行检查记录。前锋线比较法是从计划检查时间的坐标点出发，用点划线依次连接各项工作的实际进度点，最后到计划检查时间的坐标点为止，所形成的折线。

按前锋线与工作箭线交点的位置判定施工实际进度与计划进度偏差。在检查日期左侧的点，表示计划进度拖后；在检查日期上的点，表示实际进度和计划进度一致；在检查日期右侧的点，表示提前完成进度计划。

如图 4-16 所示的前锋线中，分别划出了第 6 天和第 12 天两个检查日的前锋线。当第 6 天检查时，D、E、C 工作均滞后于计划值；当第 12 天检查时，F、J、H 工作均滞后于计划值。

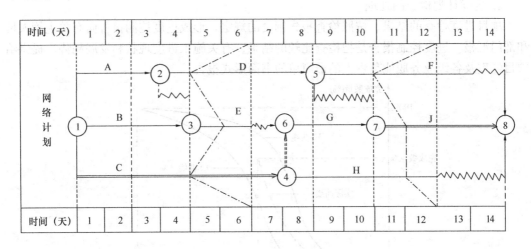

图 4-16　利用前锋线记录项目进度

（3）用 S 形曲线进行检查。

S 形曲线是以纵坐标表示累计完成任务量，横坐标表示进度时间，而绘制出的一条按计划时间累计完成任务量的 S 形曲线。S 形曲线比较法即是将施工项目的各检查时间实际完成任务量的 S 形曲线与计划进度相比较的一种方法，如图 4-17 所示。

通常，计划进度控制人员在计划实施前绘制出 S 形曲线。在项目施工过程中，按规定时间将检查的实际完成情况，绘制在与计划 S 形曲线同一张图上，可得出实际进度 S 形曲线，比较两条 S 形曲线可以得到如下信息。项目实际进度与计划进度比较，当实际工程进展点落在计划 S 形曲线左侧则表示此时实际进度比计划进度超前；若落在其右侧，则表示拖后；若刚好落在曲线上，则表示二者一致。

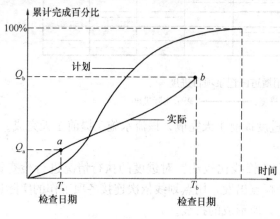

如图 4-17 中，a 点状态为进度超前；b 点状态为进度滞后。

（4）用"香蕉"形曲线进行检查。

一般情况，任何一个施工项目的网络计划，都可以绘制出两条曲线。其一是计划以各项工作的最早开始时间安排进度而绘制的 S 形曲线，称为 ES 曲线。其二是计划以各项工作的最迟开始时间安排进度，而绘制的 S 形曲线，称为 LS 曲线。两条 S 形曲线都是从计划的开始时刻开始和完成时刻结束，因此两条曲线是闭合的。一般

图 4-17 利用 S 形曲线记录项目进度

情况，其余时刻 ES 曲线上的各点均落在 LS 曲线相应点的左侧，形成一个形如"香蕉"的曲线，故此称为"香蕉"形曲线。如图 4-18 所示。

在项目的实施过程中，进度控制的理想状况是任一时刻按实际进度描绘的点，应落在该"香蕉"形封闭曲线的区域内。

2. 进度计划检查的处理

项目进度检查的结果，按照检查报告制度的规定，形成进度控制报告向有关主管人员和部门汇报。进度控制报告是把检查比较的结果、有关施工进度现状和发展趋势，提供给项目经理及各级业务职能负责人的最简单的书面形式报告。

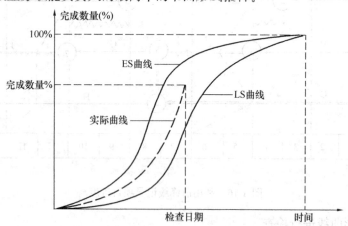

图 4-18 利用"香蕉"形曲线记录项目进度

4.5.3 智能化工程项目进度调整控制

在进度计划的实施中，由于各种不确定因素的影响，实际进度与计划进度存在差异，这是非常正常的。但是为了保证在合同工期内竣工，就必须对进度计划进行必要的调整和

补充，这时用网络计划技术进行调整和控制较为方便和有效。

1. 关键工序的调整

利用三班倒、增加劳动力、增加设备等措施，最大可能地缩短原来工序所需要的时间。其中，加快原来工序中的关键工序是最重要的。但是需要注意的是，当关键工序缩短后，可能原来的非关键工序变成了关键工序，则如果仍然无法满足时间要求的话，那么对新的关键工序也要进行调整。调整的方法，如采用延长一些非关键工序的持续时间或非关键工序中调动一些资源到关键工序上等手段，来缩短关键工序的持续时间。倘若仍然不能满足工期要求时，应从新的工艺方案等方面开辟新的施工顺序和相互关系。最为有效的方法第一可以采用平行作业代替流水作业，第二可以对影响的工序进行劳动力补充使之加快进度。但是前者存在大面积展开容易造成窝工的弊病，所以往往采用第二种方法，补充劳动力，使得在时间上更为均衡。

2. 生产要素的调配

生产要素是指劳动力、机械设备、材料等，它是构成施工生产的最基本组成部分，也是施工资源的重要组成部分。生产要素的合理配置是进度计划得以实现的重要环节。

（1）劳动力。当各工序正常展开流水作业时各技术工种可发挥最大潜能，可保证进度计划的实现，然而当工序衔接不上，穿插不开，工种面展不开等现象发生时，某些技术工种就受到限制，那就应该对劳动力进行调配，避免大面积窝工，同时对影响的工序进行劳动力补充使之加快进度。所以劳动力在时间上均衡更为重要。

（2）机械设备的平衡、补充。重要施工机械在工作面上布置的数量常常决定了重要的工程量的完成时间，为此在安排施工进度时，要考虑大型施工机械的及时调配和转移，尽可能地发挥最大效率，使用同一种大型施工机械的工序要相互衔接，避免在时间上重叠。

（3）材料供应。利用现有的施工场地尽可能储存各种原材料，场地狭小的施工现场，应根据进度计划来编制材料供应计划，保证材料使用的连续性。

3. 影响施工进度的主要因素

（1）引起工期延误的因素很多：给各专业、各班组下达的施工任务、责任、目标不明确，劳动力和施工机械在数量上不能满足需要或调配不及时；材料供应在数量上储备不充足或供应不及时、品种不配套；施工道路和场地布置不合理，均会造成工期延误。

（2）施工单位有时对技术方面的问题估计不足，贸然使用新技术、新材料、新工艺，或对设计意图和技术要求没有全面理解而导致盲目施工，造成返工。

（3）施工进度计划的顺利实施是靠施工、业主、设计、监理、供应等单位及与工程建设有关的运输、通信、供电等各部门的工作和配合来完成的，任何一方的拖延和失误都可能对施工进度产生影响。在实际工程中，常常发生材料供应拖延或数量不足等情况，承包商必须分清责任，做好记录，以便采取相应的措施。

（4）其他不可抗力或自然条件等的影响。

4. 施工进度的控制措施

（1）落实项目部各级管理人员的分工、职能和任务；进行项目分解，责任到人，确定各个分部、各个阶段的进度控制目标；制定进度协调工作制度，定期开好调度会议；健全进度记录和报告制度。

（2）认真研究图纸和技术规范，做好施工组织设计，做好审图工作，并根据施工过程中的变化，随时调整进度计划。对设计图纸中发现的问题及时向业主和设计单位反映，要求澄清。选择的施工方法既要先进、可靠，还应该考虑选择成熟的技术。

（3）要经常与业主、供货商及分包商保持沟通；认真履行各自的合同义务；对影响工程进度的事件，要详细记录，及时协调处理；当完成阶段性工程或隐蔽工程时及时通知业主及监理，配合做好验收工作，以免影响后续工作的施工进度。

（4）及时向业主报告阶段进度，申请进度付款，争取按时取得支付签证；制定供货商和分包商的奖惩办法，促进关键工作按时或提前完成。做好自身的财务管理，控制成本，预测流动资金的需求，合理调度资金。

（5）要及时收集实际施工进度数据，与计划进度进行比较，找出偏差，分析原因，制定相应的措施。除了要与有合同关系的各方面保持密切的沟通和良好的合作外，还需要和没有合同关系，但与工程施工有利害关系的各方面保持密切接触，争取他们的合作、理解和支持，以保证工程的顺利进行。

总的来看，施工进度控制是一种周期性的循环，即编制计划、执行计划、检查执行的结果、采取纠正措施，然后进入下一个循环。

4.6　智能化工程项目进度控制报告

进度控制报告是根据报告的对象不同，确定不同的编制范围和内容而分别编写的。一般分为项目概要级进度控制报告、项目管理级进度控制报告和业务管理级进度控制报告：

（1）项目概要级的进度报告是报给项目经理、企业经理或业务部门以及建设单位或业主的。它是以整个施工项目为对象说明进度计划执行情况的报告。其内容细节少、综合性强，大多是综述性的项目进展情况，报告的次数少。

（2）项目管理级的进度报告是报给项目经理及企业的业务部门的。它是以单位工程或项目分区为对象说明进度计划执行情况的报告。其内容包含的信息主要是关于个人和小组的工作任务完成情况及其影响因素，报告的次数较多。

（3）业务管理级的进度报告是就某个重点部位或重点问题为对象编写的报告，供项目管理者及各业务部门为其采取应急措施而使用的。

进度报告由计划负责人或进度管理人员与其他项目管理人员协作编写。报告时间一般与进度检查时间相协调，也可按月、旬、周等间隔时间进行编写上报。

进度控制报告的内容主要包括：

（1）项目实施概况、管理概况、进度概要。

（2）项目施工进度、实际进度及简要说明。

（3）施工图纸提供进度。

（4）材料、物资、构配件供应进度。

（5）劳务记录及预测。

（6）日历计划。

（7）对建设单位、业主和施工者的变更指令等。

思 考 与 实 践

1. 如何编制进度计划,并举例说明。
2. 简述施工项目进度控制的流程。
3. 进度计划的检查方法有哪些?

第 5 章　智能化工程项目质量控制

项目质量控制是指为达到项目质量要求采取的作业技术和管理活动。工程项目质量要求则主要表现为工程合同、设计文件、技术规范规定的质量标准。因此，工程项目质量控制就是为了保证工程合同设计文件和标准规范规定的质量标准而采取的一系列措施、手段和方法。

智能化工程项目质量控制按其实施者不同，可分为三个方面：一是业主方面的质量控制；二是政府方面的质量控制；三是承包商方面的质量控制。这里的质量控制主要指承包商方面自身的控制。

5.1　工程项目质量控制的概念和原理

5.1.1　工程项目质量控制的含义

质量控制是 GB/T 6583—92 和 ISO 8462—86 质量管理体系标准的一个质量术语。质量控制是质量管理的一部分，是致力于满足质量要求的一系列相关活动。

质量控制包括采取的作业技术和管理活动。作业技术是直接产生产品或服务质量的条件，但并不是具备相关作业技术能力都能产生合格的质量。在社会化大生产的条件下，还必须通过科学的管理来组织和协调作业技术活动的过程，以充分发挥其质量形成能力，实现预期的质量目标。

质量控制是质量管理的一部分，按照 GB/T6583-92 定义，质量管理是指确立质量方针及实施质量方针的全部职能及工作内容，并对其工作效果进行评价和改进的一系列工作。因此，两者的区别在于质量控制是在明确的质量目标条件下通过行动方案和资源配置的计划、实施、检查和监督来实现预期目标的过程。

智能化工程项目和一般产品具有同样的质量内涵，即满足明确和隐含需要的特性之总和。其中明确的需要是指法律法规、技术标准和合同等所规定的要求，隐含的需要是指法律法规或技术标准尚未作出明确规定，然而随着经济发展、科技进步及人们消费观念的变化，客观上已存在的某些需求。因此智能化工程的质量也就需要通过市场和营销活动加以识别，以不断进行质量的持续改进。其社会需求是否得到满足或满足的程度如何，必须用一系列定量或定性的特性指标来描述和评价。

由于智能化工程项目是由业主（或投资者、项目法人）提出明确的需求，然后再通过一次性承发包生产，即在特定的地点建造特定的项目。因此工程项目的质量总目标是业主建设意图通过项目策划，包括项目的定义及建设规模、系统构成、使用功能和价值、规格档次标准等的定位策划和目标决策来提出的。工程项目质量控制，包括勘察设计、招标投标、施工安装、竣工验收各阶段，均应围绕着致力于满足业主要求的质量总目标而展开。

5.1.2 智能化工程项目质量形成的影响因素

1. 人的质量意识和质量能力。人是质量活动的主体，对智能化工程项目而言，人是泛指与工程有关的单位、组织及个人，包括：

(1) 建设单位；

(2) 勘察设计单位；

(3) 施工承包单位；

(4) 监理及咨询服务单位；

(5) 政府主管及工程质量监督、监测单位；

(6) 策划者、设计者、作业者、管理者等。

建筑智能企业实行企业经营资质管理、市场准入制度、执业资格注册制度、持证上岗制度以及质量责任制度等，规定按资质等级承包工程任务，不得越级，不得挂靠，不得转包，严禁无证设计、无证施工。

2. 建设项目的决策因素。没有经过资源论证、市场需求预测，盲目建设、重复建设，建成后不能投入生产或使用，所形成的合格而无用途的智能化产品，从根本上是社会资源的极大浪费，不具备质量的适用性特征。同样盲目追求高标准，缺乏质量经济性考虑的决策，也将对工程质量的形成产生不利的影响。

3. 智能化工程项目的总体规划和设计因素。总体规划关系到工程项目的质量目标值，为建设施工提供质量标准和依据。设计合理性、可靠性以及可施工性都直接影响工程质量。

4. 智能化工程材料、构配件及相关工程用品的质量因素。智能化工程质量的水平在很大程度上取决于构配件及工程用品的质量规格、性能特性是否符合设计规定标准，直接关系到工程项目的质量形成。

5. 工程项目的施工方案包括施工技术方案和施工组织方案。显然，如果施工技术落后、方法不当，都将对工程质量的形成产生影响。施工组织方案是指施工程序、工艺顺序、施工流向、劳动组织方面的决定和安排。这些都是对工程项目的质量形成产生影响的重要因素。

5.1.3 智能化工程项目质量控制的基本原理

1. PDCA 循环原理

PDCA 循环是人们在管理实践中形成的基本理论方法。从实践论的角度看，管理就是确定任务目标，并按照 PDCA 循环原理来实现预期目标。由此可见 PDCA 是目标控制的基本方法，如图 5-1 所示。

计划 P (Plan) 可以理解为质量计划阶段，明确目标并制定实现目标的行动方案。

在智能化工程项目的实施中，"计划"是指各相关主体根据其任务目标和责任范围，确定质量控制的组织制度、工作程序、技术方法、业务流程、资源配置、检验试验要求、质量记录方式、不合格处理、管理措施等具体内容和做法的文件，"计划"还需对其实现预期目

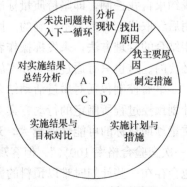

图 5-1 PDCA 循环原理

标的可行性、有效性、经济合理性进行分析论证，按照规定的程序与权限审批执行。

实施 D（Do）包含两个环节，即计划行动方案的交底和按计划规定的方法与要求展开工程作业技术活动。计划交底目的在于使具体的作业者和管理者，明确计划的意图和要求，掌握标准，从而规范行为，步调一致地去努力实现预期的目标。

检查 C（Check）指对计划实施过程进行各种检查，包括作业者的自检、互检和专职管理者专检。各类检查都包含两大方面：一是检查是否严格执行了计划的行动方案；实际条件是否发生了变化；不执行计划的原因。二是检查计划执行的结果，即产出的质量是否达到标准的要求，对此进行确认和评价。

处置 A（Action）对于质量检查所发现的质量问题或质量不合格，及时进行原因分析，采取必要的措施予以纠正，保持质量形成的受控状态。处理分纠偏和预防两个步骤。前者是采取应急措施，解决当前的质量问题；后者是信息反馈管理部门，反思问题症结或计划时的不周，为今后类似问题的质量预防提供借鉴。

2. 三阶段控制原理

就是通常所说的事前控制、事中控制和事后控制。这三阶段控制构成了质量控制的系统过程。

事前控制要求预先进行周密的质量计划。尤其是工程项目施工阶段，制定质量、计划或编制施工组织设计或编制施工项目管理实施规划（目前这三种计划方式基本上并用），都必须建立在切实可行、有效实现预期质量目标的基础上，作为一种行动方案进行施工部署。目前有些施工企业，尤其是一些资质较低的企业在承建中小型的一般工程项目时，往往把施工项目经理责任制曲解成"以包代管"的模式，忽略了技术质量管理的系统控制，失去企业整体技术和管理经验对项目施工计划的指导和支撑作用，这将造成质量预控的先天性缺陷。

事前控制，其内涵包括两层意思，一是强调质量目标的计划预控，二是按质量计划进行质量活动前的准备工作状态的控制。

事中控制首先是对质量活动的行为约束，即在质量产生过程各项技术作业活动中，操作者在相关制度管理下自我行为约束的同时，充分发挥其技术能力，去完成预定质量目标的作业任务；其次是对质量活动过程和结果，来自他人的监督控制，这里包括来自企业内部管理者的检查检验和来自企业外部的工程监理和政府质量监督部门等的监控。

事中控制虽然包含自控和监控两大环节，但其关键还是增强质量意识，发挥操作者自我约束自我控制，即坚持质量标准是根本的，监控或他人控制是必要的补充，没有前者或用后者取代前者都是不正确的。因此在企业组织的质量活动中，通过监督机制和激励机制相结合的管理方法，来发挥操作者更好的自我控制能力，以达到质量控制的效果，是非常必要的。这也只有通过建立和实施质量体系来达到。

事后控制包括对质量活动结果的评价认定和对质量偏差的纠正。从理论上分析，如果计划预控过程所制定的行动方案考虑得越是周密，事中约束监控的能力越强越严格，实现质量预期目标的可能性就越大，理想的状况就是希望做到各项作业活动，"一次成功"、"一次交验合格率100%"。但客观上相当部分的工程不可能达到，因为在过程中不可避免地会存在一些计划时难以预料的影响因素，包括系统因素和偶然因素。因此当出现质量实际值与目标值之间超出允许偏差时，必须分析原因，采取措施纠正偏差，保持质量受控状态。

以上三大环节,不是孤立和截然分开的,它们之间构成有机的系统过程,实质上也就是 PDCA 循环具体化,并在每一次滚动循环中不断提高,达到质量管理或质量控制的持续改进。

3. 三全控制管理

三全控制管理是来自于全面质量管理 TQC(Total Quality Control)的思想,同时包融在质量体系标准 GB/T 6583—92 中,它指生产企业的质量管理应该是全面、全过程和全员参与的。这一原理对建设工程项目的质量控制同样有理论和实践的指导意义。

全面质量控制是指工程(产品)质量和工作质量的全面控制,工作质量是产品质量的保证,工作质量直接影响产品质量的形成。对于建设工程项目而言,全面质量控制还应该包括建设工程各参与主体的工程质量与工作质量的全面控制。如业主、监理、勘察、设计、施工总包、施工分包、材料设备供应商等,任何一方任何环节的怠慢疏忽或质量责任不到位都会造成对建设工程质量的影响。

全过程质量控制是指根据工程质量的形成规律,从源头抓起,全过程推进。GB/T 6583—92 强调质量管理的"过程方法"管理原则,按照建设程序、建设工程从项目建议书或建设构想提出、历经项目鉴别、选择、策划、可研、决策、立项、勘察、设计、发包、施工、验收、使用等各个有机联系的环节,构成了建设项目的总过程。其中每个环节又由诸多相互关联的活动构成相应的具体过程,因此必须掌握识别过程和应用"过程方法"进行全过程质量控制。主要的过程有:项目策划与决策过程、勘察设计过程、施工采购过程、施工组织与准备过程、检测设备控制与计量过程、施工生产的检验试验过程、工程质量的评定过程、工程竣工验收与交付过程、工程回访维修服务过程。

全员参与控制从全面质量管理的观点看,无论组织内部的管理者还是作业者,每个岗位都承担着相应的质量职能,一旦确定了质量方针目标,就应组织和动员全体员工参与到实施质量方针的系统活动中去,发挥自己的角色作用。目标管理理论认为,总目标必须逐级分解,直到最基层岗位,从而形成自下到上、自岗位个体到部门团队的层层控制和保证关系,使质量总目标分解落实到每个部门和岗位。就企业而言,如果存在哪个岗位没有自己的工作目标和质量目标,说明这个岗位就是多余的,应予调整。

5.1.4 工程质量统计分析方法

1. 分层法

由于工程质量形成的影响因素多,因此对工程质量状况的调查和质量问题的分析必须分门别类地进行,以便准确有效地找出问题及其原因,这就是分层法的基本思想。

如某班某日生产中出现了 40 件次品,按生产时间(班次)、操作者进行分层,得到表中所示的资料。

从表 5-1 中可以看出,次品数量与时间(班次)没有多大关系,但受设备的影响较为明显,甲设备生产的次品总比乙设备要多。由此可见,甲设备是导致产品不合格的主要原因。

调查分析的层次划分,根据管理需要和统计目的,通常可按照以下分层方法取得原始数据。

按时间分:月、日、上午、下午、白天、晚间、季节。

某班日生产分层　　　　　　　　　　表 5-1

时间		操作者	设备	次品数（件）	
某日	早班	A	甲	12	20
		B	乙	8	
	中班	C	乙	6	20
		D	甲	14	

按地点分：地域、城市、乡村、楼层、外墙、内墙。
按材料分：产地、厂商、规格、品种。
按测定分：方法、仪器、测定人、取样方式。
按作业分：工法、班组、工长、工人、分包商。
按工程分：住宅、办公楼、道路、桥梁、隧道。
按合同分：总承包、专业分包、劳务分包。

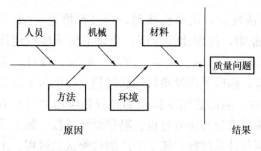

图 5-2　因果分析图法

2. 因果分析图法

因果分析图法，也称为质量特性要因分析法（鱼刺图法），如图 5-2 所示。其基本原理是对每一个质量特性或问题，描述相关的各种原因如何产生潜在问题或影响，将影响质量问题的"人、机、料、法、环"等各方面的原因进行细致的分解，逐层深入排查可能原因，然后确定其中最主要原因，进行有的放矢的处置和管理。

使用因果分析图法时，应注意的事项是：
（1）一个质量特性或一个质量问题使用一张图分析；
（2）通常采用 QC（Quality Control）品质控制小组活动的方式进行，集思广益，共同分析；
（3）必要时可以邀请小组以外的有关人员参与，广泛听取意见；
（4）分析时要充分发表意见，层层深入，列出所有可能的原因；
（5）在充分分析的基础上，由各参与人员采用投票或其他方式，从中选择 1~5 项多数人达成共识的最主要原因。

3. 排列图法

在质量管理过程中，通过抽样检查或检验试验所得到的质量问题、偏差、缺陷、不合格等统计数据，以及造成质量问题的原因分析统计数据，均可采用排列图法进行状况描述，它具有直观、主次分明的特点。

例：某建筑构件厂生产预应力钢筋混凝土板，对其 152 块不合格板质量调查结果如表 5-2 所示，假设每块板只有一个不良因素，试找出影响质量的主要不良因素。下面通过画排列图找出影响质量的主要不良因素。

首先作出板不合格原因的排列表，如表 5-3 所示。把保护层厚及保护层薄两项合为"其他"项。根据表中的频数和累计频率的数据画出"板不合格原因排列图"，如图 5-3 所示。图中两个纵坐标是独立的,其左侧的纵坐标高度为累计频数 $N=152$,从 152 处作一条平行线,交右侧纵坐标处,即为累计频率的 100%,然后再将右侧纵坐标等分为 10 份。

不合格板质量调查表　　　　　　　　　　表 5-2

不合格项目	质量不合格数量
边长	78 块
板厚	44 块
不平整	17 块
裂缝	11 块
保护层厚	1 块
保护层薄	1 块

板不合格原因排列表　　　　　　　　　　表 5-3

项　目	频　数	累计频数	累计频率
边长	78	78	51.3%
板厚	44	122	80.3%
不平整	17	139	91.4%
裂缝	11	150	98.7%
其他	2	152	100%

从图 5-3 中可以看出,影响板质量的主要不良因素为:"边长"和"板厚",进而可采取相应的对策。

4. 直方图法

所谓的直方图就是将工序中随机抽样得到的质量数据整理后分成若干组,以组距为底边,以频数(组内数据的个数)为高度做直方块所绘制出的图。通过直方图可以认识产品质量分布状况,判断工序质量的好坏,预测制造质量的发展趋势,及时掌握工序质量变化规律。

在生产正常情况下,直方图呈正态分布状,分布在公差范围之内,如图 5-4 所示。如果根据实际资料绘出的图不是正态分布状直方图,说明工序质量不稳定,易于出现不合格品。常见的异常直方图有:锯齿形、孤岛形、偏向形、平顶形、双峰形等五种,如图 5-5 所示。对每种异常直方图,要找出原因,采取措施及时予以纠正。

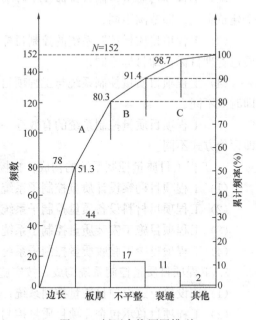

图 5-3　板不合格原因排列

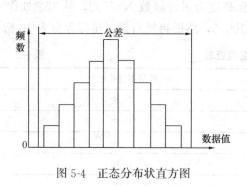

图 5-4 正态分布状直方图

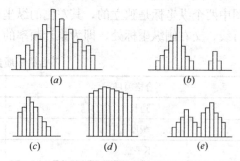

图 5-5 常见的异常直方图
(a) 锯齿形；(b) 孤岛形；(c) 偏向形；
(d) 平顶形；(e) 双峰形

5.2 工程项目质量控制系统的建立和运行

5.2.1 工程项目质量控制系统的构成

1. 工程项目质量控制系统是面向工程项目而建立的质量控制系统，它不同于企业按照 GB/T 6583—92 标准建立的质量管理体系。其不同点主要在于：

(1) 工程项目质量控制系统只用于特定的工程项目质量控制，而不是用于建筑企业的质量管理，即目的不同；

(2) 工程项目质量控制系涉及工程项目实施中所有的质量责任主体，而不只是某一个建筑企业，即范围不同；

(3) 工程项目质量控制系统的控制目标是工程项目的质量标准，并非某一建筑企业的质量管理目标，即目标不同；

(4) 工程项目质量控制系统与工程项目管理组织相融，是一次性的，并非永久性的，即时效不同；

(5) 工程项目质量控制系统的有效性一般只做自我评价与诊断，不进行第三方认证，即评价方式不同。

2. 工程项目质量控制系统的构成，按控制内容有：

(1) 工程项目勘察设计质量控制子系统；

(2) 工程项目材料设备质量控制子系统；

(3) 工程项目施工安装质量控制子系统；

(4) 工程项目竣工验收质量控制子系统。

3. 工程项目质量控制系统构成，按实施的主体分为：

(1) 建设单位建设项目质量控制系统；

(2) 工程项目总承包企业项目质量控制系统；

(3) 勘察设计单位勘察设计质量控制子系统（设计-施工分离式）；

(4) 施工企业（分包商）施工安装质量控制子系统；

(5) 工程监理企业工程项目质量控制子系统。

4. 工程项目质量控制系统构成，按控制原理分为：

(1) 质量控制计划系统,确定建设项目的建设标准、质量方针、总目标及其分解;

(2) 质量控制网络系统,明确工程项目质量责任主体构成、合同关系和管理关系,控制的层次和界面;

(3) 质量控制措施系统,描述主要技术措施、组织措施、经济措施和管理措施的安排;

(4) 质量控制信息系统,进行质量信息的收集、整理、加工和文档资料的管理。

5. 工程质量控制系统的不同构成,只是提供全面认识其功能的一种途径,实际上它们是交互作用的,而且和工程项目外部的行业及企业的质量管理体系有着密切的联系,如政府实施的建设工程质量监督管理体系、工程勘察设计企业及施工承包企业的质量管理体系、材料设备供应商的质量管理体系、工程监理咨询服务企业的质量管理体系、建设行业实施的工程质量监督与评价体系等。

5.2.2 工程项目质量控制系统的建立

1. 可以参照以下几条原则来建立工程项目质量控制体系

(1) 分层次规划的原则。第一层次是建设单位和工程总承包企业,分别对整个建设项目和总承包工程项目,进行相关范围的质量控制系统设计;第二层次是设计单位、施工企业(分包)、监理企业,在建设单位和总承包工程项目质量控制系统的框架内进行责任范围内的质量控制系统设计,使总体框架更清晰、具体、落到实处。

(2) 总目标分解的原则。按照建设标准和工程质量总体目标,分解到各个责任主体,明示于合同条件,由各责任主体制定质量计划,确定控制措施和方法。

(3) 质量责任制的原则。即贯彻谁实施谁负责,质量与经济利益挂钩的原则。

(4) 系统有效性的原则。即做到整体系统和局部系统的组织、人员、资源和措施落实到位。

2. 工程项目质量控制系统的建立程序

(1) 确定控制系统各层面组织的工程质量负责人及其管理职责,形成控制系统网络架构。

(2) 确定控制系统组织的领导关系、报告审批及信息流转程序。

(3) 制定质量控制工作制度,包括质量控制例会制度、协调制度、验收制度和质量责任制度等。

(4) 部署各质量主体编制相关质量计划,并按规定程序完成质量计划的审批,形成质量控制依据。

(5) 研究并确定控制系统内部质量职能交叉衔接的界面划分和管理方式。

5.2.3 工程项目质量控制系统的运行

工程项目质量控制系统的活力在于它的运行机制,而运行机制的核心是动力机制,动力机制来源于利益机制。工程项目的实施过程是由多主体参与的价值增值链,因此只有保持合理的供方及分供方关系,才能形成质量控制系统的动力机制,这一点对业主和总承包方都是同样重要的。

1. 控制系统运行的约束机制

没有约束机制的控制系统是无法使工程质量处于受控状态的,约束机制取决于自我约束能力和外部监控效力,前者指质量责任主体和质量活动主体,即组织及个人的经营理念、质量意识、职业道德及技术能力的发挥；后者指来自于实施主体外部的推动和检查监督。因此，加强项目管理文化建设对于增强工程项目质量控制系统的运行机制是不可忽视的。

2. 控制系统运行的反馈机制

运行的状态和结果的信息反馈，是进行系统控制能力评价，并为及时做出处置提供决策依据，因此必须保持质量信息的及时和准确，同时提倡质量管理者深入生产一线，掌握第一手资料。

3. 控制系统运行的基本方式

在建设工程项目实施的各个阶段、不同的层面、不同的范围和不同的主体间，应用PDCA循环原理，即对计划、实施、检查和处置的方式展开控制，同时必须注重抓好控制点的设置，加强重点控制和例外控制。

5.3 工程项目质量控制和验收的方法

5.3.1 施工质量控制的目标

施工质量控制的总体目标是贯彻执行建设工程质量法规和强制性标准，正确配置施工生产要素和采用科学管理的方法，实现工程项目预期的使用功能和质量标准。这是建设工程参与各方的共同责任。

建设单位的质量控制目标是通过施工过程的全面质量监督管理、协调和决策，保证竣工项目达到投资决策所确定的质量标准。

设计单位在施工阶段的质量控制目标，是通过对施工质量的验收签证、设计变更控制及纠正施工中所发现的设计问题、采纳变更设计的合理化建议等，保证竣工项目的各项施工结果与设计文件（包括变更文件）所规定的标准相一致。

施工单位的质量控制目标是通过施工过程的全面质量自控，保证交付满足施工合同及设计文件所规定质量标准（含工程质量创优要求）的建设工程产品。

监理单位在施工阶段的质量控制目标是通过审核施工质量文件、报告报表检查、平行检验、施工指令和结算支付控制等手段的应用，监督施工承包单位的质量活动行为，协调施工关系，正确履行工程质量的监督责任，以保证工程质量达到施工合同和设计文件所规定的质量标准。

5.3.2 施工质量控制的过程

施工质量控制的过程，包括施工准备质量控制、施工过程质量控制和施工验收质量控制。

施工准备质量控制是指工程项目开工前的全面施工准备和施工过程中各分部分项工程施工作业前的施工准备（或称施工作业准备）。施工准备质量属于工作质量范畴，然而它对建设工程产品质量的形成产生重要的影响。

施工过程的质量控制是指施工作业技术活动的投入与产出过程的质量控制，其内涵包括全过程施工生产及其中各分部分项工程的施工作业过程。

施工验收质量控制是指对已完工程验收时的质量控制，即工程产品质量控制。包括隐蔽工程验收、检验批验收、分项工程验收、分部工程验收、单位工程验收和整个建设工程项目竣工验收过程的质量控制。

施工质量控制过程既有施工承包方的质量控制职能,也有业主方、设计方、监理方、供应方及政府的工程质量监督部门的控制职能,他们具有各自不同的地位、责任和作用。

施工承包方和供应方在施工阶段是质量自控主体,业主、监理、设计单位及政府的工程质量监督部门是质量监控主体。自控主体和监控主体在施工全过程相互依存、各司其职,共同推动着施工质量控制过程的发展和最终工程质量目标的实现。

施工方作为工程施工质量的自控主体,既要遵循本企业质量管理体系的要求,也要根据其在所承建工程项目质量控制系统中的地位和责任,通过具体项目质量计划的编制与实施,有效地实现自主控制的目标。一般情况下,对施工承包企业而言,无论工程项目的功能类型、结构形式及复杂程度存在着怎样的差异,其施工质量控制过程都可归纳为以下相互作用的八个环节:

(1) 工程调研和项目承接,全面了解工程情况和特点,掌握承包合同中工程质量控制的合同条件;

(2) 施工准备,包括图纸会审、施工组织设计、施工力量设备的配置等;

(3) 材料采购;

(4) 施工生产;

(5) 试验与检验;

(6) 工程功能检测;

(7) 竣工验收;

(8) 质量回访及保修。

5.3.3 施工质量计划的编制

1. 按照质量管理体系标准,质量计划是质量管理体系文件的组成内容。在合同环境下质量计划是企业向顾客表明质量管理方针、目标及其具体实现的方法、手段和措施,体现企业对质量责任的承诺和实施的具体步骤。

2. 施工质量计划的编制主体是施工承包企业。在总承包的情况下,分包企业的施工质量计划是总包施工质量计划的组成部分。总包有责任对分包施工质量计划的编制进行指导和审核,并承担施工质量的连带责任。

3. 根据智能化工程施工的特点,目前我国工程项目施工的质量计划常用施工组织设计或施工项目管理实施规划的文件形式进行编制。

4. 在已经建立质量管理体系的情况下,质量计划的内容必须全面体现和落实企业质量管理体系文件的要求(也可引用质量体系文件中的相关条文),同时结合本工程的特点,在质量计划中编写专项管理要求。施工质量计划的内容一般应包括:

(1) 工程特点及施工条件分析(合同条件、法规条件和现场条件);

(2) 履行施工承包合同所必须达到蹬工程质量总目标及其分解目标;

(3) 质量管理组织机构、人员及资源配置计划;

(4) 为确保工程质量所采取的施工技术方案、施工程序;

(5) 材料设备质量管理及控制措施;

(6) 工程检测项目计划及方法等。

5. 施工质量控制点的设置是施工质量计划的组成内容。质量控制点是施工质量控制的重点，凡属关键技术、重要部位、控制难度大、影响大、经验欠缺的施工内容以及新材料、新技术、新工艺、新设备等，均可列为质量控制点，实施重点控制。

施工质量控制点设置的具体方法是，根据工程项目施工管理的基本程序，结合项目特点，在制定项目总体质量计划后，列出各基本施工过程对局部和总体质量水平有影响的项目，作为具体实施的质量控制点。

通过质量控制点的设定，质量控制的目标及工作重点就能更加明晰，加强事前预控的方向也就更加明确。事前预控包括明确控制目标参数、制定实施规程（包括施工操作规程及检测评定标准）、确定检查项目数量及跟踪检查或批量检查方法、明确检查结果的判断标准及信息反馈要求。

施工质量控制点的管理应该是动态的，一般情况下在工程开工前、设计交底和图纸会审时，可确定一批整个项目的质量控制点，随着工程的展开、施工条件的变化，随时或定期进行控制点范围的调整和更新，始终保持重点跟踪的控制状态。

6. 施工质量计划编制完毕，应经企业技术领导审核批准，并按施工承包合同的约定提交工程监理或建设单位批准确认后执行。

5.3.4 施工生产要素的质量控制

1. 影响施工质量的五大要素

（1）劳动主体——人员素质，即作业者、管理者的素质及其组织效果。

（2）劳动对象——材料、半成品、工程用品、设备等的质量。

（3）劳动方法——采取的施工工艺及技术措施的水平。

（4）劳动手段——工具、模具、施工机械、设备等条件。

（5）施工环境——现场水文、地质、气象等自然环境，通风、照明、安全等作业环境以及协调配合的管理环境。

2. 劳动主体的控制

劳动主体的质量包括参与工程各类人员的生产技能、文化素养、生理体能、心理行为等方面的个体素质及经过合理组织充分发挥其潜在能力的群体素质。因此，企业应通过择优录用、加强思想教育及技能方面的教育培训；合理组织、严格考核，并辅以必要的激励机制，使企业员工的潜在能力得到充分发挥，保证劳动主体在质量控制系统中发挥主体自控作用。

施工企业必须坚持对所选派的项目领导者、组织者进行质量意识教育和组织管理能力训练，坚持对分包商的资质考核和施工人员的资格考核，坚持按规定持证上岗制度。

3. 劳动对象的控制

原材料、半成品、设备是构成工程实体的基础，其质量是工程项目实体质量的组成部分。故加强原材料、半成品及设备的质量控制，不仅是提高工程质量的必要条件，也是实现工程项目投资目标和进度目标的前提。

对原材料、半成品及设备进行质量控制的主要内容为：控制材料设备性能、标准与设计相符性；控制材料设备各项技术性能指标、检验测试指标与标准要求的相符性；控制材料设备进场验收程序及质量文件资料的齐全程度等。

施工企业应在施工过程中贯彻执行企业质量程序文件，设备在封样、采购、进场检验、抽样检测及质保资料提交等一系列活动都要有明确规定的控制标准。

4. 施工工艺的控制

施工工艺的先进合理是直接影响工程质量、工程进度及工程造价的关键因素，施工工艺的合理、可靠还直接影响到工程施工安全。因此在工程项目质量控制系统中，制定和采用先进合理的施工工艺是工程质量控制的重要环节。对施工方案的质量控制主要包括以下内容：

(1) 全面正确地分析工程特征、技术关键及环境条件等资料，明确质量目标、验收标准、控制的重点和难点；

(2) 制定合理有效的施工技术方案和组织方案，前者包括施工工艺、施工方法；后者包括施工区段划分、施工流向及劳动组织等；

(3) 合理选用施工机械设备和施工临时设施，合理布置施工总平面图和各阶段施工平面图；

(4) 选用和设计保证质量和安全的施工设备；

(5) 编制工程所采用的新技术、新工艺、新材料的专项技术方案和质量管理方案。

为确保工程质量，还应针对工程具体情况，编写气象地质等环境不利因素对施工的影响及其应对措施。

5. 施工设备的控制

对施工所用的设备，应根据工程需要从设备选型、主要性能参数及使用操作要求等方面加以控制。

6. 施工环境的控制

环境因素主要包括地质水文状况、气象变化及其他不可抗力因素，以及施工现场的通风、照明、安全卫生防护设施等劳动作业环境。环境因素对工程施工的影响一般难以避免。要消除其对施工质量的不利影响，主要是采取预测预防的控制方法。

对地质水文等方面的影响因素的控制，应根据设计要求，分析基地地质资料，预测不利因素，并会同设计等方面采取相应的措施，如降水排水加固等技术控制方案。对环境因素造成的施工中断，往往也会对工程质量造成不利影响，必须通过加强管理、调整计划等措施，加以控制。

5.3.5 施工作业过程的质量控制

1. 建设工程施工项目是由一系列相互关联、相互制约的作业过程（工序）所构成，控制工程项目施工过程的质量，必须控制全部作业过程，即各道工序的施工质量。

2. 施工作业过程质量控制的基本程序

(1) 进行作业技术交底，包括作业技术要领、质量标准、施工依据、与前后工序的关系等。

(2) 检查施工工序、程序的合理性、科学性，防止工序流程错误，导致工序质量失控。

(3) 检查工序施工条件，即每道工序投入的材料、使用的工具、设备及操作工艺及环境条件等是否符合施工组织设计的要求。

(4) 检查工序施工中人员操作程序、操作质量是否符合质量规程要求。

(5) 检查工序施工中间产品的质量，即工序质量、分项工程质量。

(6) 对工序质量符合要求的中间产品（分项工程）及时进行工序验收或隐蔽工程

验收。

质量合格的工序经验收后可进入下道工序施工。未经验收合格的工序，不得进入下道工序施工。

3. 施工工序质量控制要求

工序质量是施工质量的基础，工序质量也是施工顺利进行的关键。为达到对工序质量控制的效果，在工序管理方面应做到：

(1) 贯彻预防为主的基本要求，设置工序质量检查点，对材料质量状况、工具设备状况、施工程序、关键操作、安全条件、新材料新工艺应用、常见质量通病，甚至包括操作者的行为等影响因素列为控制点作为重点检查项目进行预控；

(2) 落实工序操作质量巡查、抽查及重要部位跟踪检查等方法，及时掌握施工质量总体状况；

(3) 对工序产品、分项工程的检查应按标准要求进行目测、实测及抽样试验的程序，做好原始记录，经数据分析后，及时做出合格或不合格的判断；

(4) 对合格工序产品应及时提交监理进行隐蔽工程验收；

(5) 完善管理过程的各项检查记录、检测资料及验收资料，作为工程质量验收的依据，并为工程质量分析提供可追溯的依据。

5.3.6 施工质量验收的方法

建设工程质量验收是对已完工的工程实体的外观质量及内在质量按规定程序检查后，确认其是否符合设计及各项验收标准的要求，可交付使用的一个重要环节，正确地进行工程项目质量检查评定和验收，是保证工程质量的重要手段。

鉴于智能化工程施工规模较大，专业分工较多，技术安全要求高等特点，国家相关行政管理部门对各类工程项目的质量验收标准制定了相应的规范，以保证工程验收的质量，工程验收应严格执行规范的要求和标准。

1. 工程质量验收分为过程验收和竣工验收，其程序及组织包括：

(1) 施工过程中，隐蔽工程在隐蔽前通知建设单位（或工程监理）进行验收，并形成验收文件；

(2) 分部分项工程完成后，应在施工单位自行验收合格后，通知建设单位（或工程监理）验收，重要的分部分项应请设计单位参加验收；

(3) 单位工程完工后，施工单位应自行组织检查、评定，符合验收标准后，向建设单位提交验收申请；

建设单位收到验收申请后，应组织施工、勘察、设计、监理单位等方面人员进行单位工程验收，明确验收结果，并形成验收报告。

2. 建设工程施工质量验收应符合下列要求：

(1) 工程质量验收均应在施工单位自行检查评定的基础上进行；

(2) 参加工程施工质量验收的各方人员，应该具有规定的资格；

(3) 建设项目的施工，应符合工程勘察、设计文件的要求；

(4) 隐蔽工程应在隐蔽前由施工单位通知有关单位进行验收，并形成验收文件；

(5) 单位工程施工质量应该符合相关验收规范的标准；

(6) 涉及结构安全的材料及施工内容，应有按照规定对材料及施工内容进行见证取样检测的资料；

(7) 对涉及结构安全和使用功能的重要部分工程、专业工程应进行功能性抽样检测；

(8) 工程外观质量应由验收人员通过现场检查后共同确认。

3. 建设工程施工质量检查评定验收的基本内容及方法：

(1) 分部分项工程内容的抽样检查；

(2) 施工质量保证资料的检查，包括施工全过程的技术质量管理资料，其中又以原材料、施工检测、测量复核及功能性试验资料为重点检查内容；

(3) 工程外观质量的检查；

(4) 工程质量不符合要求时，应按规定进行处理；

(5) 经返工或更换设备的工程，应该重新检查验收；

(6) 经有资质的检测单位检测鉴定，能达到设计要求的工程，应予以验收；

(7) 经返修和加固后仍不能满足使用要求的工程严禁验收。

5.4 工程项目质量缺陷与事故处理

质量缺陷泛指项目实施过程中存在的质量问题，由于各种因素的干扰，在项目实施过程中，质量缺陷的出现有时是难免的。但是，质量缺陷是可以尽量减少的，特别是质量事故甚至是可以完全避免的。

1. 质量缺陷的现场处理

在各项工程的施工过程中或完工以后，现场监理人员如发现工程项目存在着技术规范所不容许的质量缺陷，应根据质量缺陷的性质和严重程度，按如下方式处理：

(1) 当因施工而引起的质量缺陷处在萌芽状态时，应及时制止，并要求承包人立即更换不合格的材料、设备或不称职的施工人员；或要求立即改变不正确的施工方法及操作工艺。

(2) 当因施工而引起的质量缺陷已出现时，应立即向承包人发出暂停施工的指令（先口头后书面），待承包人采取了能足以保证施工质量的有效措施，并对质量缺陷进行了正确的补救处理后，再书面通知恢复施工。

(3) 质量缺陷发生在某道工序或单项工序完工以后，而且质量缺陷的存在将对下道工序或分项工程产生质量影响时，监理工程师应在对质量缺陷产生的原因及责任作出了判定并确定了补救方案后，再进行质量缺陷的处理或下道工序或分项的施工。

(4) 在交工使用后的缺陷责任期内发现施工质量缺陷时，监理工程师应及时指令承包人进行修补、加固或返工处理。

2. 质量事故的处理

当工程在施工期间（包括缺陷责任期间）出现了技术规范所不允许的较严重的质量缺陷时，应视为质量事故，无论何时，一旦发生工程质量事故，需按下列程序抓紧处理：

(1) 当出现施工质量缺陷或事故后，应停止有质量缺陷部位和其有关部位及下道工序施工，需要时还应采取适当的防护措施。同时，要及时上报主管部门。

(2) 进行质量事故调查，主要目的是要明确事故的范围、缺陷程度、性质、影响和原因，为事故的分析处理提供依据。调查力求全面、准确、客观。

(3) 在事故调查的基础上进行事故原因分析，正确判断事故原因。事故原因分析是确定事故处理措施方案的基础。正确的处理来源于对事故原因的正确判断。只有对调查提供充分的调查资料、数据，进行详细、深入的分析后，才能由表及里，去伪存真，找出造成事故的真正原因。

(4) 研究制定事故处理方案。事故处理方案的制定应以事故原因分析为基础。如果某些事故一时认识不清，而且事故一时不致产生严重的恶化，可以继续进行调查、观测，以便掌握更充分的资料数据，做进一步分析，找到原因，以利制定方案。

(5) 按确定的处理方案对质量缺陷进行处理。

(6) 在质量缺陷处理完毕后，应组织有关人员对处理结果进行严格的检查、鉴定和验收。

思 考 与 实 践

1. 施工单位的质量责任和义务有哪些？
2. 如何做好施工过程中的质量控制？
3. 施工项目质量控制的方法有哪些？
4. 检验批如何划分？合格的标准有哪些？
5. 分项工程如何划分？合格的标准有哪些？
6. 分部工程如何划分？合格的标准有哪些？

第6章 智能化工程项目合同管理

在现代工程项目管理中，合同是工程项目建设的基本依据。建筑电气与智能化项目从前期招标、投标、设计、施工、试运行，直到投入使用，涉及项目发包人、设计单位、承包人、监理单位、设备供应商等多方人员，如何统一有序，相互协调，默契配合，共同实现进度、质量、费用三大目标，合同的执行与管理是工程项目管理的重要内容。

6.1 智能化工程项目合同管理概论

6.1.1 智能化工程项目合同的概念

1. 智能化工程项目合同的概念和特征

《合同法》第 269 条规定："建设工程合同是承包人进行工程建设，发包人支付价款的合同。"

在建筑电气与智能化工程项目建设中，发包人委托承包人进行智能化工程的设计、施工；承包人接受委托并进行智能化工程的设计、施工；完成相应任务后，发包人向承包人支付价款。从整个执行过程可以看出，围绕该项目所涉及的合同，其本质是一种承揽合同，或者说是承揽合同的一种特殊类型。

建筑电气与智能化工程项目这一类合同，具有以下几个特点：

(1) 建筑电气与智能化工程项目合同的标的具有特殊性。建筑电气与智能化工程项目合同是从承揽合同中分化出来的，也属于一种完成工作的合同。与承揽合同不同的是，建筑电气与智能化工程项目合同的标的为建筑物内的电气与智能化设备。也正由于此，使得建筑电气与智能化工程项目合同又具有内容复杂、参与单位众多、后续维护大等特点。

(2) 建筑电气与智能化工程项目合同的当事人具有特定性。作为建筑电气与智能化工程项目合同当事人一方的承包人，一般情况下只能是具有从事建筑智能化工程设计、施工资格的法人。这是由建筑电气与智能化工程项目合同的复杂性所决定的。

(3) 建筑电气与智能化工程项目合同具有一定的计划性和程序性。由于智能化工程项目合同与国民经济建设和人民群众生活都有着密切的关系，因此该合同的订立和履行必须符合国家基本建设计划的要求，并接受有关政府部门的管理和监督。

(4) 建筑电气与智能化工程项目合同是要式合同。建筑电气与智能化工程项目合同应当采用书面形式。法律、行政法规规定合同应当办理有关手续的，还应当符合有关规定的要求。

(5) 与承揽合同一样，建筑电气与智能化工程项目合同也是双务合同、有偿合同等。

2. 建筑电气与智能化工程项目合同种类

(1) 建筑电气与智能化工程项目合同根据承包的内容不同，可分为建筑电气与智能化工程项目设计合同与建筑电气与智能化工程项目施工合同。

①工程设计合同，是指设计人（承包人）根据发包人的委托，完成对建筑电气与智能化工程项目的设计工作，由发包人支付报酬的合同。

设计合同的内容包括提交有关基础资料和文件（包括概预算）的期限、质量要求、费用以及其他协作条件等条款。

②工程施工合同，是指施工人（承包人）根据发包人的委托，完成建筑电气与智能化工程项目的施工工作，发包人接受工作成果并支付报酬的合同。施工合同的内容包括工程范围、建设工期、中间交工工程的开工和竣工时间、工程质量、工程造价、技术资料交付时间、材料和设备供应责任、拨款和结算、竣工验收、质量保修范围和质量保证期、双方相互协作等条款。

（2）建筑电气与智能化工程合同根据合同联系结构不同，可分为总承包合同与分别承包合同，还可分为总包合同与分包合同。

①总承包合同与分别承包合同

总承包合同，是指发包人将整个建筑电气与智能化工程承包给一个总承包人而订立的建设工程合同。总承包人就整个工程对发包人负责。

分别承包合同，是指发包人将建筑电气与智能化工程设计、施工工作分别承包给设计人、施工人而订立的设计合同、施工合同。设计人、施工方作为承包人，就其各自承包的工程设计、施工部分，分别对发包人负责。

②总包合同与分包合同

总包合同，是指发包人与总承包人或者设计人、施工人就整个建筑电气与智能化工程或者建筑电气与智能化工程的设计、施工工作所订立的承包合同。总包合同包括总承包合同与分别承包合同，总承包人和承包人都直接对发包人负责。

分包合同，是指总承包人或者设计人、施工人经发包人同意，将其承包的部分工作承包给第三人所订立的合同。分包合同与总包合同是不可分离的。分包合同的发包人就是总包合同的总承包人或者承包人（设计人、施工人）。分包合同的承包人即分包人，就其承包的部分工作与总承包人或者设计、施工承包人向总包合同的发包人承担连带责任。

上述几种承包方式，均为我国法律所承认和保护。但对于建设工程的肢解承包、转包以及再分包这几种承包方式，均为我国法律所禁止。

6.1.2 智能化工程项目合同管理工作过程

1. 智能化工程项目合同管理的概念

在项目管理中，合同管理是一个较新的管理职能。在国外，从20世纪70年代初开始，随着工程项目管理理论研究和实际经验的积累，人们越来越重视对合同管理的研究。在发达国家，80年代前人们较多地从法律方面研究合同；在80年代，人们较多地研究合同事务管理（Contract Administration）；从80年代中期以后，人们开始更多地从项目管理的角度研究合同管理问题。近十几年来，合同管理已成为工程项目管理的一个重要的分支领域和研究的热点。它将项目管理的理论研究和实际应用推向新阶段。

智能化工程项目合同管理是指从事智能化工程项目的企业对以自身为当事人的合同依法进行订立、履行、变更、解除、转让、终止以及审查、监督、控制等一系列行为的总称。其中订立、履行、变更、解除、转让、终止是合同管理的内容；审查、监督、控制是合同管理的手段。合同管理必须是全过程的、系统性的、动态性的。全过程就是由洽谈、草拟、签订、生效开始，直至合同失效为止。从事智能化工程项目的企业不仅要重视签订前的管理，更要重视签订后的管理。系统性就是凡涉及合同条款内容的各部门都要一起来管理。动态性就是注重履约全过程的情况变化，特别要掌握对己方不利的变化，及时对合同进行修改、变更、补充、中止和终止。

2. 智能化工程项目合同管理的主要工作

合同管理的任务必须由一定的组织机构和人员来完成。要提高合同管理水平，必须使合同管理工作专门化和专业化，在承包企业和建筑工程项目组织中应设立专门的机构和人员负责合同管理工作。

建筑电气与智能化工程承包企业应设置合同管理部门（科室），专门负责企业所有工程合同的总体的管理工作。主要包括：

(1) 参与投标报价，对招标文件，对合同条件进行审查和分析；

(2) 收集市场和工程信息；

(3) 对工程合同进行总体策划；

(4) 参与合同谈判与合同的签订，为报价、合同谈判和签订提出意见、建议甚至警告；向工程项目派遣合同管理人员；

(5) 对工程项目的合同履行情况进行汇总、分析，对工程项目的进度、成本和质量进行总体计划和控制；

(6) 协调项目各个合同的实施；

(7) 处理与业主，与其他方面重大的合同关系；

(8) 具体地组织重大的索赔；

(9) 对合同实施进行总的指导、分析和诊断。

6.1.3 智能化工程项目合同管理的主要问题及对策

1. 合同管理中的核心问题

(1) 合同内容不够严谨

合同内容不够严谨主要表现为以下几个方面：

①合同文字不严谨。不严谨就是不准确，容易发生歧义和误解，导致合同难以履行或引起争议。依法订立的有效的合同，应当体现双方的真实意思。而这种体现只有靠准确明晰的合同文字。可以说，合同讲究咬文嚼字。

②只有从合同而没主合同。主合同是指能够独立存在的合同。从合同是指以主合同的存在为前提才能成立的合同。没有主合同的从合同是没有根据的合同，是"无本之木"，而"无本之木"是不存在的。

③合同条款不全面、不完整，有缺陷、有漏洞。常见漏掉的往往是违约责任。有些合同只讲好话，不讲丑话，只讲正面的，不讲反面的，不懂得签合同应当"先小人后君子"的诀窍，一旦发生违约，在合同中看不到违约如何处理的条款。

(2) 合同签订后没有进行合同交底

很多单位在签订合同时，公司总部一级都很重视，但一旦合同签订后，对合同分析和合同交底往往不够重视，甚至忽视了这项工作，合同签订与合同执行脱节，致使合同往往被锁在文件柜或项目负责人的抽屉内，其他人员只知其相关工作职责，而对合同总体情况知之甚少，甚至完全不了解合同的具体内容，给日后的合同纠纷埋下了隐患。

(3) 合同执行过程中忽视变更管理

应变更合同的没有变更。在履约过程中合同变更是正常的事情，问题在于不少负责履约的管理人员缺乏这种及时变更的意识，结果导致了损失。合同变更包括合同内容变更和合同主体变更两种情形。合同变更的目的是通过对原合同的修改，保障合同更好履行和一定目的的实现。

2. 合同管理中存在问题的主要原因

(1) 对市场与合同的关系缺乏认识。在市场经济条件下，这是一种相互依存的关系。一方面，市场的运作需要合同。市场是靠合同动作的，市场主体各方都是靠合同去履行其权利义务的。另一方面，合同的成立必须以市场为前提。没有市场谈不上什么合同。合同是市场的产物，是市场可持续发展的动力。有些业内人士只顾到市场上承揽任务，却不去签订合同或者草率签订，结果遇上纠纷就没有协商与调解的依据，或者依据不足。

(2) 对合同与合同管理的关系缺乏认识。这也是一种相互依存的关系。合同管理是合同洽谈、草拟、签订、履行、变更、中止、终止或解除全过程的管理。合同产生在合同管理的前期阶段。在这一阶段往往受到高度重视。一旦合同签订了，合同就束之高阁了，甚至忘记了合同履行过程是实现权利义务的过程，而仅仅把它看成是生产过程。因此，合同管理的问题大多数产生在中期和后期履行阶段。但这并不是说前期阶段就没有问题。前期阶段所出现的问题，多数是由于急于签成合同而过于草率或者对发包人的迁就。

(3) 企业的从业人员的合同法律意识淡薄。最明显的表现是不认识合同与合同法律的关系。订立和履行合同往往离开合同法律，缺乏依法订立和履行的意识，以致产生了合同管理上的问题，造成不少失误和损失。合同法律的作用，从宏观来说是维护社会主义市场秩序，发展社会主义市场经济；从微观来说是规范合同各方主体的行为，维护他们的合法权益。任何离开合同法律所签订的合同都是无效合同，不受法律保护。

3. 解决合同管理中常见问题的主要对策

合同管理是市场经济条件下企业管理的一项核心内容，企业管理的方方面面都应围绕着这个核心而开展。在市场竞争日趋激烈的当今，加强合同管理是争取企业经济效益的最佳途径。放松工程建设过程中的合同管理，就很难取得工程盈利，甚至造成工程亏损。

(1) 增强合同和索赔意识

由于我国长期受计划经济影响，国内工程管理中合同管理和索赔尚未引起业主和承包商的高度重视。所以，首先应加强对经理部各层次的管理人员进行合同、合同管理及索赔的宣传、培训和教育。其次还要研究 FIDIC 合同条件（FIDIC 即是国际咨询工程师联合会 Fédération Internationale Des Ingénieurs—Conseils 的法文缩写），研究国际工程承包商的合同管理方法与程序、研究国际工程合同与索赔案例，使项目组成员认识到这个问题的重要性，重视合同和合同管理。合同意识是市场经济意识、法律意识、工程管理意识的综合体现。

(2) 严格进行合同交底

首先应该由公司合同管理人员向项目负责人及项目合同管理人员进行合同交底，全面陈述合同背景、合同工作范围、合同目标、合同执行要点及特殊情况处理。其次，项目负责人向项目部职能部门负责人进行合同交底，并解答各职能部门提出的问题，形成书面交底记录。然后再由各职能部门负责人向其所属执行人员进行合同交底，陈述合同基本情况、本部门的合同责任及执行要点、合同风险防范措施等，并解答所属人员提出的问题。最后，各部门将交底情况反馈给项目部合同管理人员，由其对合同执行计划、合同管理程序、合同管理措施及风险防范措施进行进一步修改完善，并形成合同管理文件，下发各执行人员，指导其活动。

(3) 加强合同变更管理

合同变更是索赔的重要依据，因此对合同变更的处理要迅速、全面、系统。合同变更指令应立即在工程实施中贯彻并体现出来。在合同变更中，量最大、最频繁的是工程变更，它在工程索赔中所占的份额也最大。这些变更最终都是通过各分包商体现出来。对工程变更的责任分析是工程变更起因与工程变更问题处理，是确定索赔与反索赔的重要的直接的依据。

(4) 建立合同实施的保证体系

首先要建立合同管理的工作程序。在工程实施过程中，要协调好各方面关系，使总承包合同的实施工作程序化、规范化，按质量保证体系进行工作。其次还要建立文档系统。项目上要设专职或兼职的合同管理人员。合同管理人员负责各种合同资料和相关的工程资料的收集、整理和保存。最后还要建立报告和行文制度。总承包商和业主、分包商之间的沟通都应该以书面形式进行，或以书面形式为最终依据。对在工程中合同双方的任何协商、意见、请示、指示都应落实在纸上，使工程活动有依有据。

6.2 智能化工程项目招标投标

6.2.1 项目招投标基本概念

建设工程招标是指招标人通过招标公告或投标邀请书的形式，招请具有法定条件和承建能力的投标人参与投标竞争，择优选定项目承包人。

建设工程投标是指经资格审查合格的投标人，按招标文件的规定填写投标文件，按招标条件编制投标报价，在招标限定的时间内送达招标单位。

2000年1月1日起施行的《中华人民共和国招标投标法》规定在中华人民共和国境内进行下列工程建设项目包括项目的勘察、设计、施工、监理以及与工程建设有关的重要设备、材料等的采购，必须进行招标：

(1) 大型基础设施、公用事业等关系社会公共利益、公众安全的项目。

(2) 全部或者部分使用国有资金投资或者国家融资的项目。

(3) 使用国际组织或者外国政府贷款、援助资金的项目。

6.2.2 项目招标管理

1. 招标方式

招标方式有公开招标、邀请招标（选择性竞争招标）、议标等，每种方式有其特点及适用范围。一般要根据承包形式、合同类型、业主所拥有的招标时间（工程紧迫程度）等决定。

(1) 公开招标

公开招标又称为无限竞争性招标。它是指招标人以招标公告的方式邀请不特定的法人或者其他组织投标。公开招标是程序最完整、最规范、最典型的招标方式，也是适用最为广泛、最有发展前途的招标方式。

这种方式的优点是业主可以在广泛的范围内选择施工单位,有利于开展真正意义上的竞争,防止垄断,能有效地促使承包商增强竞争实力,努力提高工程质量,缩短工期,降低造价,经济效果明显但缺点是招标人审查投标人资格、投标文件的工作量大,耗费的时间长,招标费用高。在实践中应大力提倡公开招标,目前在我国已经全面推广。

(2) 邀请招标

邀请招标也称有限竞争性招标。它是指招标人以投标邀请书的形式邀请特定的法人或者其他组织投标。招标人向预先确定的若干家承包单位发出投标邀请函,就招标工程的内容、工作范围和实施条件等做出简要的说明,请他们来参加投标竞争。被邀请单位同意参加投标后,从招标人处获取招标文件,并在规定时间内进行投标报价。此后的工作程序与公开招标基本相同。受到邀请的单位是业主对其信誉、技术、经验、管理等方面比较了解,信任其有能力完成委托任务的单位。

这种方式的优点是招标程序简化,节约费用,节省时间,但由于限制了竞争范围,把许多可能的竞争者排除在外,可能提高中标价格,不能充分反映自由竞争、机会均等的原则。

(3) 议标

议标(也称协商议标、邀请议标),又称非竞争性招标或谈判招标,是指由招标人选择两家以上的承包商,以议标文件或拟议合同草案为基础,分别与其直接协商谈判,选择自己满意的一家,达成协议后将工程任务委托给这家承包商承担。在议标活动中,招标人和议标投标人,可以根据需要和可能,委托具有相应资质等级的代理机构代理议标事务。

议标是工程建设领域中一个颇有争议的方式。对议标内涵,人们的理解和做法并不一致,各地区关于议标的适应范围和条件也存在差别。表现在:关于参加议标投标者的最低数量要求不同;关于议标适用对象的限制不同;对议标方式的审批部门不同。

2. 招标的管理工作

招标工作作为项目的一个重要工作,对项目的顺利实施有着很大的影响。在招标过程中,涉及管理的工作主要有两个方面:

(1) 高层次策划。即对招标、合同中的一些重大问题进行决策。包括招标范围、招标方式、合同类型的选择,合同中重要条款的确定,评标条件的确定,以及最终对承包商的选择。这方面工作均由业主负责。

(2) 招标过程中的具体工作和管理事务。这一般由咨询(监理)单位负责。参与工程招标并提供管理服务是专业项目管理的一项本职工作,这在 FIDIC 合同的招标程序,以及英国建造学会《项目管理实施规则》中都有明确规定。它是一个国际惯例。一般而言,项目管理者负责起草招标文件和资格预审文件,编制或协助编制标底,进行资格预审,组织标前会议,组织开标,提交评标报告及定标建议,组织澄清会议,起草各种文件等。

3. 招标程序

对于不同的招标方式,招标程序会有一定的差异。但总体而言,对于公开招标,它的工作程序如图 6-1 所示。

(1) 招标准备工作

① 组建招标机构,委托招标任务。

第 6 章 智能化工程项目合同管理

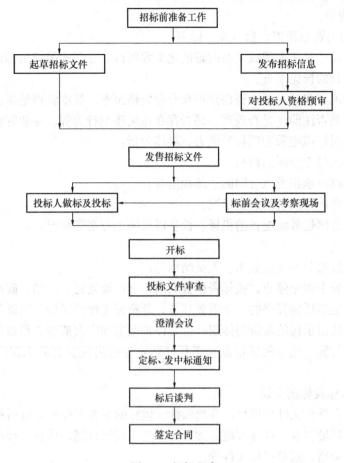

图 6-1 招标程序

② 办理工程招标的各种审批手续等。

(2) 发布招标信息

邀请招标一般以信函的形式发出招标信息,而公开招标一般在新闻媒介上发布公告。

(3) 起草招标文件,并编制标底

招标文件是合同双方在招标投标及工程实施中最重要的文件,它通常包括如下内容:

① 投标须知。投标须知是指导投标人正确地进行投标报价的文件,告知他们所应遵循的各项规定,一般包括以下内容:项目或工程的简述,资金来源,承包方式,资格要求,组织投标人到工程现场勘察和召开标前会解答疑难问题的时间、地点及有关事项,投标人应承担编制和递交投标文件所涉及的一切费用,以及考察施工现场、参加标前会所发生的费用,填写投标文件的注意事项,投标文件的送达地址,截止时间,修改与撤销的注意事项,开标、评标、定标的程序。

② 合同条件。

③ 技术规范。技术规范反映的是招标人对工程项目的技术要求,也是指导承包商正确施工确保工程质量的重要文件,同时也是监理工程师验收工程的主要依据。

④ 图纸。招标人在招标阶段给出图纸,是为了投标人拟定施工方案、确定施工方法以及提出替代方案、计算投标报价依据。图纸的详细程序取决于设计深度与合同类型。

⑤ 工程量清单。

4. 对承包商的资格预审，售（发）标书

资格预审，是指对于大型或复杂的智能化工程项目，在正式组织招标以前，对供应商的资格和能力进行的预先审查。

资格预审的内容包括：基本资格预审和专业资格预审。基本资格是指供应商的合法地位和信誉，包括是否注册、是否破产、是否存在违法违纪行为等。专业资格是指已具备基本资格的供应商履行拟定采购项目的能力，具体包括：

（1）具有独立订立合同的权利；
（2）经验和以往承担类似合同的业绩和信誉；
（3）为履行合同所配备的人员情况；
（4）为履行合同任务而配备的机械、设备以及施工方案等情况；
（5）财务情况；
（6）售后维修服务的网点分布、人员结构等；
（7）没有被处于责令停业，投标资格被取消，财产被接管、冻结，破产状态。

资格预审则是招投标程序的一个重要环节，是招标工作的起始，它既是贯彻建设工程必须由相应资质队伍承包的政策的体现，也是保护业主和广大消费者利益的举措，是避免未达到相应技术与施工能力的队伍乱接工程和防止导致出现豆腐渣工程质量事故的有效途径。

5. 承包商做标及标前会议

承包商在取得招标文件后即可以开始做标。做标的主要工作有：分析招标文件，进行合同评审，开展环境调查，设计实施方案，拟定施工组织计划，估算工程成本，制作投标报价，决定投标策略，起草投标文件等。

招标方本着诚实信用原则，从双方合作的角度出发，应该为投标人提供条件与帮助，以防止他投标失误。

（1）提供正确完备的招标文件和相关信息；
（2）研读和了解最终合同，确保投标报价、项目计划、项目的实施过程符合合同的要求；
（3）在确定招标计划时，按工程的规模和复杂程度给予承包商适当的做标时间（即发售标书至投标截止期）；
（4）提供察看现场的机会和条件；
（5）召开标前会议，全面、公开、公正地回答承包商在招标文件分析及做标中发现的问题。标前会议是双方一次重要的沟通，应积极鼓励投标人提出问题，并多作解释，以帮助投标人理解工程任务及目标。

6. 开标及投标文件分析

（1）开标

工程项目通常都采用公开开标的方式，开标后一般首先宣布不符合招标文件或投标人须知规定的不合格标书；之后宣布有效标书。如果业主不能当场确定中标单位，则通常会选择几家（一般三家以上）报价低而合理的有效标书进行全面分析。

（2）投标文件分析

投标文件分析是一项技术性很强，同时又十分复杂的工作，一般由咨询单位（或项目管理者）负责。在分析中应当考虑承包商可能对项目有影响的方方面面，如：

① 投标书及各个文件的有效性、完备性、正确性分析。
② 报价分析。
③ 施工方案和进度计划分析。
④ 投标人的项目组成员状况，特别是项目经理与工程师的年龄、经历、学历及工程实践经验。
⑤ 企业资格、信用及能力。
⑥ 其他因素。如投标人中标后可以提供贷款或垫资，双方技术经济合作的机会，分包商的选择，投标报价中的保留意见等。

在分析上述因素基础上，最终作出投标文件分析报告。

7. 澄清会议

澄清会议是双方的又一次重要接触。业主对投标文件分析中发现的问题，如实施方案、进度计划等；或未理解、不清楚的地方可以要求投标人，特别是拟定的承包商的项目经理解答。甚至可要求投标人作出修改。这也是业主对承包商项目经理能力和素质的一次全面考察机会。

8. 定标

作为公开招标，定标必须公正（但一般不公开）。其中的核心问题是定标的指标及各个指标的权重的确定。这会影响到整个合同的签订（承包商的选择）。

定标一般由招标委员会负责，现在通常也吸收各个方面的专家一起参加，以保证定标过程的科学性和公正性。

9. 授标和标后谈判

确定一个中标人后，业主可以签发中标函（或中标意向书），双方可以进一步接触进行标后谈判。

业主为了掌握主动权，一般在招标文件中都申明不允许进行标后谈判。但从双方互利的角度来说，可以考虑标后谈判。因为：

（1）业主可以利用这个机会获取更合理的报价（定标前是不允许变动价格的）和更优惠的服务；

（2）承包商也可以利用这个机会修改合同条件，如风险条款等。

所以，双方都希望利用标后谈判这个机会，进行讨价还价，争取更大的利益。但是，最终结果双方必须一致同意；如果商谈不成，则还可以回到原来的价格和条件上来。

在标后谈判后，应该再次审查合同文件，以确保合同文件包括了双方标后谈判的结果。

6.2.3 项目投标管理

1. 项目投标基本条件

施工单位投标应该具备以下几方面的基本条件：

（1）投标人应当具备承担招标项目的能力。国家有关规定对投标人资格条件或者招标文件对投标人资格条件有规定的，投标人应当具备规定的资格条件。

（2）参加投标的单位必须至少满足该工程所要求的资质等级。

（3）参加投标的单位必须具有独立法人资格和相应的施工资质。

（4）为具有被授予合同的资格，投标单位应该提供令招标单位满意的资格文件，以证明其符合投标资格条件和具有履行合同的能力。

（5）两个以上法人或者其他组织可以组成一个联合体，以一个投标人的身份共同投标。联合体各方均应当具备承担招标项目的相应能力，国家有关规定或者招标文件对投标人资格条件有规定的，联合体各方均应当具备规定的相应资格条件。由同一专业的单位组成的联合体，按照资质等级较低的单位确定资质等级。

（6）投标人不得相互串通投标报价，不得排挤其他投标人的公平竞争，损害招标人或者其他投标人的合法权益。投标人不得与招标人串通投标，损害国家利益、社会公共利益或者他人的合法权益。禁止投标人以向招标人或者评标委员会成员行贿的手段谋取中标。

2. 投标基本程序

建设工程施工项目的投标程序见图6-2。投标程序中有以下几点应该加以明确。

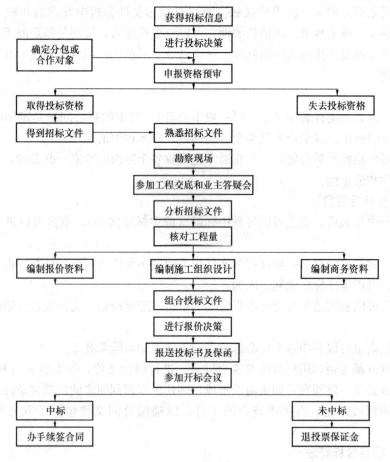

图6-2　项目投标程序图

（1）投标文件的送达

投标人应当在招标文件要求提交投标文件的截止时间前，将投标文件密封送达投标地点。投标人在招标文件要求提交投标文件的截止时间前，可以补充、修改或者撤回已提交的投标文件，并书面通知招标人。补充、修改的内容为投标文件的组成部分。

在提交投标文件截止时间后到招标文件规定的投标有效期终止之前,投标人不得补充、修改、替代或者撤回其投标文件。投标人补充、修改、替代投标文件的,招标人不予接受;投标人撤回投标文件的,其投标保证金将被没收。

(2) 开标时间、地点

应在招标文件确定的提交投标文件截止时间的同一时间公开进行;开标地点应在招标文件中约定。

(3) 废标

评标过程由评标委员会组织实施。施工单位的标书满足以下列条件之一即为废标:

① 逾期送达的或者未送达指定地点的。

② 未按招标文件要求密封的。

③ 无单位盖章并无法定代表人或法定代表人授权的代理人签字或盖章的。

④ 未按规定的格式填写,内容不全或关键字迹模糊、无法辨认的。

⑤ 投标人递交两份或多份内容不同的投标文件,或在一份投标文件中对同一招标项目报有两个或多个报价,且未声明哪一个有效(按招标文件规定提交备选投标方案的除外)。

⑥ 投标人名称或组织机构与资格预审时不一致的。

⑦ 未按招标文件要求提交投标保证金的。

⑧ 联合体投标未附联合体各方共同投标协议的。

(4) 中标

中标人的投标应当符合下列条件之一:

① 能够最大限度地满足招标文件中规定的各项综合评价标准。

② 能够满足招标文件的实质性要求,并且经评审的投标价格最低,但是投标价格低于成本的除外。评标委员会提出书面评标报告后,招标人一般应当在 15 日内确定中标人,但最迟应当在投标有效期结束日前 30 个工作日内确定。

发出中标通知书,签订施工合同。

① 招标人和中标人应当自中标通知书发出之日起 30 日内,按照招标文件和中标人的投标文件订立书面合同。

② 中标人应按照招标人要求提供履约保证金或其他形式履约担保,招标人也应当同时向中标人提供工程款支付担保。

③ 招标人与中标人签订合同后 5 个工作日内,应当向中标人和未中标的投标人退还投标保证金。

6.2.4 项目投标技巧

投标技巧研究,其实质是在保证工程质量与工期条件下,寻求一个好的报价的技巧问题。承包商为了中标并获得期望的效益,投标程序全过程几乎都要研究投标报价技巧问题。如果以投标程序中的开标为界,可将投标的技巧研究分为两阶段,即开标前的技巧研究和开标至签订合同时的技巧研究。

1. 开标前的投标技巧研究

(1) 不平衡报价法

不平衡报价,指在总价基本确定的前提下,如何调整内部各个子项的报价,以便达到既不影响总报价，又在中标后可以获取较好的经济效益的目的。通常采用的不平衡报价有下列几种方法：

① 对能早期结账收回工程款的项目（如土方、基础等）的单价可报以较高价，以利于资金周转；对后期项目（如装饰、电气设备安装等）单价可适当降低。估计今后工程量可能增加的项目，其单价可提高，而工程量可能减少的项目，其单价可降低。

② 图纸内容不明确或有错误，估计修改后工程量要增加的，其单价可提高；而工程内容不明确的，其单价可降低。

③ 没有工程量只填报单价的项目，其单价宜高。这样，既不影响总的投标报价，又可多获利。

④ 对于暂定项目，其实施可能性大的项目，价格可定高价；估计该工程不一定实施的可定低价。

(2) 多方案报价法

若业主拟定的合同要求过于苛刻，为使业主修改合同要求，可提出两个报价并强调：

① 按原合同要求规定，投标报价为某一数值；倘若合同要求作某些修改，可降低报价一定百分比，以此来吸引对方。

② 另外一种情况，是自己的技术和设备满足不了原设计的要求，但在修改设计以适应自己的施工能力的前提下仍希望中标，可以报一个按原设计施工的投标报价（投高标）；另一个按修改设计施工比原设计的标价低得多的投标报价，达到引导业主的目的。

(3) 低投标价夺标法

这种方法是商业战争中的非常规方法，比如企业大量窝工，为减少亏损；或为打入某一建筑市场；或为挤走竞争对手保住自己的地盘，于是制定了严重亏损标，力争夺标。若企业无经济实力，信誉不佳，此法也不一定会奏效。

2. 开标后的投标技巧研究

投标人通过公开开标这一程序可以得知众多投标人的报价。但低价并不一定中标，需要综合各方面的因素，反复议审，经过议标谈判，方能确定中标人。若投标人利用议标谈判开展竞争手段，就可以变自己的投标书的不利因素为有利因素，大大提高获胜机会。

从招标的原则来看，投标人在标书有效期内，是不能修改其报价的。但是，某些议标谈判可以例外。在议标谈判中的投标技巧主要有：

(1) 降低投标价格

投标价格不是中标的唯一因素，但却是中标的关键性因素。在议标中，投标者适时提出降价要求是议标的主要手段。需要注意的是：其一，要摸清招标人的意图，在得到其希望降低标价的暗示后，再提出降价的要求。因为有些国家的政府关于招标的法规中规定，已投出的投标书不得改动任何文字，若有改动，投标即告无效。其二，降低投标价要适当，不得损害投标人自己的利益。

(2) 补充投标优惠条件

在议标谈判的技巧中，除价格外，还可以考虑其他许多重要因素，如缩短工期，提高工程质量，降低支付条件要求，提出新技术和新设计方案，以及提供补充物资和设备等，以此优惠条件争取得到招标人的赞许，争取中标。

6.3 智能化工程项目合同实施控制

《合同法》第二条规定:"合同是平等主体的自然人、法人、其他组织之间设立、变更、终止民事权利义务关系的协议。"建设工程施工合同,又称建筑安装合同,是发包人(建设单位)和承包人(施工单位)为完成商定的建设工程,明确相互权利、义务关系的协议。施工合同管理是对工程施工合同的签订、履行、变更和解除等进行筹划和控制的过程,其主要内容有:根据项目特点和要求确定施工承发包模式和合同结构、选择合同文本、确定合同计价和支付方法、合同履约过程的管理与控制、合同索赔和反索赔等。

6.3.1 智能化工程项目合同订立

《招投标法》第46条规定:"招标人和中标人应当自中标通知书发出之日起30日内,按照招标文件和中标人的投标文件订立书面合同。招标人和投标人不得再行订立背离合同实质性内容的协议。"

建设项目的承包人,依法将项目的非主体或非关键工程,交由分包人完成,与分包人订立分包合同。分包合同有三种形式:

(1) 合同约定的分包。经过招标人在招标公告中约定或中标人经过招标人同意的分包形式。

(2) 合同履行过程中的分包。必须经过建设单位或发包人同意。

(3) 指定分包人。建设单位一般不得直接指定分包单位,确有特殊情况需要指定的,须征得承包单位的同意。

建设部和国家工商行政管理总局于1999年12月24日印发了《建设工程施工合同(示范文本)》GF-1999-0201,对合同当事人进行规范。示范文本中的条款属于推荐使用,应根据工程的特点进行取舍、补充,最终形成责任明确、操作性强的合同。示范文本主要由以下几部分组成:

(1)《协议书》

施工合同的纲领性文件,经双方当事人签字盖章后即可生效。

(2)《通用条款》

所含条款的约定不区分具体工程的行业、地域、规模等特点,只要属于建筑安装工程均可适用。主要包括:

① 词语定义及合同文件;
② 双方一般权利和义务;
③ 施工组织设计和工期;
④ 质量与检验;
⑤ 安全施工;
⑥ 合同价款与支付;
⑦ 材料设备供应;
⑧ 工程变更;
⑨ 竣工验收与结算;
⑩ 违约、索赔和争议;

⑪ 其他。

(3)《专用条款》

考虑到施工项目共性的基础上每个施工项目的具体特点，由合同当事人根据发包工程的具体情况细化。

示范文本包括三个附件：

① 附件1：承包人承揽工程项目一览表。

② 附件2：发包人供应材料设备一览表。

③ 附件3：工程质量保修书。

6.3.2 智能化工程项目合同交底

合同签订后，应该在对合同条款认真分析的基础上，由合同管理人员向各层次管理者作"合同交底"，把合同责任具体落实到各责任人和合同实施的具体工作上。

1. 合同管理人员应会同项目管理人员和企业各部门相关人员进行"合同交底"，组织大家学习合同，对合同的主要内容做出解释和说明。

2. 将各种合同事件的责任分解落实到各工程小组或分包人。

3. 在合同实施前与其他相关方面，如发包人、监理工程师等沟通，召开协调会，落实各种安排。

4. 合同实施过程中还必须进行经常性的检查、监督，对合同作解释。

6.3.3 智能化工程项目合同履行原则

施工合同的履行应该遵循以下原则：

(1) 全面履行的原则。

(2) 诚实信用原则。

(3) 协作履行原则。

(4) 应当遵守纪律和行政法规，尊重社会公德，不得扰乱社会经济秩序，损害社会公共利益。

合同的条款应该明确、具体、完备。若由于某些主客观原因，致使合同欠缺某些必要条款或者约定不明，《合同法》提出以下三种解决办法：

(1) 协议补充：当事人双方补充合同漏洞。

(2) 规则补充（解释补充）：以合同的客观内容为依据，采用以下两种补充方式：

A. 按合同有关条款确定。如履行地点不明，但合同规定了履行方式，就有可能从中确定履行地点。

B. 根据交易习惯确定。

(3) 法定补充

A. 质量要求不明确的，按照国家标准、行业标准履行；没有国家标准、行业标准的，按照通常标准或者符合合同目的的特定标准履行。

B. 价款或者报酬不明确的，按照订立合同时履行地的市场价格履行；依法应当执行政府定价或者政府指导价的，按照规定履行。

C. 履行地点不明确，给付货币的，在接受货币一方所在地履行；交付不动产的，在不动产所在地履行；其他标的，在履行义务一方所在地履行。

D. 履行期限不明确的，债务人可以随时履行，债权人也可以随时要求履行，但应当给对方必要的准备时间。

E. 履行方式不明确的，按照有利于实现合同目的的方式履行。

F. 履行费用的负担不明确的，由履行义务一方负担。

合同履行过程中价格发生变动时的履行规则：

执行政府定价或者政府指导价的，在合同约定的交付期限内政府价格调整时，按照交付时的价格计价。逾期交付标的物的，遇价格上涨时，按照原价格执行；价格下降时，按照新价格执行。逾期提取标的物或者逾期付款的，遇价格上涨时，按照新价格执行；价格下降时，按照原价格执行。

6.3.4 合同履行中施工单位的主要任务

合同履行过程中承包人按专用条款约定的内容和时间完成以下工作：

（1）在其设计资质等级和业务允许的范围内，按发包人的要求，完成施工组织设计，施工图设计或配套设计，并经发包人认可、项目监理机构批准后实施；

（2）向项目监理机构提供年、季、月度工程进度计划及相应进度统计报表、工程事故报告；

（3）根据工程需要，提供和维修非夜间施工使用的照明、围栏、值班看守警卫等；

（4）按专用条款约定的数量和要求，向项目管理机构、项目监理机构提供施工场地办公和生活的房屋及设施，发包人承担由此发生的费用；

（5）遵守政府有关主管部门对施工场地交通、施工噪音等的管理规定，经发包人同意后办理有关手续，除因承包人责任造成的罚款外，应由发包人承担有关费用；

（6）根据协议条款约定，负责已完工程的现场保护工作，并对期间发生的工程损害进行维修；

（7）保证施工场地清洁且符合有关规定，交工前清理现场达到合同文件的要求，承担因违反有关规定造成的损失和罚款；

（8）根据合同协议条款约定，有权按进度获得工程价款。与发包人签订提前竣工协议，有权获得工期提前奖励或提前竣工收益的分享；

（9）发生的不可预见事件而引起的合同中断或延期履行，承包人有权提出解除施工合同或提出赔偿要求。

6.3.5 智能化工程项目合同担保

合同担保是指合同当事人以确保合同能够切实履行为目的，根据法律规定或当事人约定的保证措施。合同担保的目的在于促使当事人履行合同，在更大程度上使权利人的权益得以实现。施工合同担保的种类有投标担保、预付款担保和履约担保三种类型。

1. 投标担保

投标担保是指投标人保证其投标被接受后对其投标书中规定的责任不得撤销或反悔。否则招标人将没收投标人的投标保证金。投标保证金的数额一般为投标价的2%左右，但最高不得超过80万元人民币。

2. 预付款担保

指承包人和发包人签订合同后，承包人正确、合理使用发包人支付的预付款的担保，一般为合同金额的10%。

3. 履约担保

合同的履约担保是指发包人在招标文件中规定的要求承包人提交的保证履行合同义务的担保。履约担保一般有三种形式：

(1) 银行履约保函。是指由商业银行开具的担保证明，通常为合同金额的10%左右。

(2) 履约担保书。由担保公司或保险公司为承包人出具担保书，当承包人违约时，由工程保证人代为完成工程任务。金额一般为合同价格的30%～50%。

(3) 保留金。指发包人根据合同的约定，每次支付工程进度款时扣除一定数量的款项，作为承包人完成其修补任务的保证。保留金一般为每次进度款的10%，总额一般限制在合同总价款的5%。

6.3.6 智能化工程项目合同变更

施工合同变更是指合同订立后，履行完毕之前由双方当事人依法对原合同的内容所进行的修改。

合同变更的内容包括以下三个方面：

(1) 工程设计变更。如：更改工程有关部分的标高、基线、尺寸；增减合同约定的工程量等。

(2) 承包人在施工中提出的合理化建议，涉及对设计图纸或施工组织设计的变更和对材料、设备的换用等，须经工程师同意。

(3) 其他变更。如不可抗力、暂停施工等引起的合同变更。

以上变更若是发包人要求的设计变更，导致合同价款增加，由发包人承担，工期相应顺延。承包人的合理化建议引起的工程变更并经工程师同意的，所发生的费用、收益等双方另行约定分担或分享。不可抗力引起的暂停施工，工期顺延。

6.3.7 智能化工程项目合同索赔管理

施工索赔是指发包人未能按合同约定履行自己的各项义务或发生错误以及应由发包人承担责任的其他情况，造成工期延误和（或）承包人不能及时得到合同价款及承包人的其他经济损失。按照索赔的要求可以分为工期索赔、费用或成本索赔和利润索赔。

索赔意向通知书 表6-1

合同名称： 合同编号

致： 　　根据施工合同约定，由于_____原因，我方现提出索赔意向书，请贵方审核。 　　附件：索赔意向书。 承包人：（全称及盖章） 施工项目负责人：（签章） 日期： 年 月 日
审核意见另行签发。 签收机构：（全称及盖章） 签收人：（签名） 日期： 年 月 日

说明：本表一式___份，由承包人填写。签收机构审签后，随同审核意见，承包人、监理机构、发包人各1份。

1. 建设工程索赔的起因

(1) 发包人违约。包括发包人和工程师没有履行合同责任，没有正确地行使合同赋予的权力，工程管理失误，不按合同支付工程款等。

(2) 合同错误。如合同条文不全、错误、矛盾、有二义性，设计图纸、技术规范错误等。

(3) 合同变更。如双方签订新的变更协议、备忘录、修正案，发包人下达工程变更指令等。

(4) 工程环境变化。包括法律、市场物价、货币兑换率、自然条件的变化等。

(5) 不可抗力因素。如恶劣的气候条件、地震、洪水、战争状态、禁运等。

2. 承包人可按下列程序以书面形式向发包人索赔

索赔事件发生后 28 天内，向工程师发出索赔意向通知（表 6-1）；

发出索赔意向通知后 28 天内，向工程师提出延长工期和（或）补偿经济损失的索赔报告及有关资料；

工程师在收到承包人送交的索赔报告和有关资料后，于 28 天内给予答复，或要求承包人进一步补充索赔理由和证据；

工程师在收到承包人送交的索赔报告和有关资料后 28 天内未予答复或未对承包人作进一步要求，视为该项索赔已经认可；

当该索赔事件持续进行时，承包人应当阶段性向工程师发出索赔意向，在索赔事件终了后 28 天内，向工程师送交索赔的有关资料和最终索赔报告。

6.3.8 智能化工程项目合同终止和评价

《建筑工程合同（示范文本)》规定：除质量保修义务外，发包人承包人履行合同全部义务，竣工结算价款支付完毕，承包人向发包人交付竣工工程后，合同即告终止。

《合同法》第 91 条规定，有下列情况之一的，合同权利义务终止：

(1) 债务已经按照约定履行；
(2) 合同解除；
(3) 债务相互抵消；
(4) 债务人依法将标的物提存；
(5) 债权人免除债务；
(6) 债权债务同归于一人；
(7) 法律规定或当事人约定的其他情形。

为了全面提高合同的管理水平，竣工验收后应该对合同进行评价。良好的合同管理过程，能够保证质量、进度、安全、成本管理。合同的评价主要包括以下几方面的内容：

(1) 评价合同全面履行的情况。合同的履行应该符合协议书约定的标准，履行合同全部的条款。

(2) 评价合同条款或文件。有无约定不明或缺款少项的情况。

(3) 违约、索赔及争议的情况。

思 考 与 实 践

1. 工程招标有哪些方式？各自的特点是什么？
2. 工程投标的技巧有哪些？
3. 如何进行合同交底？

第7章 智能化工程项目安全与环境管理

7.1 智能化工程项目安全管理概述

7.1.1 安全管理基本概念

安全生产是为了使生产过程在符合物质条件和工作秩序下进行,防止发生人身伤亡和财产损失等生产事故,消除或控制危险有害因素,保障人身安全与健康,设备和设施免受损坏,环境免遭破坏的总称。

工程安全管理是指对建设活动过程中所涉及的安全事项进行的管理,包括建设行政主管部门对建设活动中的安全问题所进行的行业管理和从事建设活动的主体对自己建设活动的安全生产所进行的企业管理。从事建设活动的主体所进行的安全生产管理包括建设单位对安全生产的管理、设计单位对安全生产的管理、施工单位对安全生产的管理等。

7.1.2 安全控制基本程序

安全管理的基本程序如图 7-1 所示。

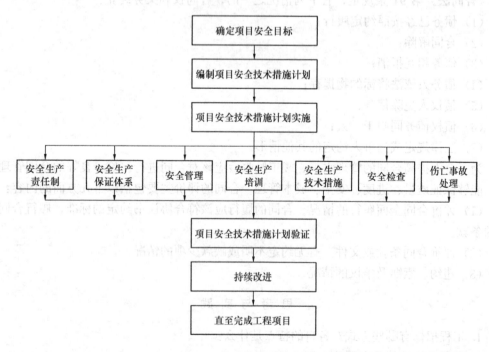

图 7-1 安全管理基本程序

7.2 智能化工程项目安全管理制度

国务院《关于加强企业生产中安全工作的几项规定》中规定了我国安全生产中应该遵循以下几项制度。

7.2.1 安全生产责任制度

安全生产责任制度是建筑生产中最基本的安全管理制度，是所有安全规章制度的核心。安全生产责任制度是指将各种不同的安全责任落实到负有安全管理责任的人员和具体岗位人员身上的一种制度。安全生产责任制的主要内容包括：

（1）从事建筑活动主体的负责人的责任制。比如，建筑施工企业的法定代表人要对本企业的安全生产负主要的责任。

（2）从事建筑活动主体的职能机构或职能处室负责人及其工作人员的安全生产责任制。比如，建筑企业根据需要设置的安全处室或者专职安全人员要对安全负责。

（3）岗位人员的安全生产责任制。岗位人员必须对安全负责。从事特种作业的安全人员必须进行培训，经过考试合格后方能上岗作业。

（4）安全技术措施计划制度，是安全管理制度的一个重要组成部分，是企业有计划地改善劳动条件和安全设施，防止工伤事故和职业病的重要措施之一。安全技术措施计划应包括改善劳动条件、防止伤亡事故、预防职业病和职业中毒等内容，具体有以下几种：

①安全技术措施。如防护装置、防爆炸等设施。
②职业健康措施。如防尘、防毒、降温等措施。
③辅助设施、措施。如休息、消毒等措施。
④职业健康安全宣传措施。如安全展览、安全培训等措施。

7.2.2 安全生产教育制度

安全教育包括法制、思想、知识、技能及事故案例教育等内容。具体教育内容包括：

（1）新工人必须进行公司、工地和班组的三级安全教育。教育内容包括安全生产方针、政策、法规、标准及安全技术知识、设备性能、操作规程、安全制度、严禁事项及本工种的安全操作规程。

（2）电工、焊工、架工、司炉工、爆破工、机操工及起重工、打桩机和各种机动车辆司机等特殊工种工人，除进行一般安全教育外，还要经过本工种的专业安全技术教育。

（3）采用新工艺、新技术、新设备施工和调换工作岗位时，对操作人员进行新技术、新岗位的安全教育。

7.2.3 安全生产检查制度

《建筑施工安全检查标准》JGJ 59—99 对安全检查制定了相应规定，分为"保证项目"和"一般项目"两大类，共计 10 个小项，每项 10 分，共计 100 分。内容详见表7-1。

建筑施工安全检查评分，应以汇总表的总得分及保证项目达标与否，作为对一个施工现场安全生产情况的评价依据，分为优良、合格、不合格三个等级，详见表7-2。

除此之外还包括十项分项检查评分表和一张检查评分汇总表，评分汇总表见表7-3。

安全检查内容及评分表　　　　　　表 7-1

检查项目		扣分标准
保障项目（60分）	安全生产责任制（10分）	未建立安全责任制的扣10分 各级部门未执行责任制的扣4~6分 经济承包中无安全生产指标的扣10分 未制定各工种安全技术操作规程的扣10分 未按规定配备专（兼）职安全员的扣10分 管理人员责任制考核不合格的扣5分
	目标管理（10分）	未制定安全管理目标（伤亡控制指标和安全达标、文明施工目标）扣10分 未进行安全责任目标分解扣10分 无责任目标考核规定扣8分 考核办法未落实或落实不好扣5分
	施工组织设计（10分）	施工组织设计中无安全措施扣10分 施工组织设计未经审批扣10分 专业性较强的项目未单独编制专项安全施工组织设计扣8分 安全措施不全面扣2~4分 安全措施无针对性扣6~8分 安全措施未落实扣8分
	分部（分项）工程安全技术交底（10分）	无书面安全技术交底扣10分 交底针对性不强扣4~6分 交底不全面扣4分 交底未履行签字手续扣2~4分
	安全检查（10分）	无定期安全检查制度扣5分 安全检查无记录扣5分 检查出事故隐患整改做不到定人、定时间、定措施扣2~6分 对重大事故隐患整改通知书所列项目未如期完成扣5分
	安全教育（10分）	无安全教育制度扣10分 新入厂工人未进行三级安全教育扣10分 无具体安全教育内容扣10分 变换工种时未进行安全教育扣10分 每有一人不懂本工种安全技术操作规程扣2分 施工管理人员未按规定进行年度培训扣5分 专职安全员未按规定进行年度培训考核或考核不合格扣5分
一般项目（40分）	班前安全活动（10分）	未建立班前安全活动制度扣10分 班前安全活动无记录扣2分
	特种作业持证上岗（10分）	一人未经培训从事特种作业扣4分 一人未持操作证上岗扣2分
	工伤事故处理（10分）	工伤事故未按规定报告扣3~5分 工伤事故未按事故调查分析规定处理扣10分 未建立工伤事故档案扣4分
	安全标志（10分）	无现场安全标志布置总平面图扣5分 现场未按安全标志总平面图布置安全标志扣5分

第7章 智能化工程项目安全与环境管理

安全生产检查评分等级及标准 表 7-2

序号	评定等级	评 定 标 准
1	优良	在检查评分中,当保障项目中有一项不得分或保障项目小计得分不足40分时,此检查评分表不应得分,汇总表得分值应在80分及其以上
2	合格	在检查评分中,当保障项目中有一项不得分或保障项目小计得分不足40分时,此检查评分表不应得分,汇总表得分值应在70分及其以上
2	合格	有一份表未得分,但汇总表得分值必须在75分及其以上
2	合格	当起重吊装检查评分表或施工机具检查评分表未得分,但汇总表得分值在80分及其以上
3	不合格	汇总表得分值不足70分
3	不合格	有一份表未得分,且汇总表得分值在75分以下
3	不合格	当起重吊装检查评分表或施工机具检查评分表未得分,且汇总表得分值在80分以下

建筑施工安全检查评分汇总表 表 7-3

企业名称:　　　　　　　经济类型:　　　　　　　资质等级:

单位工程(施工现场)名称	建筑面积(m^2)	结构类型	总计得分(满分分值100分)	项目名称及分值								
				安全管理(满分分值10分)	文明施工(满分分值20分)	脚手架(满分分值10分)	基坑支护与模板工程(满分分值10分)	"三宝"、"四口"防护(满分分值10分)	施工用电(满分分值10分)	物料提升与外用电梯(满分分值10分)	塔吊(满分分值10分)	起重吊装(满分分值5分)	施工机具(满分分值5分)
评语:												
检查单位			负责人				项目经理					

年　月　日

7.2.4 伤亡事故及职业病统计报告和处理制度

1. 伤亡事故的分类

伤亡事故是指企业职工在生产劳动过程中发生的人身伤害(以下简称伤害)、急性中毒(以下简称中毒)。根据《企业职工伤亡事故分类标准》GB 6441—86 的规定,伤亡事故分类见表7-4。

伤亡事故分类 表 7-4

分类方式	种类	满 足 条 件
按照伤害程度分类	轻伤	损失工作日在1个以上,105个以下的失能伤害
按照伤害程度分类	重伤	损失工作日在105个以上,6000个以下的失能伤害
按照伤害程度分类	死亡	

续表

分类方式	种类		满足条件
按照事故严重程度分类	轻伤事故		只有轻伤的事故
	重伤事故		只有重伤
	死亡	重大伤亡事故	指一次事故死亡1~2人的事故
		特大伤亡事故	指一次事故死亡3人以上的事故（含3人）
按照事故类别分类	物体打击、车辆伤害、机械伤害、起重伤害、触电、淹溺、灼烫、火灾、高处坠落、坍塌、冒顶片帮、透水、放炮、火药爆炸、瓦斯爆炸、锅炉爆炸、容器爆炸、其他爆炸、中毒和窒息、其他伤害		

注：损失工作日是指被伤害者失能的工作时间。

伤亡事故统计应该按照1989年国务院第34号令《特别重大事故调查程序暂行规定》及1991年国务院第75号令《企业职工伤亡事故报告和处理规定》执行。

2. 伤亡事故责任者

一旦发生安全事故，为了准确地实行处罚，必须根据事故调查所确认的事实，分清事故责任。事故责任者可以分为三种：

(1) 直接责任者是指其行为与事故的发生有直接关系的人员。

(2) 主要责任者是指对事故的发生起主要作用的人员。

(3) 领导责任者是指对事故的发生负有领导责任的人员。

伤亡事故责任的分类及相关条件见表7-5。

伤亡事故责任分类　　　　　　　表7-5

责任种类	满足条件
直接责任	①违章指挥或违章作业、冒险作业造成事故的 ②违反安全生产责任制和操作规程，造成伤亡事故的
主要责任	③违反劳动纪律、擅自开动机械设备或擅自更改、拆除、毁坏、挪用安全装置和设备，造成事故的
领导责任	①由于安全生产规章、责任制度和操作规程不健全，职工无章可循，造成伤亡事故的 ②未按规定对职工进行安全教育和技术培训，或职工未经考试合格上岗操作造成伤亡事故的 ③机械设备超过检修期限或超负荷运行，或因设备有缺陷又不采取措施，造成伤亡事故的 ④作业环境不安全，又未采取措施造成伤亡事故的 ⑤基本建设工程和技术开发项目中，尘毒治理和安全设施不与主体工程同时设计、审批、同时施工、同时验收、投产使用，造成伤亡事故的

3. 职业病防治管理

2001年第60号主席令公布的《中华人民共和国职业病防治法》中指出，职业病是指企业、事业单位和个体经济组织（以下统称用人单位）的劳动者在职业活动中，因接触粉尘、放射性物质和其他有毒、有害物质等因素而引起的疾病。职业病的分类和目录由国务院卫生行政部门会同国务院劳动保障行政部门规定、调整并公布。用人单位应当建立、健全职业病防治责任制，加强对职业病防治的管理，提高职业病防治水平，对本单位产生的职业病危害承担责任。

其他安全管理制度还包括安全监察制度和"三同时"制度等。安全监察是指国家安全监察部门对企业实施职业健康安全监督检查。1994年第28号主席令《中华人民共和国劳动法》中规定新建、改建、扩建工程的劳动安全卫生设施必须与主体工程同时设计、同时施工、同时投入生产和使用，被称为"三同时"制度。施工单位必须按照审查批准的设计文件进行施工，不得擅自更改安全设施的设计并对施工质量负责。

7.3 施工单位的安全责任

《建设工程安全生产管理条例》中有关施工单位的安全责任规定如下：

施工单位从事建设工程的新建、扩建、改建和拆除等活动，应当具备国家规定的注册资本、专业技术人员、技术装备和安全生产等条件，依法取得相应等级的资质证书，并在其资质等级许可的范围内承揽工程。

施工单位主要负责人依法对本单位的安全生产工作全面负责。施工单位应当建立健全安全生产责任制度和安全生产教育培训制度，制定安全生产规章制度和操作规程，保证本单位安全生产条件所需资金的投入，对所承担的建设工程进行定期和专项安全检查，并做好安全检查记录。

施工单位对列入建设工程概算的安全作业环境及安全施工措施所需费用，应当用于施工安全防护用具及设施的采购和更新、安全施工措施的落实、安全生产条件的改善，不得挪作他用。

施工单位应当设立安全生产管理机构，配备专职安全生产管理人员。建设工程实行施工总承包的，由总承包单位对施工现场的安全生产负总责。垂直运输机械作业人员、安装拆卸工、爆破作业人员、起重信号工、登高架设作业人员等特种作业人员，必须按照国家有关规定经过专门的安全作业培训，并取得特种作业操作资格证书后，方可上岗作业。

施工单位应当在施工组织设计中编制安全技术措施和施工现场临时用电方案，对下列达到一定规模的且危险性较大的分部分项工程编制专项施工方案，并附具安全验算结果，经施工单位技术负责人、总监理工程师签字后实施，由专职安全生产管理人员进行现场监督：

(1) 基坑支护与降水工程。
(2) 土方开挖工程。
(3) 模板工程。
(4) 起重吊装工程。
(5) 脚手架工程。
(6) 拆除、爆破工程。
(7) 国务院建设行政主管部门或者其他有关部门规定的其他危险性较大的工程。

建设工程施工前，施工单位负责项目管理的技术人员应当对有关安全施工的技术要求向施工作业班组、作业人员做出详细说明，并由双方签字确认。

施工单位应当在施工现场入口处、施工起重机械、临时用电设施、脚手架、出入通道口、楼梯口、电梯井口、孔洞口、桥梁口、隧道口、基坑边沿、爆破物及有害危险气体和液体存放处等危险部位，设置明显的安全警示标志。安全警示标志必须符合国家标准。

施工单位应当将施工现场的办公、生活区与作业区分开设置，并保持安全距离。办公、生活区的选址应当符合安全性要求。职工的膳食、饮水、休息场所等应当符合卫生标准。施工单位不得在尚未竣工的建筑物内设置员工集体宿舍。

施工单位对因建设工程施工可能造成损害的毗邻建筑物、构筑物和地下管线等，应当采取专项防护措施。

施工单位应当在施工现场建立消防安全责任制度，确定消防安全责任人，制定用火、用电、使用易燃易爆材料等各项消防安全管理制度和操作规程，设置消防通道、消防水源，配备消防设施和灭火器材，并在施工现场入口处设置明显标志。

施工单位应当向作业人员提供安全防护用具和安全防护服装，并书面告知危险岗位的操作规程和违章操作的危害。作业人员应当遵守安全施工的强制性标准、规章制度和操作规程，正确使用安全防护用具、机械设备等。

施工单位采购、租赁的安全防护用具、机械设备、施工机具及配件，应当具有生产（制造）许可证、产品合格证，并在进入施工现场前进行查验。

施工单位在使用施工起重机械和整体提升脚手架、模板等自升式架设设施前，应当组织有关单位进行验收，也可以委托具有相应资质的检验检测机构进行验收；使用承租的机械设备和施工机具及配件的，由施工总承包单位、分包单位、出租单位和安装单位共同进行验收。验收合格后方可使用。

施工单位的主要负责人、项目负责人、专职安全生产管理人员应当经建设行政主管部门或者其他有关部门考核合格后方可任职。作业人员进入新的岗位或者新的施工现场前，应当接受安全生产教育培训。未经教育培训或者教育培训考核不合格的人员，不得上岗作业。

施工单位应当为施工现场从事危险作业的人员办理意外伤害保险。

7.4 智能化工程项目环境管理概述

7.4.1 项目环境管理的基本概念

1. 项目环境管理的定义

项目环境管理就是用现代管理的科学知识，通过努力改进劳动和工作环境，有效地规范生产活动，进行全过程的环境控制，使劳动生产在减少或避免对环境造成不利影响的前提下顺利进行而采取的一系列活动。它包括经营管理者对项目环境管理体系进行的策划、组织、指挥、协调、控制和改进等工作，目的是使项目的实施能满足环境保护的需要，促进项目顺利发展，为实现国民经济健康平稳和可持续发展作出贡献。

2. 项目环境管理的程序

企业应按照《环境管理体系》GB/T 24000标准的要求，建立环境管理体系。企业应根据批准的项目环境影响报告以及环境因素的识别和评估，确定管理目标及主要指标，进行项目环境管理策划，确定环境保护所需的技术措施、资源以及投资估算，并在各个阶段贯彻实施。

项目的环境管理应遵循下列程序：

（1）确定环境管理目标；

(2) 进行项目环境管理策划;

(3) 实施项目环境管理策划;

(4) 验证并持续改进。

3. 项目经理部在项目环境管理中的职责

根据《建设工程项目管理规范》中的规定:项目经理负责现场环境管理工作的总体策划和部署,建立现场环境管理组织机构,制定相应制度和措施,组织培训,使各级人员明确环境保护的意义和责任。

项目经理部在项目环境管理中承担的主要职责有:

(1) 项目经理部应根据《环境管理系列标准》GB/T 24000—ISO 14000 建立项目环境监控体系,不断反馈监控信息,采取整改措施。

(2) 项目经理部应按照分区划块原则,搞好现场的环境管理,进行定期检查,加强协调,及时解决发现的问题,实施纠正和预防措施,保持现场良好的作业环境、卫生条件和工作秩序并进行持续改进。

(3) 项目经理部应对环境因素进行控制,制定应急措施,并保证信息通畅,预防可能出现非预期的损害。

(4) 项目经理部应保存有关环境管理的工作记录。

(5) 项目经理部应进行现场节能管理,有条件时应规定能源使用指标。

7.4.2 项目环境管理体系

环境管理是指依据国家和地方的环境政策、环境法规和环境标准,按照环境与发展和谐统一的原则,坚持宏观综合决策与微观执法监督相结合的要求,运用各种有效管理手段,调控人类的各种行为,协调经济、社会发展同环境保护之间的关系,限制人类损害环境质量的活动以维护正常的环境秩序和环境安全,实现可持续发展的行为总体。环境管理涉及社会、经济、技术和资源等多个领域,内容广泛,它是政府管理和企事业单位管理的重要组成部分。

1. 构建环境管理技术方法体系

构建项目全程环境管理技术方法体系是从管理的角度,对项目建设全过程的不同环境影响和管理要求进行分析,完善规划环评、项目环评、环境设计和环境保护验收等现有的建设项目环境管理技术方法,提高其有效性;填补施工组织环保设计、项目环境监理和项目环境后评价等环境管理技术方法,奠定建设项目环境管理的技术基础。有效运用环境管理技术方法,有利于建设项目各项环境保护措施的落实。

2. 构建环境管理运行机制

建立主要基于 ISO 14000 全程环境管理体系和 ISO 9000 质量认证管理体系的建设项目环境管理运行机制是建设项目环境管理的重要组成部分,把环境管理作为除质量、成本、工期、安全管理外的第 5 大管理目标。建设项目全程推行 ISO 14000 环境管理标准,有助于建立国际广泛认可的、规范的、系统化的环境管理模式,提高中国建设项目环境管理水平。

3. 构建环境管理信息系统

建设项目环境管理信息系统为建设项目全程环境管理提供了一种科学、高效、规范统一的管理方式。对项目全程环境管理信息系统中各个子系统的功能及主要模块进行分析,建立项目各子系统的信息组织模式,为建设项目全程环境管理提供技术支持,使项目建设不同阶段的环境管理信息形成信息链,有助于项目决策、计划的制定和实施,也有助于项目环境管理效果的监督、检查,提高项目全程环境管理的有效性。

4. 构建环境管理体系保障机制

环境管理体系的保障机制是实现建设项目全程环境管理的保证。建设项目全程环境管理体系保障机制的建立,有助于落实全程环境管理,使全程环境管理体系正常运行,从而实现环境保护的目标。全程环境管理体系的保障机制由基础保障和实施保障组成:基础保障由法规、经济和技术构成;实施保障由组织体系和公众参与组成。

7.4.3 项目文明施工

1. 文明施工的概念

文明施工是指保持施工现场良好的作业环境、卫生环境和工作秩序。文明施工主要包括以下几个方面的工作:

(1) 规范施工现场的场容,保持作业环境的整洁卫生。

(2) 科学组织施工,使生产有序进行。

(3) 减少施工对周围居民和环境的影响。

(4) 保证职工的安全和身体健康。

2. 文明施工的组织和制度管理

施工现场应成立以项目经理为第一责任人的文明施工管理组织。分包单位应服从总包单位文明施工管理组织的统一管理并接受监督检查。

各项施工现场管理制度应有文明施工的规定,包括个人岗位责任制、经济责任制、安全检查制度、持证上岗制度、奖惩制度、竞赛制度和各项专业管理制度等。

加强和落实现场文明检查、考核及奖惩管理,以促进施工文明管理工作提高。检查范围和内容应全面周到,包括生产区、生活区、场容场貌、环境文明及制度落实等内容。检查发现的问题应采取整改措施。

3. 建立收集文明施工的资料及其保存的措施

(1) 上级关于文明施工的标准、规定、法律法规等资料。

(2) 施工组织设计(方案)中对文明施工的管理规定,各阶段现场文明施工的措施。

(3) 文明施工自检资料。

(4) 文明施工教育、培训、考核计划的资料。

(5) 文明施工活动各项记录资料。

4. 现场文明施工的基本要求

(1) 施工现场必须设置明显的标牌,标明工程项目名称、建设单位、设计单位、施工单位、项目经理和施工现场总代表人的姓名、开竣工日期、施工许可证批准文号等。施工单位负责施工现场标牌的保护工作。

(2) 管理人员在施工现场应当佩戴证明其身份的证卡。

(3) 应当按照施工总平面布置图设置各项临时设施。现场堆放的大宗材料、成品、半成品和机具设备不得侵占场内道路及安全防护等设施。

(4) 施工现场用电线路、用电设施的安装和使用必须符合安装规范和安全操作规程,并按照施工组织设计进行架设,严禁任意拉线接电。施工现场必须设有保证施工安全要求的夜间照明。危险潮湿场所的照明以及手持照明灯具必须采用符合安全要求的电压。

(5) 施工机械应当按照施工总平面布置图规定的位置和线路设置，不得任意侵占场内道路。施工机械进场须经过安全检查，经检查合格的方能使用。施工机械操作人员必须建立机组责任制，并依照有关规定持证上岗，禁止无证人员操作。

(6) 应保证施工现场道路畅通，排水系统处于良好的使用状态。保持场容场貌的整洁，随时清理建筑垃圾。在车辆、行人通行的地方施工，应当设置施工标志，并对沟井坎穴进行覆盖。

(7) 施工现场的各种安全设施和劳动保护器具，必须定期进行检查和维护，及时消除隐患，保证其安全有效。

(8) 施工现场应当设置各类必要的职工生活设施，并符合卫生、通风、照明等要求。职工的膳食、饮水供应等应当符合卫生要求。

(9) 应当做好施工现场安全保卫工作，采取必要的防盗措施，在现场周边设立围护设施。

(10) 应当严格依照《中华人民共和国消防条例》的规定，在施工现场建立和执行防火管理制度，设置符合消防要求的消防设施，并保持完好的备用状态。在容易发生火灾的地区施工，或者储存、使用易燃易爆器材时，应当采取特殊的消防安全措施。

(11) 施工现场发生工程建设重大事故的处理，应依照《工程建设重大事故报告和调查程序规定》执行。

思 考 与 实 践

1. 简述安全管理的程序。
2. 简述伤亡事故的分类及处理程序。
3. 项目经理如何做好现场的安全管理？
4. 简述项目环境管理的概念与体系。

第8章 智能化工程项目信息管理

建筑电气与智能化工程项目管理工作是以信息为基础的。在智能化建筑工程项目实施过程中,高效有序地收集、加工、整理、存储、传递和应用各类信息,是保证项目安全有效实施的重要基础。因此,智能化建筑工程项目经理部在项目实施过程中,主要的任务是在控制各类与项目相关的信息的基础上,实现对相应目标的控制。

8.1 智能化工程项目信息管理概论

8.1.1 智能化工程项目信息管理基本概念

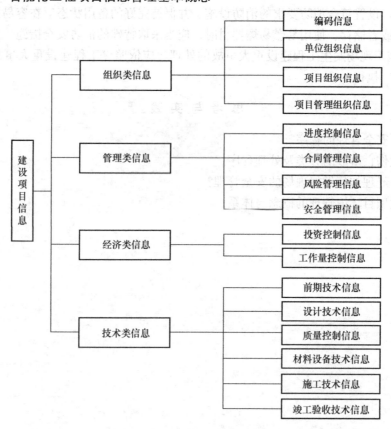

图8-1 建设项目信息分类

据统计,建设工程项目10%~33%的费用增加与信息交流存在的问题有关。在大型建设工程项目中,信息交流的问题导致工程变更和工程实施的错误约占工程总成本的3%~5%。由此可见信息管理的重要性。虽然我国的项目管理经历了20年的发展取得了一定的成效，但是至今多数业主方和施工方的信息管理还相当落后，其落后表现在对信息管理的理解以及信息管理的组织、方法和手段基本上还停留在传统的方法和模式上。我国在项目管理中最薄弱的工作环节是信息管理。

信息指的是用口头的方式、书面的方式或电子的方式传输（传达、传递）的知识、新闻，或可靠的或不可靠的情报。在管理科学领域中，信息通常被认为是一种已被加工或处理成特定形式的数据。

信息管理是指对信息的收集、加工、整理、存储、传递与应用等一系列工作的总称。信息管理的目的就是通过有组织的信息流通，使决策者能及时、准确地获得相应的信息。信息管理目的是为预测未来和正确决策提供科学依据，提高管理水平，实现项目管理信息化，利用计算机及网络技术实现项目管理。

建设工程项目的信息包括在项目决策过程、实施过程（设计准备、设计、施工和物资采购过程等）和运行过程中产生的信息，以及其他与项目建设有关的信息，包括项目的组织类信息、经济类信息和技术类信息。每类信息根据工程建设各阶段项目管理的内容又可以进一步细分，如图 8-1 所示。

8.1.2　智能化工程项目信息流程的组成

项目信息管理贯穿于项目管理的全部过程。建筑电气与智能化工程项目经理部必须明确项目信息流程，使信息安全、有序、有效地相互交流，为施工管理服务。项目经理部的信息流包括机构与外部的信息流和机构内部的信息流。外部的信息流包括和业主、监理机构、承包单位、设计承包商、智能建筑设备供应商等之间的信息流。内部的信息流包括自上而下的信息流、自下而上的信息流及各职能部门之间横向的信息流。这三种信息流均应畅通无阻，保证项目管理工作的顺利实现。

工程项目参与各方的信息流程图如图 8-2 所示。

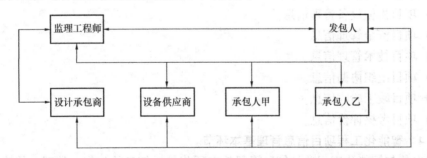

图 8-2　建筑电气与智能化工程项目信息流程结构图

建筑电气与智能化工程项目每个参与单位组织内部都存在五种信息流：

（1）自上而下的信息流：由上层管理者流向中低层管理者乃至作业者的信息。

（2）自下而上的信息流：由下级向上级汇报工作情况、意见等。

（3）横向之间的信息流：项目中同一层的工作部门或工作人员之间相互交流的信息。

（4）组织与环境之间交流的信息：发包人与国家主管部门等进行的信息沟通。

（5）外部环境信息：与企业自身发展或项目相关的新闻、市场信息、政策法规等。

8.1.3　智能化工程项目信息收集

1. 项目经理部应收集并整理下列公共信息

(1) 法律、法规与部门规章信息。
(2) 市场信息。
(3) 自然条件信息。

2. 项目经理部应收集并整理下列工程概况信息
(1) 工程实体概况。
(2) 场地与环境概况。
(3) 参与建设的各单位概况。
(4) 施工合同。
(5) 工程造价计算书。

3. 项目经理部应收集并整理下列施工信息
(1) 施工记录信息。
(2) 施工技术资料信息。

4. 项目经理部应收集并整理下列项目管理信息
(1) 项目管理规划大纲信息和项目管理实施规划信息。
(2) 项目进度控制信息。
(3) 项目质量控制信息。
(4) 项目安全控制信息。
(5) 项目成本控制信息。
(6) 项目现场管理信息。
(7) 项目合同管理信息。
(8) 项目材料管理信息、构配件管理信息和工、器具管理信息。
(9) 项目人力资源管理信息。
(10) 项目机械设备管理信息。
(11) 项目资金管理信息。
(12) 项目技术管理信息。
(13) 项目组织协调信息。
(14) 项目竣工验收信息。
(15) 项目考核评价信息。

8.1.4 智能化工程项目信息管理基本环节

建筑电气与智能化工程项目信息管理基本环节包括信息的收集、处理、传输、存储、检索、使用与维护。

1. 信息的收集

项目经理部信息的收集首先要建立信息管理组织结构，明确信息收集的部门、收集者、收集地点、时间、方法、形式等具体内容。然后分别在招投标阶段、施工准备阶段、施工阶段及竣工验收阶段收集所需的信息。

如竣工验收阶段应该收集的竣工资料信息包括：施工技术资料、工程质量保证资料、工程检验评定资料、工程竣工图、其他规定应交的资料。

2. 信息的处理

对收集到的信息必须进行适当的加工处理，才能成为有用的信息。信息的处理主要是按照不同的要求，不同的使用角度对得到的数据和信息进行选择、核对、排序、计算、汇总，生成不同形式的数据和信息。项目经理部信息管理机构可以将信息按照单位、分部、分项工程组织在一起，每个单位、分部、分项工程又可把数据分为进度、质量、成本、合同等几个方面。

3. 信息的传输

按照信息管理机构事先约定的信息传递流程，及时将加工好的信息传递到使用者手中。传输过程可以通过电话、传真、网络进行，尽量采取书面形式进行传递，并做好信息的备份工作。重要的信息要做好传输过程中的保密工作。

4. 信息的存储

信息存储要科学合理，防止丢失并便于调用。信息的存储包括物理存储和逻辑组织两个方面。物理存储是指把信息存储到适当的介质上，如纸张、录音带、光盘等；逻辑存储是指按照信息内在联系组织和使用数据，把大量的信息组成合理的结构。可以通过组织结构分解，将信息统一进行编码，方便存储和交流。

编码的方法主要有：

(1) 顺序编码。即从 01（或 001 等）开始依次排下去，直到最后的编码方法。该法简单，代码较短。但这种代码缺乏逻辑基础，本身不说明事物的任何特征。

(2) 多面码。一个事物可能具有多个属性，如果在编码中能为这些属性各自规定一个位置，就形成了多面码。该法的优点是逻辑性能好，便于扩充。但这种代码位数较长，会有较多的空码。

(3) 十进制码。这种编码方法是先把对象分成十大类，编以 0~9 的号码，每类中再分成十小类，编以第二个 0~9 的号码，依次下去。这种方法可以无限扩充下去，直观性也较好。

(4) 文字数字码。这种方法是用文字表明对象的属性。这种编码的直观性较好，记忆、使用也都方便。但数据过多时，很容易使含义模糊，造成错误的理解。

典型的项目信息编码包括项目分解结构（PBS）编码、工作分解结构（WBS）编码、组织分解结构（OBS）编码、资源分解结构（RBS）编码和费用分解结构（CBS）编码。

5. 信息的检索

信息的检索应有利于用户方便快捷地找到所需的信息。在检索中主要考虑：允许检索的范围、检索的密级划分、密码的管理；检索信息能否及时、迅速地提供；检索的信息能否根据关键字实现智能检索。

6. 信息的使用和维护

合理的使用信息有助于项目管理目标的实现。使用过程中要注意信息的维护，使信息处于准确、及时、安全和保密的合理状态。

8.2 智能化工程项目信息管理系统

8.2.1 智能化工程项目信息管理系统构成

项目管理信息化系统（PMIS）是一个由人、电子计算机等组成的能处理工程项目信息的集成化系统。它通过收集、存储及分析项目实施过程中的有关数据，辅助项目管理人员和决策者进行规划、决策和检查，其核心是辅助项目管理人员进行目标控制。

项目管理信息化系统一般包括造价管理、进度管理、质量管理、合同管理、文档管理五个子系统，如图 8-3 所示。

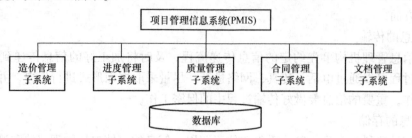

图 8-3 项目管理信息系统的基本构成

8.2.2 智能化工程项目信息管理系统的应用模式

工程项目管理软件是指以项目的施工环节为核心，以时间进度控制为出发点，利用网络计划技术，对施工过程中的进度、费用、资源等进行综合管理的一类应用软件。住房城乡建设部正在组织制定《建设企业管理信息系统软件通用标准》和《建设信息平台数据通用标准》等通用标准，以规范建设领域的信息市场行为。

目前我国项目管理信息系统的应用模式主要有三种：
(1) 根据所承担项目的情况自行开发专有系统。
(2) 购买比较成熟的商品化软件。
(3) 购买商品软件和开发相结合。

8.2.3 智能化工程项目信息处理的方式

当今时代，数据处理已逐步向电子化和数字化的方向发展。施工项目信息管理依然沿用传统的方法和模式，明显滞后于其他行业。信息处理应该向基于网络的信息处理方向发展。

互联网是目前最大的全球性的网络，它连接了覆盖一百多个国家的各种网络，如商业性的网络（.com 或 .co）、大学网络（.ac 或 .edu）、研究网络（.org 或 .net）和军事网络（.mil）等，并通过网络连接数以千万台的计算机，以实现连接互联网计算机之间的数据通信。互联网由若干个学会、委员会和集团负责维护和运行管理。

建设工程项目的业主方和项目参与各方往往分散在不同的地点，或不同的城市，或不同的国家，因此其信息处理应考虑充分利用远程数据通信的方式，如：
(1) 通过电子邮件收集信息和发布信息。
(2) 召开网络会议。
(3) 基于互联网的远程教育与培训等。
(4) 通过基于互联网的项目专用网站（Project Specific Web Site，PSWS）。这是基于互联网的项目信息门户的一种方式，是为某一个项目的信息处理专门建立的网站。也可以服务于多个项目，即成为为众多项目服务的公用信息平台。实现业主方内部、业主方和项目参与各方，以及项目参与各方之间的信息交流、协同工作和文档管理，如图 8-4 所示。
(5) 通过基于互联网的项目信息门户（Project Information Portal，PIP）它是为众多项目服务的公用信息平台，实现业主方内部、业主方和项目参与各方，以及项目参与各方之间的信息交流、协同工作和文档管理。传统的信息交流方式和 PIP 方式的比较如图 8-5 所示。

传统点对点交流方式容易产生以下问题：
①信息沟通手段落后；
②信息沟通方式存在缺陷；
③缺乏业主的参与和控制；
④信息容易流失；
⑤信息加工利用的深度不够；
⑥容易产生"信息孤岛"问题。

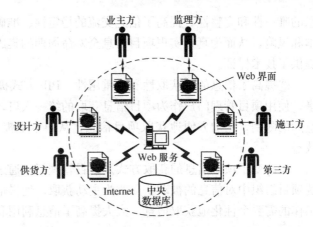

图 8-4 基于互联网的信息处理平台

当前建筑业的信息技术应用缺乏跨领域的整体系统考虑，并且实际项目实施过程中也没有立足于项目角度的统一信息交流机制，从而造成了建筑业各领域，同时也是项目参与各方之间的信息交流沟通不流畅，形成了呈分离割裂状态的各个"岛屿"，这就是建设项目工程管理中存在的"信息孤岛"（Islands of Information）问题。"信息孤岛"现象严重制约信息技术在工程建设中的充分应用和进一步发展。

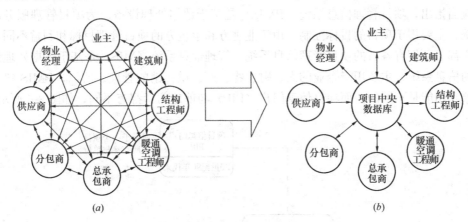

图 8-5 传统的信息交流方式和 PIP 方式的比较
(a) 点对点交流（传统方式）；(b) 信息集中存储并共享（PIP 方式）

而"信息集中存储并共享"模式有利于项目信息的检索和查询，有利于数据和文件版本的统一，有利于建设项目的文档管理。与传统的信息交流方式相比，"信息集中存储并共享"模式具有以下几个特点：

①强化了项目管理系统的数据中心的功能和权力，不同地理位置或物理地址的系统终端的数据信息都要保存在系统的数据中心，完成了对信息集中处理和统一管理的功能，为企业积累项目管理知识体系、培养企业和政府在工程建设管理方面的核心竞争能力提供了技术支撑平台。

②加强了信息的集中存储和有效流动。PIP 方式以项目为中心，改变传统的点对点信息沟通的项目信息处理流程，对项目信息进行集中和共享式的存储与管理，保证了数据信

息的唯一性和完整性，提高了信息交流的稳定性、准确性和及时性，降低了信息交流的成本和风险，从而为真正实现项目信息全寿命周期的集成化、数字化、远程协同和虚拟管理提供了技术保证。

③提高了信息的可获取性和可重用性。PIP方式提供多媒体和跨平台的数据链接和共享，使用项目管理门户作为项目信息获取的统一入口，项目信息的使用者可以不受时间和空间的限制，更加方便地获取项目信息，从根本上提高项目各参与方的信息处理能力和效益。

④改变了项目信息的获取方式。项目管理门户通过信息的集中表达和有效管理，将传统项目组织中对信息的被动获得改为主动获取，使得信息获取者可以根据业务处理和决策工作的需要个性化地获取信息，大大提高了信息利用和项目决策的效率。

8.3 智能化工程项目信息门户

8.3.1 项目信息门户的基本概念

在工程界，信息管理的发展从20世纪80年代起，基本产生了管理信息系统（Management Information System，MIS）、项目管理信息系统（Project Management Information，PMIS）、项目信息门户（Project Management Portal，PIP）三种主要信息技术的应用。应当指出，项目管理信息系统（PMIS）是基于数据处理设备、为项目管理服务的信息系统，主要用于项目的目标控制。由于业主方和承包方的项目管理目标和利益不同，因此各方都必须拥有各自的项目管理信息系统。管理信息系统（MIS）是基于数据处理设备管理的信息系统，主要用于企业的人、财、物、产、供、销的管理。所以，PMIS和MIS的对象和功能是不同的。而项目信息门户（PIP）与前述两者都有不同，如图8-6所示。

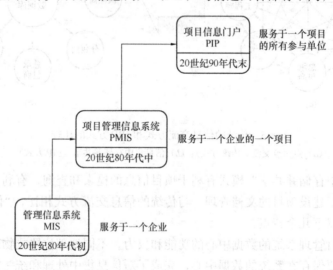

图 8-6　PIP 与 MIS、PMIS

本节所讨论的项目信息门户指的是建筑电气与智能化工程项目的项目信息门户。门户是一个网站，或称为互联网门户（Internet Portal Site），它是进入万维网（World Wide Web）的入口。一般意义上的门户网站如搜索引擎（Search Engine）、Yahoo和Sohu等，任何人都可以访问这些网站以获取所需要的信息。还有一类门户网站称为垂直门户（Vertical Portal），只是为专门的技术领域、专门的用户群或专门的对象而建立。项目信息门户即属于这类垂直门户。

1. 项目信息门户的类型和用户

（1）类型

项目信息门户按其运行模式可分为如下两种类型：

PSWS 模式（Project Specific Website）：一种专门为某个项目的信息处理服务而建立的专用门户网站，也称为专用门户。如采用 PSWS 模式，则项目的主持单位应购买商品门户的使用许可证，或自行开发门户，并需要购置供门户网站运行的服务器及有关硬件设施和申请门户的网址。

APS 模式（Application Service Provide）：一种为众多单位和众多项目服务的公用网站，也称为公用门户。该类门户一般由拥有庞大服务器群的 ASP 服务商建立，可以为数以万计的客户群提供门户的信息处理服务。如采用 ASP 模式，项目的主持单位和项目的各参与方成为 ASP 服务商的客户，无需在建立网站所需要的硬件等设备上投入资金，而只需要付出少量的信息处理服务费用即可。国际上项目信息门户应用的主流是 ASP 模式。

（2）用户

信息门户的用户很广泛，主要包括政府主管部门和项目法人的上级部门、金融机构（银行和保险机构以及融资咨询机构等）、业主方、智能化工程管理和工程技术咨询方、设计方、施工方、设备供应商、设施管理方（其中包括物业管理方）等。

每个用户拥有供门户登录用的用户名和密码。系统管理员将对每一个用户设置各自的使用权限。

2. 项目信息门户的核心功能

项目信息门户主要提供项目文档管理、项目信息交流、项目协同工作以及工作流程管理四个方面的基本功能：

（1）项目文档管理功能，包括文档的查询、版本控制、协同设计、安全管理、在线修改以及上传下载等功能；

（2）项目信息交流功能，包括项目信息发布、信息定制、专题讨论、项目交流等功能；

（3）项目协同工作功能，包括在线提醒、网络会议、远程录像以及虚拟现实等功能；

（4）工作流程管理功能，包括流程模板、流程定制以及流程控制等功能。

3. 项目信息门户的运行周期

项目信息门户应该是为建设工程全过程服务的门户，其运行的周期是建设工程的全过程。在项目信息门户上运行的信息包括项目决策期、实施期和运营期的全部信息。

建设工程全过程管理是集成化管理的思想和方法在建设工程管理中的应用。项目信息门户的建立和运行应与建设工程全过程管理的组织、方法和手段相适应。

8.3.2 项目信息门户的价值和意义

根据有关资料统计：

（1）传统建设工程中 66.7% 的问题都与信息交流有关；

（2）建设工程中 10%～33% 的成本增加都与信息交流不通畅有关；

(3) 在大型建设工程中，信息交流问题导致的工程变更和错误约占工程总投资的 3%～5%。

由此可见项目信息门户的重要性。

通过项目信息门户的开发和应用，能够实现：

(1) 信息存储数字化和存储相对集中；
(2) 信息处理和变换的程序化；
(3) 信息传输的数字化和电子化；
(4) 信息获取便捷；
(5) 信息透明度提高；
(6) 信息流扁平化。

通过实施项目信息门户化，其主要意义在于：

(1) "信息存储数字化和存储相对集中"有利于项目信息的检索和查询，有利于数据和文件版本的统一，并有利于项目的文档管理；

(2) "信息处理和变换的程序化"有利于提高数据处理的准确性，并可提高数据处理的效率；

(3) "信息传输的数字化和电子化"可以提高数据传输的抗干扰能力，使数据传输不受距离限制，并可提高数据传输的保真度和保密性；

(4) "信息获取便捷"、"信息透明度提高"以及"信息流扁平化"有利于项目参与方之间的信息交流和共同工作。

总之，项目信息门户的应用有利于提高建设工程的经济效益和社会效益，有利于实现工程建设和运营增值的目的。

8.3.3 项目信息门户的实施

项目信息门户的实施是一个系统工程，需要综合考虑实施的技术问题，以及有关的组织和管理问题。项目信息门户的实施将会引起建设工程实施在信息时代进程中的重大组织变革。其中组织变革包含了政府对建设工程管理组织上的变化、项目参与方的组织结构和管理职能分工的变化，以及项目各阶段工作流程的重组等。

1. 项目信息门户的实施条件

项目信息门户实施的条件包括：组织件、教育件、软件、硬件。其中，组织件起着支撑和确保项目信息门户正常运行的作用，是项目信息门户实施中最重要的条件。

2. 项目信息门户的应用阶段

项目信息门户在项目进行的各个阶段都有应用。大型建筑电气与智能化工程项目的全生命周期一般包括五个主要阶段：项目勘察论证、项目方案设计、项目实施、项目收尾、项目运营。在每个阶段，项目信息门户都将大大提高项目管理的效率和水平。

(1) 项目勘察论证阶段：项目勘察论证阶段的主要工作在于工程勘察和项目论证。项目信息门户将有效提供数据集中存储和综合分析功能，并为实施方和业主方、论证专家等相关各方提供工程勘察数据和论证信息，保证信息有效流转和及时反馈。

(2) 项目设计方案阶段：项目设计方案阶段的主要工作在于工程设计和设计论证。项目信息门户将为参与设计各方提供统一设计界面和协同设计功能，采用设计工作流的方式对设计过程进行管理，控制设计过程的各个环节，对设计过程的追踪、设计痕迹的保留、互提资料的填写进行统一管理，保证整个设计工作的效率和质量；为项目管理者提供设计过程的计划、进度和质量信息，保证设计工作的顺利进行；还可以为相关项目成本分析人员提供成本分析界面，从项目设计阶段就对整个项目的实施成本进行成本控制。

（3）项目实施阶段：项目实施阶段的主要工作就是工程建设。项目信息门户将为项目参与各方提供项目中的合同管理、劳动力管理、计划管理、物资管理、工程资料管理、施工预算等各种管理界面，各方根据各自的授权进行查询、管理和决策，保证整个项目建设的各项指标符合建设要求。

（4）项目收尾阶段：项目收尾阶段的主要工作就是项目验收和成果存档。项目信息门户将为项目参与各方提供统一的验收资料和交流平台，对过程资料和最终成果进行归档保存，保证项目的验收质量和项目成果的可利用性。

（5）项目运营阶段：建设工程项目运营期的管理在国际上称为设施管理。这个概念比我国现行的物业管理的工作范围深广的多。设施管理过程中，设施管理单位需要和项目实施期的参与单位进行信息交流和共同工作，设施管理过程中也会形成大量工程文档。因此，项目信息门户不仅是项目决策期和实施期建设工程管理的有效手段和工具，也同样可为项目运营期的设施管理服务。

3. 项目信息门户的产品

随着项目信息门户理论及应用技术的发展，目前国际上已经开发出了多种项目信息门户产品。这类产品在工程建筑业的信息沟通、协同工作方面已经得到了重要的应用。下面对项目信息门户的典型产品作简单介绍。

（1）Buzzsaw（http：//www.buzzsaw.com）

Buzzsaw平台最初由Buzzsaw.com公司开发，后该公司并入美国计算机辅助设计软件（AutoCAD）Autodesk公司，合并成为其下属的一个分支部门。

Buzzsaw平台提供ASP服务，以应用业务为核心，出租应用、出售访问服务，进行集中管理，并对不同用户根据合同提供相应服务，为基本建设提供基于互联网的开放性工作平台。其功能主要有文档管理、信息交流、协同工作以及工作流管理四个方面。

（2）PKM（http：//www.pkm.com）

PKM（Project Kommunikation Management）是德国Dress&Sommor公司基于长期在建筑界和信息技术方面的经验开发而成的信息门户，是一个应用在大型项目上的项目管理与信息发布的成熟产品。

PKM为特定用户提供的基于互联网的交流平台，可在项目生命周期内为项目交流提供支持。PKM平台设有中心服务器，可以确保在任何时间为项目参与各方提供关于数据和文件的权限、传送和交流的实时服务。PKM平台的每位用户依据各自被赋予的权限对相应的文件夹加以操作。只有经过授权的用户才可以登录PKM平台，登录权限由平台管理员设定。PKM的交流管理系统包括讯息空间、工作空间、项目日历、工作流引擎、搜索、控制面板、收件箱、上载等。

（3）E-project（http://ww.eproject.com）

E-project成立于1997年，通过提供基于网络的项目管理平台，从而致力于提供更好的协同工作方式以获得项目的成功。包括为企业、项目经理及团队成员提供集成的项目规划、沟通和执行，辅助其通过有效的协作和沟通来提高效率。

E-project 可以管理项目的整个生命周期，包括项目的启动、计划、执行、控制和结束。企业可以根据实际情况实现合理的项目运作，对项目的人、财、物进行恰当的分配和管理。其提供的服务主要包括以下方面：

①协同的项目管理平台：如整合知识文档管理模块、工作流程管理等模块，全方位对项目相关的人、财、物进行有效的管理和调控；

②协同的项目运作方式：所有的项目成员，包括关联的客户和外部资源，都可以共享最新的项目信息，并且通过信息门户共同推进项目的进展；

③完整的项目信息管理；

④严密的安全控制。

（4）Projecttalk（http：//www.projecttalk.com）

Projecttalk 是由 Meridian Systems 提供的项目管理、协作和计划的项目信息门户，用以满足建筑设计、施工行业需求。专业建筑人员可以通过访问该门户网站来实施和管理各种项目。公司可以采用该门户提供的在线服务来进行开发、规划、设计、采购、施工和运营管理。

Projecttalk 可以基于浏览器，在线完成多种项目的采购管理、成本控制、文档管理、协同工作及现场管理。

（5）Build-online（http：//www.Build-online.com）

Build-online 产品致力于帮助各种类型的公司通过更有效的文档管理、自动化的工作流及更迅速地查找和检索公司的信息来管理公司的知识，以提高工作效率。

Build-online 提供从资格预审到签订合同整个过程的简单安全的投标环境；提供完全集成于协同工作平台缺陷管理的解决方案；帮助各类组织查找缺陷并找到适当的解决方案；使客户更好地管理公司内部及与合作伙伴之间的知识。

思 考 与 实 践

1. 项目经理部施工阶段应该收集哪些信息？
2. 项目信息管理包括哪些基本环节？
3. 智能化工程项目信息管理有哪些特征？

第9章 智能化工程项目沟通与协调管理

沟通是指人与人之间的信息交流，是组织协调的手段，是解决组织成员之间障碍的基本方法。组织协调的程度和效果常常依赖于各项目参与者之间沟通的程度。通过沟通，不但可以解决各种协同的问题，如在技术、管理方法和程序中的矛盾、困难，而且还可以解决各参与者在心理和行为方面的障碍。沟通是保持项目顺利进行的润滑剂，工程项目越大、技术越复杂，其沟通的难度就越大，就需要更强的沟通能力和更高的沟通技巧。

9.1 智能化工程项目沟通管理概述

工程项目的沟通与协调管理是指对项目信息交流的管理，包括对信息传递的内容、方法和过程进行全面的管理。项目沟通管理在人、思想和信息之间提供了一个联络的方式，对项目信息进行收集、汇总、分发、处理和储存，以利于项目目标的实现。在工程项目的整个生命期中，沟通发挥着重要的作用。例如项目团队内部的沟通，承包人项目经理部与发包人、监理、供应商的沟通等，这些沟通将贯穿于工程项目生命周期的始终。

建筑智能化工程项目沟通与协调管理就是要确保项目信息能够及时正确地提取、收集、传递、存储，以及最终进行处置所需实施的一系列过程，保证项目组织内部的信息畅通。项目组织内部信息的沟通直接关系到组织的目标、功能和结构。沟通是管理的职能，其目的就是通过交流，在思想认识、工作节奏、时间进度等方面取得一致意见，以保证工程项目目标的实现。因此，工程项目的沟通管理对于项目的成功具有重要意义。

9.1.1 工程项目沟通与协调管理体系

项目沟通与协调管理体系分为沟通计划编制、信息分发与沟通计划实施、检查评价与调整、沟通计划结果四大部分。在项目实施过程中，信息沟通包括人际沟通、组织沟通与协调。项目组织应根据建立的项目沟通管理体系，建立、健全各种规章制度，应从整体利益出发，运用系统分析的思想和方法，全方位、全过程地进行有效管理。项目沟通与协调管理应贯穿于建设工程项目实施的全过程之中。

1. 沟通计划编制。沟通计划取决于项目的信息沟通需求，哪些人需要什么信息，什么时候需要，怎么样获得信息，这些都需要在沟通计划中明确表述。

2. 信息发布。信息发布使需要的信息及时传递给相关人员。

3. 沟通计划实施、检查评价与调整。针对项目实施过程中遇到的实际情况，对沟通计划的相应内容及时作出调整。

4. 沟通计划结果。项目或项目阶段在达到目标或因故终止后，需要进行收尾，形成包含项目结果的文档（含项目记录收集、项目效果分析以及这些信息的存档）。

9.1.2 工程项目沟通与协调的对象

项目沟通与协调的对象大致可分为内部和外部两大类：与项目有关的内部组织与个

人、外部相关组织与个人。沟通与协调的目的，是取得项目参与各方的认同、配合与支持，达到解决问题、排除障碍、形成合力、确保工程项目管理目标的实现。

1. 项目内部组织主要是指项目内部各部门、项目经理部、企业与班组；项目内部个人是指项目组织成员、企业管理人员、职能部门成员和班组人员。内部沟通的依据主要是项目沟通计划、规章制度、项目管理目标责任书、控制目标等。

2. 项目外部组织和个人是指建设单位及有关人员、勘察设计单位及有关人员、监理单位及有关人员、咨询服务单位及有关人员、政府监督管理部门及有关人员等。外部沟通的依据主要是项目沟通计划、合同和合同变更材料、相关法律法规、社会公德以及项目具体情况等。

从项目沟通与协调的对象可以看出，沟通与协调能力不仅是项目经理应具备的基本素质，也是项目团队每位成员所必须具备的能力。因此，沟通与协调是工程项目管理的重要组成部分，是联系其他各方面管理的纽带，也是影响工程项目成败的重要因素之一。

9.1.3 工程项目沟通方式

项目沟通的方式有多种，常采用的沟通方式可以分为：正式沟通和非正式沟通；上行沟通、下行沟通和平行沟通；单向沟通与双向沟通；书面沟通与口头沟通；言语沟通等。针对不同的沟通对象，应采用不同的沟通方式。

1. 项目内部沟通与协调。可以采用委派、授权、会议、文件、培训、检查、项目进展报告、考核与激励等多种方式进行。

2. 项目经理部各职能部门之间的沟通与协调。应按照各自的职责与分工，统筹考虑、顾全大局、相互支持、协调工作。特别是对人力资源、技术、材料、设备和资金等重大问题，可通过工程例会的方式进行研究，重点解决各业务环节之间的矛盾。

3. 项目经理部人员之间的沟通与协调。主要是通过做好思想工作、加强教育培训、提高整体素质来实现。内部人员之间的沟通主要以口头沟通方式为主，即通过谈话、报告、讨论、授课等口头表达的方式进行信息交流与协调。

4. 外部沟通。工程项目的外部沟通主要借助于电话、传真、交底会、协商会、协调会、例会、联合检查和项目进展报告等方式进行。在工程项目进展的不同阶段，应围绕不同的内容需要采用不同的沟通方式。

（1）工程项目准备阶段：在该阶段，项目经理部应要求建设单位按规定时间履行合同约定的责任，为工程顺利开工创造条件；要求设计单位提供设计图纸、进行设计交底，并搞好图纸会审；采用招标方式选择分包商和材料设备供应商，并签订合同。

（2）工程项目施工阶段：在该阶段，项目经理部应按时向设计、建设、监理等单位报送施工计划、统计报表和工程事故报告等资料，接受其检查、监督和管理；对拨付工程款、设计变更、隐蔽工程签证等关键问题应取得相关方认可，并完善相应手续和资料；对施工单位应按月下达施工计划，定期检查、评比；对材料供应单位应严格按照合同办事，根据施工进度协商调整材料供应量。

（3）工程项目竣工验收阶段：在该阶段，项目经理部应按照建设工程竣工验收的有关规范和要求，积极配合相关单位做好工程验收工作，及时提交有关资料，确保工程顺利移交。

工程项目的外部沟通应以书面沟通、电子沟通方式为主。书面沟通是指以合同、规定、协议、通知等书面形式进行的信息传递和交流；电子沟通是一种介于书面沟通和口头沟通之间的现代沟通方式，如电子邮件、BBS、网络留言、语音信箱、手机短信等。

9.2 工程项目沟通的程序和内容

项目沟通管理的目标是保证工程项目建设过程中产生的信息能够及时地以合理的方式进行传递和交流，以确保工程项目的顺利实施。而工程项目管理中待沟通与协调的内容需要经过一定的程序加以展开。

9.2.1 工程项目沟通程序

工程项目沟通的程序主要表现为如下几个代表性环节：

(1) 制定沟通计划，建立沟通管理系统。制定沟通管理制度，明确沟通的原则、内容、对象、方式、途径、手段和所要达到的目标。

(2) 应在项目部门内部、部门与部门之间，以及项目与外界之间建立沟通渠道，快速、准确地传递信息和沟通信息，以便使项目内各部门协调一致，并针对工程项目不同阶段出现的问题调整沟通计划，控制评价结果，以达到预期的目标和效果。

(3) 运用各种手段尤其是计算机、互联网等信息处理技术，对项目全过程所产生的各种项目信息进行收集、汇总、处理、传输、存储，并通过信息沟通与协调形成档案资料。

工程项目沟通程序可以用流程图表示，如图 9-1 所示。

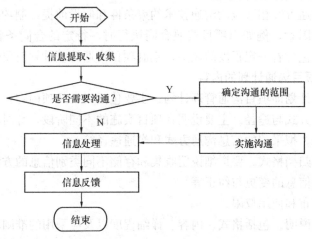

图 9-1 工程项目沟通程序流程

9.2.2 工程项目沟通与协调的内容

项目沟通与协调的内容主要包括与项目设计、项目实施有关的信息，项目内部和项目相关组织产生的有关信息，如项目状态报告、进度报告、验收报告、评审会议纪要等。这些沟通的内容也可以从沟通对象的角度将其概括为以下几个方面的关系协调：

人际关系的协调。包括项目组织内部人员之间、项目组织与相关单位人员之间的关系处理。人际关系的协调主要解决人员之间在工作中的联系和矛盾。

组织关系的协调。主要解决项目组织内部的分工与配合问题。

供求关系的协调。指对工程项目实施中所需要的人力、资金、设备、材料、技术和信息的供应，主要通过协调解决供求平衡问题。

配合关系的协调。指建设单位、设计单位、分包单位、供应单位、监理单位等与业主方在配合方面的协调，以便达成共识。

约束关系的协调。主要是指在工程管理过程中要了解和遵守国家及地方在政策、法规、制度等方面的制约，以便得到执法部门的认可和支持。

9.3 智能化工程项目沟通计划

项目沟通计划是项目管理工作中各组织和人员之间关系能否理顺、协调管理目标能否顺利实现的关键，因此应特别重视项目沟通计划的编制工作。编制项目沟通管理计划即是确定项目关系人的信息和沟通需求，应由项目经理直接参与并组织实施。

9.3.1 编制工程项目沟通计划的依据

编制项目沟通计划的依据，主要涉及以下几个方面：

(1) 根据建设、设计、监理等单位的沟通要求和管理规定。

(2) 根据已签订的合同文件。

(3) 根据项目管理企业的相关制度和项目管理采用的组织结构。

(4) 根据国家法律法规和当地政府的有关规定。

(5) 根据工程的具体情况说明。

(6) 根据与沟通方案相适应的沟通技术约束条件和假设前提。制约因素是限制项目管理小组作出选择的因素，例如当项目按照合同执行时，特定的合同条款就会影响沟通计划。假设因素通常包含着一定程度的风险，编制项目沟通管理计划时要慎用。

9.3.2 工程项目沟通计划的内容

工程项目沟通计划即项目沟通管理计划，主要包括以下几项内容：

(1) 信息沟通方式与途径。主要说明在项目实施的不同阶段，针对不同的项目组织以及不同的沟通要求，拟采用的信息沟通方式和沟通途径等。

(2) 信息收集归档格式。要详细说明收集和存储不同类别信息的方法，包括对先前收集和已分发材料、信息的变更与纠正等。

(3) 信息的发布和使用权限。

(4) 发布信息说明。包括格式、内容、详细程度以及应采用的准则和定义。

(5) 信息发布时间。用于说明每一类沟通将发生的时间，确定提供信息更新依据或修改程序，以及确定在每一类沟通之前应提供的及时信息等。

(6) 说明更新、修改沟通管理计划的方法，以及相关约束条件和假设。

9.3.3 工程项目沟通计划的执行

工程项目沟通管理计划必须与项目管理的组织计划相协调。例如应与施工进度、质量、安全、成本、资金、设计变更、索赔、材料供应、设备使用、人力资源等组织计划相协调，才能确保沟通的有效性和实时性。

而项目组织则应根据项目沟通管理计划，规定沟通的具体内容、对象、方式、目标、责任人、完成时间和奖罚措施等，采用定期或不定期的形式对沟通管理计划的执行情况进行检查、考核和评价，并结合实施结果进行调整，以确保沟通计划的落实与实施。

9.4 建筑工程项目沟通障碍与冲突管理

9.4.1 工程项目沟通的障碍

在项目沟通管理过程中，由于存在对主要信息语义理解、知识经验水平的限制、心理因素的影响、组织结构的影响、沟通渠道的选择和信息量过大等因素，可能造成项目组织内部各部门之间、项目组织与外部组织、人与人之间的沟通障碍。对于这些沟通障碍应采取一切可能的方法加以消除，使项目组织能够准确、迅速、及时地交流信息，同时保证信息的真实性。

通常，可采用以下方法消除沟通障碍：

(1) 选择适当的沟通与协调途径。应重视双向沟通与协调的方法，尽量保持多种沟通渠道，正确运用文字语言等。

(2) 充分利用反馈信息。信息沟通后必须同时设法取得反馈意见，弄清沟通方是否已经了解，是否愿意遵循并采取了相应的行动等。

(3) 组织沟通检查。项目经理部应自觉以法律、法规和社会公德约束自身的行为，在出现矛盾或问题时，首先应取得政府部门的支持和社会各界的理解，并按程序沟通解决。必要时，借助于社会中介组织的力量，调解矛盾，解决问题。

(4) 灵活运用各种沟通与协调方式。应熟悉各种沟通方式的特点，确定统一的沟通语言或文字，以便在沟通时能够采用恰当的交流方式。

9.4.2 工程项目的冲突管理

工程项目冲突是组织冲突的一种特定表现形态，是项目内部或外部某些关系难以协调而导致的矛盾激化和行为对抗。在工程项目管理过程中，冲突无处不在，项目冲突管理的目的就是要为解决冲突寻找合适的办法。按照项目发生的层次和特性不同，项目冲突可以分为以下几种类型：

(1) 人际冲突。人际冲突是指群体内部个人之间的冲突，主要指群体内两个或两个以上的个体由于意见或情感不一致而导致的冲突。

(2) 群体或部门之间的冲突。群体或部门冲突是指项目中的部门与部门、群体与群体之间，由于种种原因而发生的冲突。

(3) 个人与群体或部门之间的冲突。这种冲突不仅包括个人与项目组织部门的规则、制度、要求等方面存在的不一致，也包括个人与其他群体或部门之间的不一致。

(4) 项目与外部环境之间的冲突。项目与外部环境之间的冲突主要表现在项目与社会公众、政府部门、消费者之间的冲突。如项目的组织行为与政府部门的约束性政策法规之间不一致或抵触，项目与消费者之间发生的纠纷等。

9.4.3 工程项目冲突的解决方法

对于建筑工程项目实施的各阶段出现的冲突，项目经理应根据沟通的进展情况和结果，按程序要求通过各种方式及时将信息反馈给相关各方，以提高沟通与协调的效果，以便及早解决冲突。通常采用如下几种办法解决项目冲突：

(1) 灵活地采用不同的处置方式，可采用协商、让步、缓和、强制和退出等方式。

(2) 使项目的相关方充分了解项目计划，明确项目目标，取得相关方的理解。

（3）及时做好变更管理。项目冲突引起了项目实施过程的哪些改变，要及时做好计划调整的变更记录，以备后查。

思 考 与 实 践

1. 工程项目的沟通方式有哪些？
2. 工程项目冲突的解决方法有哪些？
3. 什么是项目沟通计划？其内容有哪些？

第10章 建筑电气与智能化工程施工控制要点

建筑电气与智能化工程属于建设项目工程的一个专业项目,其项目管理具有建设工程项目管理的一般特征,同时还具有明显的专业特征。这些主要特征不仅体现在项目设计过程中,而且更多体现在施工过程控制和质量控制环节。本章介绍的内容就是结合建筑电气与智能化工程的特点,对智能化工程的施工控制要点进行论述。

本章介绍的内容,重点在于建筑电气与智能化专业施工质量控制、进度控制的过程控制环节,并兼顾技术与管理,概括归纳了一些常见的过程控制要点的知识。希望读者在今后的工作中,进一步结合实际工程需求,依据国家现行的规范和行业标准,以及当地供电管理部门、广播电视管理部门及电信部门的管理规定执行。

10.1 建筑电气工程概述

民用建筑工程包括居住建筑与公共建筑,它是由建筑、结构、暖通、空调、给水排水与电气等几个专业共同完成,各专业之间相互依存、相互结合、密不可分。

建造师执业考试体系中,把机械设备工程、电气工程、电子工程、自动化仪表工程、建筑智能化工程、消防工程、电梯工程、管道工程、动力站工程、通风空调与洁净工程、环保工程、非标设备制造统一归纳为机电安装工程。

本章将以其中的电气工程、电子工程、自动化仪表工程、建筑智能化工程、消防工程、电梯工程,以及动力站工程、通风空调与洁净工程相关的动力配电和自动控制内容为主,介绍其施工活动中的安装调试和竣工验收各阶段的项目管理实用知识—建筑电气与智能化工程的项目管理。

民用建筑电气工程又分为强电部分和弱电部分。我们通常把电气装置安装工程中的照明、动力、变配电装置、35kV及以下架空线路及电缆线路、桥式起重机电气线路、电梯、空调机冷库电气装置,以及网络与通信系统、广播系统、卫星及电视系统、安全防范系统、火灾自动报警及自动消防系统、建筑设备监控系统及自动化仪表等建筑智能化工程,统一列为与建筑物有关联的电气工程,称作建筑电气工程。从智能化工程施工控制的角度出发,为描述方便起见,统一将建筑电气与智能化工程简称为建筑电气工程。本章及以后章节将沿用此概念。

10.2 电气装置安装工程的施工要点

10.2.1 电气工程的施工程序

电气工程的构成主要包括提供电源的变配电所、用电设备和器具的电气部分,以及之间连接的线路。电力的来源主要来自当地供电网。

电力安装工程的施工程序中，与建筑装饰工程的专业配合与协调、避免施工干扰，是施工程序安排的因素之一，供电网接入的时间节点是施工程序安排的另一个重要因素。

1. 配合土建工程施工

（1）工作内容包括：

对利用基础钢筋做防雷接地装置的部分，按施工设计要求做好连接导通（一般由土建工程施工单位完成）；预埋在楼板、墙体、梁柱内的电线管要随着土建工程施工同步敷设，并做好预埋件、预留孔洞和箱位的预留；对照图纸对预埋件、预留孔洞和箱位进行尺寸和位置的复核。

（2）工作步骤如下：

①了解土建工程施工进度计划，做好配合工作的计划安排。

②对进场埋设的电导管及其配件和预埋件等进行材料报验。

③在土建条件满足预埋预留需要时即可进行预埋预留工作。

④土建专业进行混凝土浇灌时，对电气的预埋预留件的固定情况和位置进行观察监护，防止发生位移。

⑤土建拆模后对预埋件的位置进行清理确认，及时清理管口或预埋件表面的灰渣。

2. 电气设备的就位

（1）工作内容包括：

变配电所变压器、高低压柜机控制盘柜的就位及其附件的安装；不间断电源、备电柴油发电机的就位；分散配置的低压配电柜、动力箱、照明配电箱、用电设备和器具的控制和安装；随建筑设备、工程设备的就位固定，其电气部分也要组合固定。

（2）工作步骤如下：

①对电气设备进行开箱检查，确认其符合进场验收要求，并进行外观检查以消除运输保管中发生的缺陷。

②检查并确认土建工程如设备基础、电缆沟、电缆竖井、变配电所的装修等是否已完工，土建条件应符合有关规范的规定。

③选择适用的水平运输和垂直吊装机械，使电气设备正确、安全、顺利就位。

④就位后按要求固定并及时进行后续的局部装饰工作。

⑤对就位后的电气设备进行全面检查，包括安装的牢固程度、内部元器件完好状态、导体连接是否可靠等。

3. 布线系统敷设

（1）工作内容包括：

电线电缆桥架、线槽、导管以及其他保护外壳等的敷设，安装支架的固定和安装接地装置；变配电设备母线等导体的连接；母线安装、电线电缆敷设；电线电缆的绝缘检查；电线、电缆接头制作。

（2）工作步骤如下：

①对使用的电线、电缆、母线及其保护外壳进行进场验收，核对合格证明文件和强制性安全认证标志，按照规范要求进行外观检查，及时调整更换有缺陷的产品。

②布线系统的非标支架现场制作，并按施工图纸要求做好防腐处理。

③按安装位置放线定位，先固定支架、固定件，再敷设固定桥架、线槽、导管、各类保护外壳。

④连通布线系统保护外壳与电气设备、器具间的接口，使线缆的外防护全程贯通。

⑤检查确认布线系统保护外壳应作接地的部分没有遗漏，以避免敷设电线电缆后再行电焊接地作业。

⑥清扫、清理布线系统保护外壳的积水和杂物。

⑦敷设电线、电缆；固定和连接封闭母线。

⑧对电线、电缆及母线进行绝缘检查。

⑨制作终端电缆接头，完成与电气设备的连接。

4. 电气回路接通

(1) 工作内容包括：

确认供电设备和用电设备已安装完成，且型号、规格、安装位置符合设计要求，具备接通条件；对供电设备和用电设备进行绝缘检查；将电线、电缆、母线与供电设备连接；电线、电缆、母线与用电设备连接。

(2) 工作步骤如下：

①将每个照明、动力配电箱和每个高压、低压配电柜的母线段作为连接单元。

②复核每个单元的回路连接是否符合设计。

③检查所有连接处的完好性、连接件的完整性。

④根据施工规范、工艺标准进行导电连接紧固，保证其导电性能可靠。

⑤对供电设备、用电设备和电线电缆的导电部分进行绝缘检查。

⑥检查连接处裸露部分的安全距离（包括电气间隙、爬电距离和绝缘穿透距离）是否符合规定，否则要做加强绝缘的处理。

5. 电气交接试验

(1) 工作内容包括：

高压部分按照交接试验标准规定，作高压设备性能复核、绝缘强度和状态检测，以及继电保护系统有关电流、电压、时间等参数的整定，检查继电保护系统功能。

低压部分按照交接试验标准规定，作绝缘强度和状态检测、重要保护装置刻度指示的复核。

做高低压控制回路的模拟动作试验并出具试验报告，以示试验合格、工程具备受电和送电条件。

(2) 工作步骤如下：

①核对工程实际状况与施工设计、设计变更的一致性。

②取得供电部门或设计单位提供的继电保护装置的动作数据整定值的书面文件。

③按照交接试验标准规定，按每台电气设备、每个系统、每条回路、每个继电保护装置做试验。

④在单体试验合格的基础上，做整组联动试验。然后做模拟受电、送电控制操作试验。

⑤对需进行数值整定的部位封固，加色标。

⑥出具试验报告。

6. 试通电

(1) 工作内容包括：

复核交接试验结果，以验证工程施工的符合性和正确性；变配电所高压设备受电，并向低压配电盘送电；变配电所的低压配电盘柜向外逐级送电，直至末级动力配电箱、照明配电箱、控制箱为止。此时整个电气工程处于空载状态，变压器高压侧有空载电流，互感器等测量设备有工作电流，部分控制回路有电流导通。必要时，在末级配电箱处将通向用电设备的主回路连接点断开，以免操作失误引起用电设备意外启动或意外通电，避免安全事故的发生。

(2) 工作步骤如下：

①复核交接试验报告结论，核对电气竣工图。

②编制受电、送电方案或作业指导书，并办理批准手续。

③落实受电送电组织和人员，明确指挥、操作、监护的责任。

④全面检查将要带电部分的安全警示和防护措施是否到位。

⑤检查应急用消防设施或消防器材是否处于完好状态或配备是否齐全。

⑥根据已经批准的受电送电方案、作业指导书，按照先高压后低压、先干线后支线的原则逐级试通电。

⑦试通电结束，电气工程带电压运行情况正常，可以转入用电设备的单机试运转。

⑧根据单机试运转的计划安排，电气工程试通电后，为了工程的安全考虑，有的部分恢复停电状态，有的部分处于供电备用状态。

7. 负荷试运行

(1) 工作内容包括：

用电设备进入试运转、试运行阶段，包括单机试运转、联合试运转、空载试运转、满载试运转等在内，对与试运转密切相关的电气工程而言，同步进行有负载状态的负荷试运行；电气动力工程、照明工程均要检测运行电流、电压是否正常，动力工程还要检测电机转动轴转速和轴承温升等，有的照明工程要检测照度等；通过整改，消除负荷试运行中发现的缺陷和问题。

(2) 工作步骤如下：

①根据每台用电设备的具体情况，编写运行时电气专业的工作要点和注意事项，纳入以设备专业为主导的试运行方案。

②照明工程的负荷试运行方案由电气专业工程师编制，经批准后执行。

③试运行开始后，按方案规定定时监测各种电量和非电量参数。

④试运行结束后，填写试运转记录。

⑤在负荷试运行中发现的缺陷和问题，除应急停机处理外，需试运转结束后处理和改进的部分应列出清单和计划，以利于及时正确整改。

8. 竣工验收

电气工程竣工的基本条件：完成全部施工，工程通过负荷试运行及必要的整改后达到设计要求，各种记录齐全、资料完备。

电气工程专业属于单位工程的一个分部工程，其竣工验收要随单位工程的竣工验收计划安排进行。

10.2.2 高压低压电气设备、布线安装的施工要点

电气安装工程的三个要素是高低压电气设备、低压电气器具、布线系统，它们构成一个具有预期功能的电路系统。高低压电气设备，有的在电源部分，有的在用电负荷部分。低压电气器具是指低压用电器具，如灯具、电热水器等。布线系统由供电用、控制用两种线路组成。

电气工程的施工是把设备、器具、材料按预先设计要求可靠合理地组合起来的物理过程。是否可靠合理主要体现在两个方面，一个是依据设计文件要求安装，一个是要符合相关规范规定施工。

1. 高低压电气设备的安装施工要点

电气设备单体（比如一台变压器、电动机、组合配电柜、配电箱等），其安装施工时要把它固定在预定的位置上。安装的关键点是：中心线、标高要准确，垂直度、水平度要符合规范和产品出厂规定，与基础结合牢固，选用的紧固件要匹配齐全。

设备就位后，要进行内部和外观检查。重点在于组件和部件要完好完整，内部接线不能松动、不能脱焊，大电流接触面平整无损伤，向外引出接线部件齐全。充油部分密封良好，表面无渗漏现象。充气部分不漏气，气压表指示正常。各类操作手柄动作灵活，无卡阻。锁定定位准确，电动操动机构能正常工作，保持触头与辅助触头的同步启闭位置。所有绝缘部位的绝缘物无损伤，绝缘件齐全，无脱落，安全距离符合规定。应接地的部位导通连接紧固良好，与接地干线的连接线规格、型号符合设计要求。内部清洁干净，无尘垢无杂物。外部涂漆层完整，表面清洁无损伤，柜门箱门开合自如，钥匙齐备。最终再一次确认柜箱内元件器件，尤其是保护装置必须和设计一致。

2. 低压电气器具的安装施工要点

低压电气器具安装分为两大类：一类是照明灯具及其开关插座等；另一类是机械设备、建筑设备自动控制用的电气元器件，如位置开关、电动执行机构等。

（1）照明灯具及开关插座的安装。其安装时机是在电气布线及预留已经到位，建筑装饰主要工程基本结束，且不再发生湿法作业的时段。其安装定位要与建筑装修装饰工程协调配合，灯具、防盗探头、烟温感探头、摄像头等器件的平面定位以及开关、按钮、插座的标高都要与装饰工程统一考虑、相互协调，保持整齐美观、避免专业干扰。

照明灯具开箱后，检查其零部件的完整性和完好性。灯具安装前，对其内部接线连接的紧固状态予以检查，特殊灯具应按要求作特性试验（如水下灯的密封试验）。照明灯具等固定的紧固件要适配，大型重型灯具的紧固件要符合设计要求和厂家安装要求规定。通常情况下，照明灯具安装后不装光源，待照明工程通电试验时进行安装。线路的保护管路应直接接到灯具，可以刚性导管（线槽）直接到位或局部用柔性导管连接。

（2）自动控制电气器材（元件）安装。元件器材的安装位置应由设备制造设计以及工程设计来确定，通常具有机电协调动作的特点。

元器件的安装时机，是在设备主体安装就位后，作为设备的一个部件组装在设备上。有时配合其他专业工程作为一个组成部分，由组件的就位而确定位置。对建筑物门窗、天窗等启闭定位控制的电气元件，要在门窗等安装就位后，经测量、配置连接部件后再定位。电气元件与线路连接前，要检查元件的完整性，也应作绝缘检查。线路的保护管路应直接到元件，可以刚性导管（线槽）直接到位或局部用柔性导管连接。模拟动作的自动控

制元件的机械部分,应与电气元件的动作协调一致,符合工艺要求。有指示器指示的,指示方向与动作方向相符。通电试运行,要坚持先手动后自动的原则,无法手动的要先点动观察,点动正常后才可投入全自动试运行。

3. 布线系统的安装施工要点

(1) 矩形母线安装

矩形母线主要用作变配电所内高低压设备之间的连接线路,主要分两种:现场加工母线和预制母线。前者是在施工现场以铜排或铝排加工制作的母线;而后者是制造厂按预定尺寸外形预制完成配套供应的预制母线,它将是今后的主导发展趋势。

预制母线的安装要点:

①核对预制母线的规格型号、外形尺寸,清点附件及搭接连接用紧固件数量。

②确认母线连接位置的标记或编号。

③检查搭接面的平整度和表面镀层的完好状况。

④复测母线或其外壳固定点的位置,以及母线与变配电设备连接的符合性,若有差异,应采取措施加以调整。

⑤母线定位后,清洁导电搭接面,涂以电力复合脂,按规定选用紧固件和力矩扳手固定连接,使母线处于自然应力状态。

⑥清洁母线表面,对预制母线或外壳进行润色涂漆,涂层要完整。

现场加工母线的安装要点:

①现场制作的母线大多是无保护外壳封闭的裸母线,其安装的要求基本与预制母线相同,主要是掌控制作的施工质量。

②在高低压电气设备定位后,先固定母线的中间支持支架及其上的母线支持绝缘子,测绘每条母线的外形尺寸,并绘草图。

③依设计选定的材质、型号和规格,先将铜排或铝排调平调直,再按草图进行煨弯,要注意弯曲处的弯曲半径或扭弯的长度不能小于规范的规定值。

④根据母线规格和连接方式确定母线连接的钻孔数量、孔径和孔距,与电气设备端子连接的孔数、孔径、孔距要与端子适配。

⑤按规范规定要求将搭接面处理平整,加涂镀层。

⑥复检母线外形尺寸,并刷标相应色漆,干燥后待装。

(2) 电线电缆管路桥架的安装

导管和桥架的规格、型号、设置位置由施工设计选定。导管敷设在建筑物地坪、楼板、墙体内的称为暗配,敷设于建筑物表面可见部位的称为明配。桥架有的是明敷在建筑物内,也有一些高级民用建筑将部分桥架暗敷在吊顶内部。

导管敷设的要点是:加工管口使之光滑平整,与箱盒连接顺直,弯曲半径符合规范规定。暗配的要尽量减少弯曲,外面的混凝土等保护层厚度达到规定要求。明配的要横平竖直,整齐美观,与建筑物棱线协调,固定可靠,固定间距均匀,固定间距满足规定。

桥架敷设的要点是:桥架的支架固定可靠,支架间距符合设计要求,桥架与箱柜连接到位无缺口,直接或叉口连接处紧固件齐全,螺帽装在桥架外侧,外观整齐平正。桥架盖板齐全,盖板的顶部与建筑物及其他专业设备风管要留出检查间距。

所有金属导管或桥架均要可靠接地,不允许熔焊的部位要采用机械零件连接。桥架和明配的导管要外表清洁，涂层完整，色泽均匀。穿越防火分区的部分，防火隔堵材料选用正确，位置和隔堵厚度尺寸符合设计要求，密封良好。

(3) 电线电缆敷设

电线电缆敷设是指电缆穿导管、沿沟内或竖井内支架，沿桥架敷设。敷设均需到位，留有适当余量，避免中途违规接线。设备箱、接线盒等接线处不应有额外应力。

电线电缆敷设不应扭结，连接处设在设备器具的端子上，管内中间无接头。要避免在穿越管口或线槽转角处损伤电线的绝缘防护层。

电线电缆敷设应排列整齐、避免扭结，弯曲半径应符合规定，绝缘层表面无压扁碎裂现象，固定牢固，固定点设置位置和间距符合规定，电缆导管管口按要求封闭完好。

按规定将电线电缆芯线用接线端子与设备器具连接，其端子规格应与芯线导体截面积大小相适配。

电线电缆端部芯线应有明显相位或极性标记，电缆标志牌的设置应符合规定。

10.2.3 变配电所电气设备、布线、继电保护回路交接试验的基本要求

电气工程的交接试验是一项重要程序，目的是对已安装完成工程的电气性能做一次全面系统的检查，以判断工程是否可以转入通电试运行阶段。若在交接实验中发现工程的缺陷，则可以及时弥补整改，不要留至工程的使用中去，不给使用中留下安全隐患。

由于交接试验的重要性，决定了进行交接试验的人员要经过专业培训，培训合格持证上岗。企业要建立专职的电器实验组织或机构，配备满足需要的人员和仪器设备。对影响供电电网安全的高压部分实验组织，还要取得工程所在地供电部门的认可，试验报告要由试验责任人的签字和试验组织的盖章。

1. 交接试验的依据

(1) 35kV 以下的工业电气工程：执行《电气装置安装工程电气设备交接试验标准》GB 50150 的规定。

(2) 建筑电气工程：执行《建筑电气工程施工质量验收规范》GB 50303 的相关规定。

(3) 对新型或引进的设备、器具、材料构成的电气工程：交接试验时还要对照其使用试验说明书核查，以满足其特殊的实验要求。

2. 交接试验的主要内容

(1) 变配电所电气设备：主要做绝缘检查、耐压强度试验、设备的静态特性试验、不带电的整组动作试验等。

(2) 布线系统：主要做绝缘检查和耐压强度试验。

(3) 继电保护装置：主要做动作数据、动作时间等符合性试验，并对可调部分实验符合要求后加以锁定。

整个实验工作可能会出现预期的高电压，但不应出现预期的大电流或系统短路电流，力求降低试验的破坏作用。

3. 交接试验注意事项

(1) 依据电气安装工程建设项目管理实践规划或施工组织总设计中所列专业工程施工方案目录清单，编制电气工程交接试验方案或作业指导书，按有关规定批准后执行。如35kV 变配电所、大型公用工程的电气工程等的交接试验均应编制专门的施工方案，有的还应提供工艺操作标准类的作业指导书和安全技术措施。

(2) 做好交接试验用的仪器仪表设备的配置,并检查其完好状态和精度登记,应在检定有效期内,以确保满足试验的需要。

(3) 组织称职的交接试验人员,并进行有针对性的技术安全交底工作。

(4) 因为交接试验中很多部位带电工作,有时会出现高于工作电压的实验电压,为防止非试验人员误入试验作业区域,发生人身或设备安全事故,试验作业区域要设置安全警戒标志,甚至派专人值守。只有试验的安全防范措施落实到位,交接试验工作才能开始。

(5) 大型变配电所及其供电的电气工程,往往是分阶段施工、分阶段试验、分阶段投入运行,在后阶段的工程交接试验时,前阶段已完成工程已经带电投入运行。规定要求试验人员除应做好本人的安全防护外,还应遵守变配电所运行的各项规定,确保已投入工作运行阶段的工程设备安全和人身安全。

(6) 交接试验的环境条件要求。例如,地面以上土建工程全部完成,门窗齐全,钥匙完好,地面工程不再有湿法作业,消防器材和值班人员到位,给水排水设施能可靠工作。电气工程交接试验完成并合格的部位,需要加封记或安全标识。

10.3 火灾自动报警及消防联动系统的施工要点

10.3.1 火灾自动报警及消防联动控制系统的施工要点

火灾自动报警及消防联动控制系统的功能是自动监测区域内火灾发生时产生的热、光和烟雾,从而发出声光报警并联动相关设备的输出接点,控制自动灭火系统、紧急广播、事故照明、电梯、消防供水和防排烟系统等,实现监测、报警和灭火的自动化。

1. 火灾探测器安装

目前火灾探测器按结构可分为点型和线型。点型有感烟式、感温式、感火焰式、可燃气体探测式和复合式等。对火灾探测器的选择,有三种方法:一是根据火灾的特征选择火灾探测器;二是对无遮拦大空间保护区域,宜选用线型感烟火灾探测器;三是根据使用或产生可燃气体或可燃蒸气的场所气体性质不同选用合适的气体探测器。

(1) 点型火灾探测器的安装位置、方向和接线方式要正确。内部接线要可靠,固定要牢固美观。现场施工时,要对探测器设计的位置作必要的移位,如移位超出探测器的保护范围甚至取消探测器,则应进行设计变更。

(2) 线型火灾探测器和可燃气体探测器等有特殊安装要求的探测器应符合有关标准的规定,且符合产品说明书的要求。

(3) 缆式线型定温火灾探测器又分为模拟式和数字式两大类,目前主要发展和应用的是数字式。

①缆式线型定温火灾探测器在电缆桥架货支架上设置,宜采用接触式布置。

②探测器在各种皮带输送装置上设置,宜在装置的过热点附近。

③热敏电缆安装在电缆托架或支架上时,要紧贴电力电缆或控制电缆的外护套,呈正弦波方式敷设,并选用难燃塑料卡具固定。

④热敏电缆安装在动力配电装置上,应呈带状安装,要采用安全可靠的线绕扎结,并用非燃卡具固定。

⑤缆式线型定温火灾探测器的接线盒、终端盒可安装在电缆隧道内或室内,并应将其

固定于现场附近的墙壁上。

⑥安装于户外,应加外罩防雨箱。

(4) 安装火焰探测器的注意事项。

①红外火焰探测器应安装在能提供最大视场角位置。

②在有梁顶棚或锯齿形顶棚时,安装位置应选最高处的下面。探测器的有效探测范围内不应有障碍物。

③探测器安装时,应避开阳光、灯光直射或反射到探测器上,若无法避开反射来的红外光时,应采取防护措施。

④探测器安装间距应符合规范。安装在潮湿场所应采取防水措施。

紫外火焰探测器的安装应处于其被监视部位的视角范围以内,但不宜装在可产生火焰区域的正上方,其有效探测范围内不应有障碍物。

⑤安装在潮湿场所应采用密封措施。

(5) 防爆型探测器安装在防爆区,进入安全区通过安全栅与编码控制相连,或通过含安全栅的防爆编码接口与总线编码控制器相连。

(6) 吸气式烟感火灾探测系统是一种探测早期阶段火灾的自动报警设备。该系统保护面积与间距应符合规范;管路采用天花板下方安装、隐藏式安装或在回风口处安装;吸气管路采用单管、双管、三管或四管系统,每管的长度应符合规范要求。

2. 手动火灾报警按钮安装

(1) 手动火灾报警按钮宜安装在建筑物内的安全出口、安全楼梯口等便于操作的部位。

(2) 有消火栓的,应尽量设置在靠近消火栓的位置。

(3) 安装在墙上距地面高度应符合规范要求。

3. 接口模块安装

火灾报警与联动控制系统中有各种类型的输入、输出或控制和反馈模块以及总线隔离器等,统称为接口模块。其安装要求:

(1) 当隔离器动作时,被隔离保护的输入、输出模块应符合规范要求或产品标准要求。

(2) 接口模块如果安装在墙上,安装的高度及吊顶内安装的位置应符合规范要求。

4. 火灾报警控制器安装

(1) 火灾报警控制器的安装要求

①火灾报警控制器(以下简称控制器)在墙上安装或落地安装的高度应符合规范要求。

②控制器安装的位置距离应符合规范要求,应有无障碍操作空间。

③如果需要从后面检修时要留足检修空间。

④控制器的正面操作空间应符合规范要求。

(2) 引入控制器的电缆或导线的安装要求

①配线应整齐、避免交叉,并固定牢固。

②电缆芯线和所配导线的端部均应标明编号,并与图纸一致。

③端子板的每个接线端,接线应符合规范要求。

④控制器的主电源引入线连接应符合规范要求；控制器的接地牢固，并有明显标志。

⑤竖向的传输线路敷设、每层竖井分线处端子箱内的端子板的连接、分线端子应符合规范要求。

(3) 消防控制设备的安装

①安装前应进行功能检查，不合格者不得安装。

②消防控制设备的外接导线，当采用金属软管作套管时，其长度、管卡固定、固定点间距应符合规范要求，并应根据配管规定接地。

③消防控制设备外接导线的端部、消防控制设备盘（柜）内不同电压等级、不同电流类别的端子应分开，并有明显标志。

5. 系统调试的内容

为了保证新安装的火灾自动报警与联动控制系统安全可靠地投入运行，性能达到设计的要求，在系统安装施工过程中和投入运行前，要进行一系列的调整试验工作。调整试验的主要内容：

(1) 线路测试、火灾自动报警系统与联动控制设备的单体功能试验。

(2) 系统的接地测试。

(3) 整个系统的开通调试。

6. 火灾自动报警系统的调试

(1) 调试前准备工作：建筑物内部装修和系统施工结束；调试人员经培训合格；调试前应提供的文件齐全，例如与实际施工相符的竣工图、设计变更文字记录（设计修改通知单等）、施工记录及隐蔽工程验收记录、检验记录和绝缘电阻及接地电阻测试记录，并配置必要的仪器、仪表和设备。

(2) 线路测试：外部检查，各线路校验。

(3) 单体调试：

①探测器的检查，一般做性能试验，对于开关探测器可以采用测试仪进行检查，对于模拟量探测器一般在报警控制器调试时进行。

②报警控制器的试验，如果是管线问题，则在排除线路故障后再开机测试；如果是探测器问题则更换探测器。

(4) 检查火灾自动报警设备的功能：

①切断受其控制的外接设备进行自检，自检消音功能、复位功能、故障报警功能、火灾优先功能、报警记忆功能。

②火灾报警控制器在场强 10V/m 及 1MHz～1GHz 频率范围内的辐射电磁场干扰下，不应发出火灾报警信号和不可恢复的故障信号，应正常运行，屏蔽及接地良好。

(5) 火灾探测器的现场测试：

①采用专用设备对探测器逐个进行试验，其动作、编码、手动报警按钮位置应符合规范要求。

②感烟型探测器采用烟雾发生器进行测试。

③感温型探测器采用温度加热器进行测试。

④火焰探测器（紫外线型、红外线型）在 25m 内用火光进行测试。

⑤复合型探测器（定温、差温复合型探测器）根据设计所设定的定温及差温数据，采

用温度加热器以设定的最低温度限值进行测试。

⑥感烟、感温复合型探测器的测试是先按感烟探测器进行测试后，再按感温探测器进行测试。

⑦手动报警按钮测试可用工具松动按钮盖板（不损坏设备）进行测试。

7. 消防控制设备联动调试

（1）消火栓系统的调试

①在消防控制中心和水泵房就能控制消防泵、备用泵，并能显示工作及故障状态。

②启动消火栓箱内的手动启泵按钮，在任何楼层及部位均能启动消防泵，并可通过输入模块向消防控制中心报警，以明确报警的部位。

（2）自动喷水灭火系统的调试

①在消防控制中心和水泵房就能控制喷淋泵、备用泵，并能显示工作及故障状态，显示信号阀及水流指示器的工作状态。

②进行末端放水试验：检查末端的压力表及放水阀，然后进行放水，就地检查水流指示器动作情况、报警阀动作情况以及其压力开关启动喷淋泵情况，在喷淋泵控制箱上能显示泵的工作及故障状态。

（3）泡沫及干粉灭火系统的调试

①消防控制中心应能控制泡沫泵及消防泵、干粉系统、二氧化碳灭火系统的启、停，并显示其工作状态。

②在报警喷射阶段，应有相应的声、光信号，并能手动切除声响，消防控制中心应有喷放显示。

③在延时阶段，应自动关闭防火门、窗、空调机及有关部位的防火阀等，并显示其工作状态。

④抽一个防护区进行喷放试验（卤代烷灭火系统采用氮气，用量为一瓶；二氧化碳灭火系统采用二氧化碳气体，其用量按系统量的10%以上喷放）。

（4）消防联动控制设备的调试

消防联动控制设备在接到已确认的火灾报警信号后，应在规定时间内发出联动控制信号，并按有关逻辑关系联动一系列相关设备发生动作，其时间和相关设备试验应符合要求。

（5）警报装置及通信设备的检测

对于共用扬声器，应做强行切换试验；消防通信设备功能应正常，语音应清楚。

10.3.2 火灾自动报警及消防联动控制系统的验收要求

1. 验收顺序

消防验收一般遵循验收受理、现场检查、现场验收、结论评定、工程移交等阶段来进行。

（1）验收受理主要核查申报消防验收单位提供的消防验收资料（例如《建筑工程消防验收申报表》、建设单位对该工程自检自验合格的报告、工程的隐蔽工程记录、监审意见整改及落实情况等）是否真实、有效。

（2）现场检查指验收机构检查报验工程的现场，核对建筑类别、安全疏散、建筑物总平面布置及建筑内部平面布置等内容。

(3) 现场验收是使用符合规定的工具、设备和仪表，安排分组实施现场验收测试，填写《建筑工程消防验收现场记录单》，由参加验收的建设单位人员签字确认。

(4) 结论评定是指现场验收结束后，须按建筑工程消防验收评定规则比对《建筑工程消防验收现场记录单》进行验收结论的综合评定，形成《消防验收意见书》。

(5) 工程移交应将验收档案例如消防验收审批表、验收意见书、送审意见书、自检自验报告和消防设施检测报告等资料交付相关部门。

2. 验收的内容与形式

(1) 消防验收的目的是通过对被验收工程的消防施工、消防系统竣工及安装调试完毕后进行全面彻底地检查，确认该工程的消防安全性能是否达到了设计要求和使用要求。消防验收的内容主要是检查以下各部分是否符合规范要求：

①建筑物总平面布置及建筑内部平面布置（含消防控制室、消防水泵房等设置）。
②建筑物防火、防烟分区划分。
③建筑室内装修材料。
④安全疏散和消防电梯。
⑤消防供水及室外消火栓系统。
⑥建筑室内消火栓系统。
⑦自动喷水灭火系统。
⑧火灾自动报警及消防联动系统（含消防应急广播、消防电话通信系统）。
⑨防烟、排烟系统（含空调、通风系统消防功能设置）。
⑩气体灭火系统。
⑪消防电源及其配电（含火灾应急照明和疏散指示标志系统）。
⑫灭火器配置。

(2) 消防验收可分为以下三种验收形式：隐蔽工程消防验收、粗装修消防验收、精装修消防验收。

隐蔽工程消防验收是对建筑物投入使用后无法进行消防检查和验收的消防设施及耐火构件，在施工阶段进行的消防验收。例如钢结构防火喷涂，消防管线及连接等。

粗装修消防验收是对建筑物内消防系统及设施的功能性验收。主要针对消防系统及设施已安装、调试完毕，但尚未进行室内装修的建筑工程。粗装修消防验收适用于建筑物主体施工完成后，建筑物待租、待售前的消防系统验收。粗装修消防合格后，建筑物尚不具备投入使用的条件。

精装修消防验收是对建筑物全面竣工并准备投入使用前的消防验收。精装修消防验收内容包括各项消防系统及设施、安全疏散、室内装修材质及耐火等级等诸项。

10.4 建筑智能化工程的施工要点

10.4.1 智能化系统的组成

在智能建筑中广泛地应用了数字通信技术、控制技术、计算机网络技术、数字视频技术、光纤通信技术、智能传感技术及数据库技术等高新技术，构成各类智能化子系统，组成如下。

1. 通信网络子系统 CNS (Communication Networks System)

通信网络系统是通过数字程控交换机 PABX 来转接声音、数据和图像，借助公共通信网与建筑物内部 PDS 的接口来进行多媒体通信的系统。

2. 办公自动化子系统 OA (Office Automation System)

办公自动化系统是一个计算机网络与数据库技术结合的系统，利用计算机多媒体技术，提供集文字、声音、图像为一体的图文式办公手段，为各种行政、经营的管理与决策提供统计、规划、预测支持，实现信息资源共享与各种业务处理，实现无纸办公。

在智能建筑中 OA 常由两部分构成：

(1) 物业管理公司为租户提供的信息服务和物业管理公司内部事务处理的 OA 系统。

(2) 大楼使用机构（例如政府机关的行政大楼等）或租用单位的业务专用 OA 系统。

3. 建筑设备监控子系统 BA (Building Automation System)

(1) 建筑设备监控系统是通过中央计算机系统的网络将分布在各监控现场的区域智能分站连接起来，以分层分布式控制结构来完成集中操作管理和分散控制的综合监控系统，以保证建筑物内所有设备处于高效、节能和最佳运行状态。

(2) 通常在 BA 系统管辖下的有空气处理系统、排风系统、变风量系统、给水排水、冷热源、变配电、照明、电梯、停车库等设备。

4. 安全防范子系统 SA (Security Automation System)

安全防范系统常设有闭路电视监控系统（CCTV）、通道控制（门禁）系统、周界防范系统、电子巡更系统、访客对讲系统、出入口管理系统等。SA 系统 24 小时连续工作，监视建筑物的重要区域与公共场所，以确保建筑物内人员与财物的安全。

5. 火灾自动报警及联动控制子系统 FA (Fire Alarm System)

火灾自动报警与消防联动控制系统是消防系统中专用的计算机控制系统。

6. 综合布线系统 GCS (Generic Cabling System)

综合布线系统是在智能建筑中构筑信息通道的设施。它采用光纤通信电缆、铜芯通信电缆及同轴电缆，布置在建筑物的竖井与水平线槽内，一直通到每一层面的每个用户终端，可以以各种速率（从 9600bit/s 到 1000Mbit/s）传送话音、图像、数据信息。

7. 智能化系统集成及建筑物业管理系统

智能化系统集成是建筑物业管理系统的硬件基础，也是实现远程管理和远程控制不可缺少的硬件基础。

(1) 系统集成的原则

"系统集成"是智能建筑中智能化系统的一项复杂的技术，系统集成应遵照满足用户需求的原则以及提高管理水平的原则。

(2) 系统集成的模式

①智能建筑综合管理系统（IBMS）模式

集中监视、联动和控制的管理。

信息采集、处理、查询和建立数据库的管理。

全局事件的决策管理。

各个虚拟专网配置、安全管理。

系统运行、维护、管理。

②建筑设备管理系统（BMS）模式

以楼宇自控为基础把楼宇自控、安防、消防、车库管理等系统集成在一起。

采用通用协议转换的方式和标准化协议把各子系统的数据送到 BMS 管理系统的数据库中，从而实现 BMS 信息综合管理和联动。

(3) 智能化系统集成要注意的问题

①系统集成应遵循"统一规划，分期实施"的原则。

统一规划就是各子系统的信息接口、协议等应符合国家标准。各子系统的供应商应共同遵守，为集成创造条件。

分期实施就是待各子系统运行正常并条件成熟后，再完成系统集成。

②系统集成的管理系统应具有可靠性、可扩展性、容错性和可维护性。

③系统集成应根据不同的需求分层次集成。

目前的设计标准中甲、乙级智能建筑强调按 BMS 方式集成，实行综合管理，丙级只强调各子系统进行各自的子系统内部联网集成管理。

8. 住宅智能化系统

住宅小区智能化主要由通信网络系统、物业管理系统、安全防范系统三个部分组成。住宅小区智能化系统组成框图如图 10-1 所示。

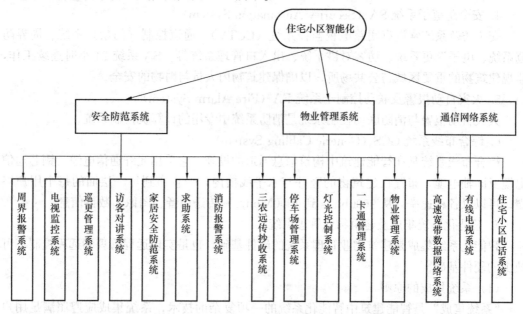

图 10-1　住宅小区智能化系统

10.4.2　典型智能化子系统安装和调试的基本要求

建筑设备监控子系统（以下简称为 BA）通常要求监控建筑物内或建筑群的所有机电设备，例如空气处理系统、给水排水、冷热源、变配电、照明、电梯、停车库管理等设备。建筑设备监控子系统组成一般应包括三部分：一是中央计算机系统；二是智能分站（DDC），主要完成数据（包括开关量和模拟量）采集和传送及本地控制的功能；三是各类的传感器及执行器。

由于建筑设备监控子系统的安装与土建、暖通空调、给水排水、强电等专业关系密切，因此掌握建筑设备监控子系统安装和调试的基本要求是十分重要的。

1. BA系统施工界面的确定

（1）系统设计界面的确定，主要包括系统功能界面、系统操作平台接口与界面和系统应用软件界面的确定。

（2）设备与材料界面的划分，包括BA系统集成商与设备供应商提供的材料和设备之间的界面划分。

（3）各子系统硬件接口信息传输通信方式的确定，必须与子系统硬件接口相匹配。

2. 主要输入设备的安装要求

在输入设备安装之前应进行通电试验。

（1）温、湿度传感器的安装应注意安装的位置（避免环境的干扰）以及应尽量减少因接线引起的误差。

（2）压力、压差传感器、压差开关及其安装应视不同的用途选择安装位置，既要能准确测量压力、压差，又要便于调试和维修。

（3）流量传感器的安装位置应是水平位置，应注意避免电磁干扰和接地，以保证测量的准确性。

（4）电量变送器安装时要特别注意防止电压输出端短路及电流输出端开路，变送器的输入、输出范围应与设计和DDC所要求的信号相匹配。

3. 主要输出设备的安装要求

（1）在BA系统中常用的执行机构以电动和液动阀为多，通常把驱动与控制用的电磁开关阀、电动调节阀、液压调节阀和驱动与控制风管风阀称为执行器（或称为执行控制器）。阀门安装前应进行模拟动作和试压试验，安装应符合设计图和使用说明书的要求。确认阀门控制器的驱动信号在DDC输出信号的范围之内。

（2）空调器的电磁阀旁一般装有旁通管路。电动调节阀的口径一般比管路的口径小一个规格。

4. 系统设备安装

（1）中央控制设备的组成

BA系统中央控制设备是以计算机为核心，中央管理界面和图像显示为目标的设备。一般选用高档微机或工业控制计算机，另外配置有外围设备，如UPS、打印机、主控台、系统模拟显示屏等。

（2）中央控制设备安装

中央控制设备及网络通信设备应在中央控制室的土建和装饰工程完工后安装。安装前设备经检测正常，外表完好。安装时要注意控制台的位置及牢固程度和外形美观。检查主机网络控制设备、UPS、打印机、HUB集线器等设备之间的电缆连接是否正确。要检查主机与DDC之间的通信线是否正确，并要有备用线。

5. 机房、电源及接地

在建筑智能化工程的实施中要特别注意机房、电源及接地系统。

（1）机房

机房是智能化系统的中枢神经所在地，机房工程是涉及空调技术、供配电技术、自动检测与控制技术、抗电磁干扰技术、综合布线技术、净化消防、建筑装潢技术等多种专业技术的工程，机房质量会影响到智能化系统运行的稳定性、可靠性和观感质量。

(2) 电源及接地

根据智能化工程规模大小、设备分布及对电源的需求，可采取 UPS 分散供电和 UPS 集中供电相结合的方式。但要注意电力系统与弱电系统的线路应分开敷设。要注意电源的抗干扰措施。

智能建筑的接地要求有防雷接地、工作接地、保护接地、屏蔽与防静电接地。强电与弱电的接地走向要分开。弱电竖井内设有单独接地干线，将每层弱电设备的保护接地和工作接地与接地干线相连。采用联合接地时，接地电阻应不大于 1Ω，采用单独接地时，接地电阻应不大于 4Ω。

6. 环境要求

建筑造型、色彩、室内装饰及家具等可视环境应协调；噪音、温湿度及心理环境等不可视环境应舒适；室内空调应能符合环境舒适性要求；视觉照明应能满足人们的美感。

室内空气的净化、温度的调节、照明的照度等应符合国家有关标准。

室外环境主要包括绿色养护系统、建筑节能措施。

7. 系统调试的基本要求

(1) 系统调试的前提条件

BA 系统的全部设备（包括现场的各种阀门、执行器、传感器等）安装完毕，线路敷设和接线全部符合设计图纸的要求。

BA 系统的受控设备及其自身的系统不仅设备安装完毕，而且单体或自身系统的调试结束。同时其设备或系统的测试数据必须满足自身系统的工艺要求，如空调系统中的冷水机组其单机运行必须正常，而且其冷量和冷冻水的进出口压力、进出口水温等必须满足空调系统的工艺要求。

检查 BA 系统与各系统的联动和信息传输及线路敷设等必须满足设计要求。

(2) 系统调试应在安装前单体调试合格的基础上进行。检查系统连线是否正确；每个控制器、传感器、执行器等部件是否完好；经过系统调试后，系统应能达到设计要求；全部设备可在系统应用软件的操作下实现手动、自动运行状态的转换；所有设备数据的实时显示、故障信号的报警、设备的自动控制、历史数据的记录、系统在线的检测等功能符合设计要求。

(3) 系统调试的程序

系统调试的程序如图 10-2 所示进行。

(4) 系统调试的内容

DDC 单体设备的点对点调试包括确认 DDC、I/O 板、监控点元件（阀门、传感器、执行机构等）的硬件、接线的位置与所对应软件的正确性；检查主机或局域网之间的各设备之间通信是否正常；使用笔记本电脑或现场检测器，在 DDC 与现场被监控设备之间以手动控制方式，按本系统监控点设计要求对数字量输入、输出和模拟量输入、输出进行测试，并将测试数据记录表中；DDC 功能测试。

①空调系统单体设备的调试包括以下内容

A. 新风机（二管制）单体设备调试；

B. 空气处理机（二管制）单体设备调试；

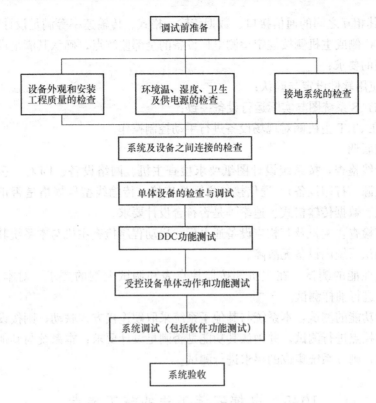

图 10-2 系统调试的程序

C. 送排风机单体设备调试；

D. 空调冷热源设备调试；

E. VAV 末端装置单体调试；

F. 风机盘管单体调试和联动连锁的要求；

G. 空调水二次泵及压差旁通调试。

②给水排水系统单体设备的调试

A. 按图纸检查各类水泵电器控制柜与 DDC 之间的接线是否正确；

B. 确认各个水位传感器与 DDC 之间连线是否正确；

C. 确认各类水泵及受控设备在手动状态下运行正常；

D. 试用 DDC 启停设备。

③变配电照明系统单体设备调试

A. 按设计图纸和变送器接线要求，检查各变送器输入端与强电柜 PT、CT 接线是否正确和量程是否匹配（包括输入阻抗、电压、电流的量程范围）；

B. 检查变送器输出端与 DDC 接线是否正确和量程是否匹配；

C. 在变送器输出端测量其输出信号的数值，通过计算与主机 CRT 上显示的数值进行比较，其误差应满足设计和产品的技术要求；

D. 电量计费测试；

E. 柴油发电机运行工况的测试。

④电梯系统运行状态的监测

A. 确认其相互之间的通信接口、数据传输、格式、传输速率等满足设计要求；

B. 在 DDC 侧或主机侧按规定检测电梯设备的全部监测点，确认其满足设计、监控点表和联动连锁的要求；

C. 基本应用软件设定与确认；

D. 确认 BAS 系统图与实际运行设备一致；

E. 确认在 CRT 主机侧对现场设备进行手动控制操作。

(5) 系统联调

系统的接线检查：按系统设计图纸要求检查主机、网络设备、DDC、系统外部设备（包括 UPS 电源、打印设备）、通信接口之间的连接、传输线型号规格是否正确。通信接口的通信协议、数据传输格式、速率等是否符合设计要求。

系统通信检查：主机及其相应设备通电后，启动程序检查主机与本系统其他设备通信是否正常，确认系统内设备无故障。

系统监控性能的测试：在主机侧按监控点表和调试大纲的要求，对本系统的 DO、DI、AO、AI 进行抽样测试。

系统联动功能的测试：本系统与其他子系统采取硬连接方式联动，则按设计要求全部或分类对各监控点进行测试，并确认其功能是否满足设计要求；本系统与其他子系统采取通信方式连接，则按系统集成的要求进行测试。

10.5 电梯安装工程的施工要点

10.5.1 电梯工程的施工程序

电梯是受特种设备安全监察条例管辖的特种设备。在分类上电梯属于建筑设备之一，电梯本身是机电一体化的典型，以散件出厂，经现场组装成为有独立功能的垂直运输设备。组装过程中与建筑物的关联密切，组装完成后要经调试和校验，并报请经国务院特种设备安全监督管理部门核准的检验检测机构进行监督检验，只有监督检验合格的电梯才能正式投入使用。

1. 安装前的准备

(1) 将拟进行安装的电梯情况书面告知工程所在地直辖市或设区的市级特种设备安全监督管理部门。

(2) 对电梯井道、机房等与电梯安装有关的建筑结构形位尺寸进行复核，以验证其与随机提供的土建布置图的一致性。

(3) 进行设备开箱检查，核对产品合格证，重要部件如门锁装置、限速器、安全钳及缓冲器等的型式试验证书复印件。零部件等应与装箱单所列相符。

(4) 设备经外观检查无明显的损伤，有封记或色标的部分齐全完整。

(5) 层门的预留孔设有高度不小于 1.2m 的安全保护围封，并保证有足够的机械强度，机房通向井道的预留孔洞设置临时盖板。

(6) 如机房和井道内永久照明还未安装，则应先布置施工用临时照明工程或先安装永久性照明工程用来临时供电，以保证施工需要。

2. 主要安装工序

(1) 井道放基准线安装导轨。
(2) 机房内机械、电气设备安装。
(3) 轿厢组装、对重及附件组装。
(4) 层门及附件安装。
(5) 配管配线以及层门指示灯盒、召唤盒和消防开关盒安装。
(6) 限速、限位等安全部件安装。
(7) 轿厢内装饰装修。
(8) 层门门厅处装饰装修。

3. 电梯的三级调试和检验

(1) 电梯安装完成后,安装施工单位应进行自检性质的调试和检验。
(2) 安装单位自检后,应由电梯制造单位按照安全技术规范要求对电梯进行校验和调试,并对校验和调试的结果负责。
(3) 最终由经国务院特种设备安全监督管理部门核准的检验检测机构按照安全技术规范的要求进行监督检验,通过后方可投入运行。

10.5.2 电梯施工安全技术措施和机电部件安装的协调要点

电梯安装于特定的垂直竖井通道内,施工中既要防止发生人员意外从门洞坠落的事故,又要防止井道内发生物体打击或从脚手架坠落或因电焊作业引发火灾事故。电梯本身是垂直、高速运行的机械设备,其安全性能、安全技术受到普遍的关注,而要使电梯能安全运行、满足运行需要,其机电部件协调动作是关键之一。

1. 施工安全技术措施

(1) 电梯施工安全技术措施要依据建筑结构形式、层门设置方向等具体情况而制定。
(2) 为防止人员经层门洞坠落或其他人员向井道内抛掷杂物伤及井道内电梯施工人员,层门洞(预留孔)靠井道壁外侧设置坚固的围封,围封高度不小于1.2m,在围封上或其两侧墙壁上设置带有警示性标志或告诫性文字的标志牌。
(3) 为防止从机房通向井道的预留孔洞坠落杂物伤及井道内施工作业人员,预留孔洞应用临时盖板封堵,临时盖板要锁定或做出标记,仅在机房有零部件要通过预留孔洞进行安装时才能打开并有人监护井道下方是否有人作业,平时保持盖板不随便移位。
(4) 如需在井道内搭设脚手架、脚手板进行作业,脚手架的搭设应符合相关安全技术规范规定,并经验收合格后方准使用。井道内脚手架和脚手板应尽量用非可燃材料构成,否则要配备防火设施。
(5) 井道内电焊等焊接作业,要坚持一人操作、一人监护的原则,监护人员备有灭火器材,包括待水的桶或灭火器,并负责招呼作业下方人员离去。
(6) 井道内作业容易发生高空物体坠落打击伤人事故,因而作业人员要熟知立体交叉作业的各项安全规定,并在作业中认真执行。
(7) 日常检查安全防护设施的完整性,每日下班前对井道内的防火情况进行全面检查,并切断其内施工用临时电源。

2. 机电部件安装协调要点

(1) 电梯设计制造时有着许多为确保安全使用的安全保护,其中多数需要机电部件协调动作才能发挥作用。因而安装组合中要特别关注保护装置机电部件的协调,以满足其预期功能要求。

（2）由制造厂组装完成经调试合格后加以封记的机电协调动作部件是一个整体，在施工时不得进行拆封调整。

（3）需现场安装时进行调整的整体机电协调动作部件，经调整合格后加以封记，以便日后检查或监视。

虽然机械部件和电气部件两者不是一个整体，各自安装在相应位置，但两者有对应的动作联系。通常电气部件位置相对固定，机械部件在电梯运行时处在运动状态，起保护动作作用时两者有一定的撞击，因此部件的安装位置要正确，误差在允许范围内，固定用的零件齐全，防松性能良好。

（4）无撞击发生的感应式相互作用的机电协调动作部件，要注意配合的间隙尺寸，使灵敏度符合要求。

（5）经电梯整机调试证明机电协调动作部件安装正确、保护作用可靠后，未加封记或色标的机械部件或电气部件要加封记或色标。

10.6 仪表安装工程的施工要点

10.6.1 仪表取源部件、盘、柜、箱的施工技术要点

仪表的取源部件是在被测对象上为安装连接检测元件设置的专用管件、引出口和控制阀门等元件，例如温度取源部件是带内螺纹的凸台或带法兰的夹套管等；压力取源部件多为带阀门的一段短管；流量取源部件有组合成套的孔板、喷嘴或能发送电磁脉冲流量计数装置等；液位计的取源部件通常在设备制造时一并制造引出。取源部件的安装位置是否恰当，会影响到仪表测量的正确性。取源部件的安装要与被测对象如工艺管道、机械设备、容器、炉墙等的施工密切配合，不能脱节。

仪表盘主要安装指示仪表及其附件，仪表柜正面安装指示或调节仪表，柜内装有变送器、运算器、控制器等元器件，仪表箱大多就地安装，装有变送器等仪表中间转换装置。盘、柜、箱安装形式分为就地安装和集中在控制室内两种，电气安装工程不形成联动生产线的以安装在被测对象附近的就地安装为主，如各式动力站的仪表工程；形成联动生产线的以中央控制式集中安装为主，如大型造纸联动线、卷烟生产线的仪表工程。

1. 取源部件安装要点

（1）通用要点

①在设备或管道上开孔或焊接安装取源部件，要在设备或管道防腐衬里和压力试验前进行。

②在高压、合金钢、有色金属构成的设备或管道上开孔，采用机械切削开孔方法。

③在设备或管道上焊接取源部件，应避开设备或管道原有焊缝一定距离。

④取源部件安装完成后，与设备和管道一起进行压力、气密性、真空试验。

（2）温度取源部件安装要点

①位置、方向正确，与传感器连接后密封良好。

②在砌体上埋设有密封措施。

（3）压力取源部件安装要点

①位置方向正确，密闭性良好，短管端部不探入设备或管道上带有的阀门。取源部件的阀门关断时不渗漏。

②在砌体上埋入取压时，密封良好，严密不泄压。

③检测温度高于60℃的液体、蒸气和可凝性气体的取源部件，要带有冷凝附件。

（4）流量取源部件安装要点

①位置正确，取源部件上下端或前后侧的直管段最小长度要符合设计要求，产品有特殊要求的，还应符合产品技术文件的规定。

②注意孔板等节流装置取源部件的不同结构形式、被测介质不同性质，对取压口设置位置和几何尺寸有不同要求。

（5）物位取源部件安装要点

①位置正确，能灵敏反应物位变化，且不受因物料进出引起波动的干扰。

②浮球式液位仪表的取源短管法兰等要能保证浮球安装后在全量程内自由活动。

（6）取源部件安装的配合

①定型设备上的仪表取源部件在设备设计制造时已经形成，设备安装时要检查其完整性和完好性。非定型设备上的取源部件要安排在设备承压试验前安装。

②锅炉炉墙等砌体上的取源部件安排在砌体砌筑时埋入。

③管道上的取源部件安排在管道试压前安装，串接在管道管段中间的取源部件如流量孔板，以及调节阀等安排在管道安装时连接或用同等长度两端带有法兰的短管替代。

④保温风管上的取源部件安排风管保温前安装，无保温风管上的取源部件安排在风管系统就位后试运行前安装。

⑤取源部件安装，实质上是仪表工程与其他专业工程的配合过程，为使配合不脱节，要做好计划安排，避免影响其他专业工程正常施工。

2. 仪表盘、柜、箱安装要点

（1）通用要点

①安装前要进行内部接线连管检查。盘、柜、箱外观检查良好不变形，涂层完整。

②就位位置正确，型号规格符合设计文件要求。

③建筑工程提供的条件满足盘、柜、箱安装的需要。

④仪表集中控制室安排在土建工程全部完成之后，必要时控制室空调工程已能运行或用临时空调设备暂为替代。

（2）现场就地安装要点

①盘、柜、箱的安装位置应选择在光线充足、通风良好、维修方便的位置。

②与底座型钢的连接不能采用焊接，应采用镀锌螺栓连接。

③在振动或多尘、潮湿或有腐蚀性、爆炸或火灾危险等场所安装，要注意选型是否符合设计文件要求，采取的隔离和防护措施是否同步。

④柜、箱内仪表就位接线连接管路后，应按设计文件要求明确各处的编号，如接线端子处、管接头处以及箱体外壳表面等。

（3）集中安装要点

①基础型钢的规格、型号符合设计要求，行位尺寸不超差，防腐涂层完整。

②仪表盘、柜排列不错位。盘、柜相互间连接，盘、柜与基础型钢间连接，均不能采

用焊接,应采用镀锌螺栓连接。

③当盘、柜上的开孔不能装入仪表或固定仪表用螺孔位置不准时,应采用机械加工修正。

④与外部引入的线路连接应紧密,导通良好。与外部引入的管路连接应严密不泄露,连接位置正确。

⑤盘、柜内和底部地沟内的线路和管路排列整齐,固定可靠。所有标志设置符合设计文件要求和规范规定,标识清晰。

10.6.2 仪表线路、管路的施工要点

仪表工程的线路或管路是连接仪表传感器、变送器或压力信号至显示、测量、调节仪表的路径,线路传递电量信号、管路传递压力信号。确保连接正确、传递通畅、运行可靠是线路和管路安装的关键。成排成束敷设的线路和管路大多在地沟内或管廊上的桥架内或沿墙定型支架上,因而其能否敷设要视土建工程的完成情况而定。

1. 通用要点

(1) 检查土建工程的条件是否具备仪表线路、管路敷设的可能性,确认相关土建工程正常的后续施工不会损坏已敷设好的仪表线路和管路,才能开始敷设仪表线路和管路。

(2) 仪表工程用的线缆、管材和管缆在敷设前应做检查,除外观无明显缺陷外,线缆要检查绝缘和导通状况。管材要清扫除锈,有的要脱脂并做内壁吹扫除污,还要检查通畅情况。管缆要检查通畅情况和密闭性能。

(3) 不论安装位置怎样,坚持桥架、支架先就位固定,后敷设线路或管路的原则。

(4) 敷设完成,经检查确认,做好标识。

2. 线路安装要点

(1) 线路沿途应无强磁场、强电场干扰,当无法避免时应采取防护屏蔽措施。

(2) 线路沿途遇到温度超过65℃以上的场所,要采取隔热措施。

(3) 线路进入就地柜、就地箱或从地沟内引入控制室处,防水密封措施良好。

(4) 线路敷设完成,做绝缘检测,检测前要将已连上的仪表及其他部件全部断开,仅存线路本身。检测合格,形成记录,线路可以投入调试。

(5) 线路过建筑物变形缝处、与仪表连接处用柔性连接,适当留有余量,室外的柔性连接保护导管具有防水性能。

3. 管路安装要点

(1) 埋地敷设的管路必须焊接,且经试压合格和防腐处理才能埋设,在穿过道路和出土处要有保护管。

(2) 管路需进行弯制时,除弯曲半径数值符合施工规范规定外,应检查弯曲处缺陷有无超标现象。

(3) 成排安装的管路要排列整齐、间距均匀。

(4) 有坡度要求的管路要坡向正确,测量坡度值要符合规定。

(5) 管路引入有密封要求的就地柜箱处,密封措施和密封情况要符合要求。

(6) 仪表管路敷设完成要做压力试验,试验合格,形成记录,管路可以投入调试。

第 11 章　智能化工程项目管理实务与案例

本章从建筑电气与智能化专业对工程管理需求的角度介绍工程项目管理的实用知识，并紧密结合建造师执业资格考试的内容，使读者在掌握实际工程项目管理知识的同时，可以比较容易地将所学知识与今后的执业考试结合，以提高本课程的实用性。

本章就建筑电气安装工程项目的管理加以介绍，主要分为如下部分：

(1) 合同管理。
(2) 施工进度计划管理。
(3) 项目成本管理。
(4) 质量管理。
(5) 施工安全管理。
(6) 文明施工的管理。
(7) 工程协调的要求。
(8) 工程质量验收和质量问题的处理。
(9) 工程决算的要求。
(10) 竣工验收与保修服务的要求。

11.1　合 同 管 理

11.1.1　投标文件的编制

投标文件是指完全按照招标文件的各项要求编制的投标书。

1. 投标过程需要完成的工作

投标过程是指从填写资格预审调查表开始，到将正式投标文件递交招标方为止所进行的全部工作，其主要内容如下：(1) 填写资格预审调查表，申报资格预审；(2) 资格预审通过后购买招标文件；(3) 由企业法定代表人确定项目经理及主要技术、经济及管理人员；(4) 进行投标前调查与现场考查；(5) 研究招标文件，校核工程量，编制施工规划；(6) 工程估价，确定利润，计算和确定报价；(7) 编制投标文件，办理投标保函，递送投标文件。

2. 编制投标文件的依据

主要依据有：(1) 设计图纸；(2) 合同条件，尤其是有关工程范围内容的确定，工期、质量、安全、生产的要求，工程款的支付条件等；(3) 工程量表；(4) 拟采用的施工方案、进度计划；(5) 施工规范和施工说明书；(6) 工程材料、设备单价确定的方法及总价；(7) 劳务工资标准；(8) 各种有关间接费用；(9) 有关法律法规。

3. 编制投标文件的步骤

主要步骤是：(1) 研究招标文件；(2) 现场考查；(3) 复合工程量；(4) 编制施工规划；(5) 计算工料及单价；(6) 计算分项工程基本单价；(7) 计算间接费；(8) 确定上级

企业管理费及工程风险费和利润；(9) 确定投标价格。

4. 研究招标文件关注点

(1) 承包者的责任和报价范围，以避免在报价中发生遗漏。

(2) 各项技术要求。

(3) 工程中需使用的特殊材料和设备，避免失误。

(4) 招标文件中有哪些需要招标方澄清的问题。

5. 现场考察内容

现场考查的主要内容有：(1) 自然地理条件；(2) 市场情况；(3) 施工条件；(4) 招标方和监理工程师的情况；(5) 竞争对手的情况；(6) 工程所在地的地方法规；(7) 其他需考查的情况。

6. 复核工程量

如招标工程是固定总价合同的，投标方对招标方提供的工程量清单要认真与图纸进行核对。根据招标文件规定是否允许调整工程量，作出正确的处理。对计算工程量的要求如下：

(1) 严格按照计算顺序进行，避免漏算或错算。

(2) 严格按设计图纸标明的尺寸、数据计算。

(3) 在计算中要结合投标方编制的施工方案或施工方法。

(4) 认真进行复核检查。

7. 编制施工规划

施工规划一般包括工程进度计划和施工方案两个内容。编制工程进度计划的要求是：总工期必须符合招标文件的要求，如果合同要求分期分批竣工交付使用，应标明分期交付的时间和分批交付的数量；编制施工方案的要求是：工期要求、技术要求、质量要求、安全要求、成本要求等五个方面综合考虑。

8. 计算工程报价和确定投标价格

具体方法：(1) 工程单价乘以工程量再加上单列项目费用，即可得出工程总价，但还不能作为投标价格；(2) 在确定投标价时，要在分析、判断竞争对手所报价格的基础上，按照既能中标又能盈利的原则，确定投标价；(3) 报标价最终确定后，应组织算标人员修正报价计算书，按招标文件的要求正确编报投标文件。

9. 常见的废标

常见的废标有以下三种情况：(1) 投标文件应完全按照招标文件的各项要求编制，不能带任何附加条件，否则将作为废标处理；(2) 投标文件中要求填写的空格都必须填写，不得空着不填，否则即被视为放弃意见。重要数字不填写，可能被作为废标处理；(3) 若招标文件中要求商务标为明标，技术标为暗标时，技术标如加盖投标方的公章或者从编制的技术标中能够分清是哪个单位编制时，该标按废标处理。

10. 递送投标文件

递送投标文件是指投标方在规定的投标截止日期之前，将所有投标文件密封递送到招标方的行为。如招标文件规定投标保证金为报价的某百分比时，开据投标保函的时间要恰当，以防泄露自己的报价，必要时也可开据大于报价的保函。

11. 投标机构的组成

每个项目的投标应组织相应的投标机构,确定参加投标文件的编制人员。国内工程投标组织机构应由经营管理人才、专业技术人才、法律法规人才组成。

【案例】

(1) 背景

甲施工企业投标某电气安装工程,经资格预审通过后购买了招标文件并认真进行了研究。甲施工企业编制了施工规划,正确计算了工程量,确定了投标价格。招标文件要求投标方的技术标必须是暗标,甲施工企业在审核时发现技术标中出现了甲施工企业的字样并立即进行了修改。在投标截止日期之前3小时向招标方递交了投标文件。由于甲施工企业投标组织的较好,投标决策正确,得以中标。

(2) 问题

①投标过程从何时开始到什么时间为止?

②简述研究招标文件时,项目经理要弄清楚哪几个方面问题。

③简述对计算工程量的要求。

④施工规划包括哪两个方面的内容?分述有什么要求?

⑤根据工程单价和工程量及有关费用得出工程总价后,如何确定投标价?

⑥简述常见废标三种情况的内容。

⑦如招标文件规定投标保证金为报价的某百分比时,如何处理比较恰当?

(3) 分析

①投标过程从填写资格预审调查表开始,到将正式投标文件递交招标方为止。

②研究招标文件时,项目经理要明确报价范围、责任、对技术、特殊材料和设备的要求,以及需要招标方澄清的问题等。

③计算工程量要按计算顺序、计量单位,并结合施工方案或施工方法进行。

④施工规划包括工程进度计划和施工方案,编制工程进度计划的工期必须符合招标文件的要求。编制施工方案要综合考虑工期、技术、质量、安全、成本等五个方面。

⑤确定投标价时,要分析判断竞争对手的报价,符合即能中标又可盈利的原则。

⑥投标文件不能带任何附加条件,所填表格的空格必须填写。技术标为暗标时,不能出现投标单位的字样。

⑦开据投标保函的时间要恰当,必要时也可开据大于报价的保函。

11.1.2 施工项目投标的决策

投标决策,包括三方面内容:针对项目招标是投标还是不投标;倘若投标,是投什么性质的标;投标中如何采用正确的策略和技巧,力争中标。

投标决策分为二个阶段进行,即投标决策的前期阶段和投标决策的后期阶段。

1. 投标决策的前期阶段

前期阶段的投标决策必须在购买投标人资格预审资料后完成。

(1) 前期阶段投标决策的主要依据有:①招标公告;②对招标的工程及业主情况调研和了解的程度;③对参与投标的竞争对手情况调研和了解的程度;④如果是国际工程还应包括对工程所在国和工程所在地的调研和了解程度。

(2) 放弃投标的条件

前期阶段必须对投标与否作出论证和决策。在通常情况下凡符合下列条件之一者应放弃投标：①施工企业生产任务饱满，而招标工程的盈利水平较低且风险较大的项目；②施工企业技术等级、信誉、施工水平明显不如竞争对手的项目。

2. 投标决策的后期阶段

（1）经决策决定投标即进入投标决策的后期阶段。它是指从申报资格预审至投标报价（封送投标书）前完成的决策阶段。主要决策投什么性质的标，以及在投标中采取的技巧问题。

（2）按投标的性质，一般分为风险标、保险标、盈利标、保本标。根据工程情况和企业自身情况选择投不同性质的标。

①明知工程承包难度大、风险大，且技术、设备、资金上都有未解决的问题，但是企业为了开拓新技术领域而决定参加投标，同时设法解决存在的问题，可投风险性质的标。

②企业经济实力较弱，经不起失误的打击可投保险性质的标。

③符合下列条件之一者，可投盈利性质的标：

A. 招标工程既是本企业的强项，又是竞争对手的弱项；

B. 本企业任务已经饱满，考虑让企业进一步挖潜、增效，且投标项目又利润丰厚。

④当企业已经出现部分窝工，而招标的工程对本企业无优势可言，且竞争对手又多，应投保本性质的标。

3. 投标技巧

（1）不平衡报价法

是指在总价基本确定的前提下，如何调整内部各个事件的报价，以达到既不影响总报价又在中标后可以获得较好的经济效益的目的。

（2）倒计时报价法

是指到投标截止前几小时前往投标；或者在投标截止时间前递交一份补充文件，压低或者提高投标价。

（3）联合投标报价法

一家企业实力不足或工程风险较大，可由几家企业组成联合体并签订联合协议，由一家为主投标。中标后按商定方案进行施工。

4. 影响投标决策的主观因素有：技术实力；经济实力；管理实力；业绩信誉实力。

5. 影响投标决策的客观因素有：对业主和监理工程师情况的分析；对竞争对手情况的分析；对风险情况的分析。

【案例】

（1）背景

A施工企业欲投标国内第一家采用新技术、新工艺的电气安装工程，因自身实力不足，以A施工企业为主与B、C施工企业商定联合投标，解决了施工中的工艺、技术难题，并签订了联合协议。由于投标决策和采用调整内部各个事项的报价得以中标，并取得较好的经济效益。

（2）问题

①在投标决策的前期阶段，投标决策应在什么时间完成？

②以A施工企业为主的联合体，应投什么性质的标？

③在投标时，采用什么投标技巧比较恰当？试述其基本内容。

④简述影响投标决策的主、客观因素。

(3) 分析

①掌握前期阶段的投标决策必须在购买投标人资格预审资料后完成。

②掌握投风险性质的标的各种情况。

③掌握不平衡报价法的内容。

④掌握影响投标决策的主、客观因素。

11.1.3 工程承包合同的管理

工程承包合同是招标人与投标人之间为完成商定的建设工程项目，确定双方权利和义务的协议。工程承包合同按承包工程的范围不同，分为工程总承包合同、施工总承包合同及专业承包合同。工程承包合同管理包括工程承包合同的订立、履行、变更、终止和解决争议。

1. 工程承包合同的订立

(1) 订立工程承包合同的原则有：①合同当事人的地位平等，一方不得将自己的意志强加给另一方；②当事人依法享有自愿订立合同的权利，任何单位和个人不得非法干预；③当事人确定各方的权利和义务应当遵守公平原则；④当事人行使权利、履行义务应当遵循诚实信用原则；⑤当事人应当遵守法律、行政法规和社会公德，不得扰乱社会经济秩序，不得损害社会公共利益。

(2) 订立工程承包合同的谈判，应根据招标文件的要求，结合合同实施中可能发生的各种情况进行周密、充分的准备，按照"缔约过失责任原则"保护企业的合法权益。

2. 订立工程承包合同的程序是

订立合同的程序是：(1) 接受中标通知书；(2) 组织包括项目经理的谈判小组；(3) 草拟合同专用条件；(4) 谈判；(5) 参照发包人拟定的合同条件或合同示范文本与发包人订立工程承包合同；(6) 合同双方在合同管理部门备案并缴纳印花税。

在工程承包合同履行中，发包人、承包人有关工程洽商、变更等书面协议或文件应为本合同的组成部分。

3. 工程承包合同文件组成及其优先顺序

承包人经发包人同意或按照合同约定，可将承包项目的部分非主体工程、非关键工作分包给具备相应资质条件的分包人完成，并与之订立分包合同。工程承包合同文件主要包括：协议书；中标通知书；投标书及其附件；专用条款；通用条款；标准、规范及有关技术文件；图纸；具有标价的工程量清单；工程报价单或施工图预算书。

4. 工程承包合同的计价方式

(1) 以单价计价方式的合同

投标方只对合同承担单价报价的风险，即对单价的正确性和适宜性承担责任，而工程量变化的风险由招标方承担。由于以单价计价方式的分配比较合理，能够适宜大多数工程，能调动投标方和招标方双方的积极性。

(2) 以固定总价计价方式的合同

以固定总价计价方式的合同是指在招标方和投标方约定的风险范围内价格不再调整的合同。其价格不因环境的变化和工程量的增减而变化。这种合同投标方承担了全部的工程量和价格风险。

固定总价合同投标方可能出现的风险如下：①工程量计算的错误；②单价和报价计算

的错误;③施工过程中物价和人工费涨价;④设计深度不够所造成的误差。

5. 工程承包合同的履行

项目经理部必须发行承包合同,并应在工程承包合同履行前对合同内容、风险、重点或关键性问题作出特别说明和提示,向各职能部门人员交底,落实工程承包合同确定的目标,依据工程承包合同指导工程实施和项目管理工作。项目经理部在工程承包合同履行期间应注意收集、记录对方当事人违约事实的证据,作为索赔的依据。

项目经理部发行工程承包合同应遵守下列规定:①必须遵守《合同法》规定的各项合同履行原则;②项目经理应负责组织工程承包合同的履行;③依据《合同法》规定进行合同的变更、索赔、转让和终止;④如果发生不可抗力致使合同不能履行或不能完全履行时,应及时向企业报告,并在委托权限内依法及时进行处置。

企业与项目经理部应对工程承包合同实行动态管理,跟踪收集、整理、分析合同履行中的信息,合理、及时地进行调整。对合同履行应进行预测,及早提出和解决影响合同履行的问题,以回避或减少风险。

6. 工程承包合同的变更

(1) 项目经理应随时注意下列情况引起的合同变更。①工程量增减;②质量及特性的变更;③工程标高、基线、尺寸等变更;④工程的增减;⑤施工顺序的改变;⑥永久工程的附加工作,设备、材料和服务的变更等。

(2) 工程承包合同变更应符合下列要求:

①合同各方提出的变更要求应由监理工程师进行审查,经监理工程师同意,由监理工程师向项目经理提出合同变更指令;

②项目经理可根据权利和工程承包合同的约定,及时向监理工程师提出变更申请,监理工程师进行审查,并将审查结果通知承包人。

7. 工程承包合同的违约

当事人违约责任包括下列情况时应视为违约:(1) 当事人一方不履行合同义务或履行合同义务不符合合同约定的,应当承担继续履行、采取补救措施或者赔偿损失等责任,而不论违约方是否有过错责任;(2) 当事人一方因不可抗力不能履行合同的,应对不可抗力的影响部分(或者全部)免除责任,但法律另有规定的除外。当事人延迟履行后发生不可抗力,不能免除责任。不可抗力不是当然的免责条件;(3) 当事人一方因第三方的原因造成违约的,应要求对方承担违约责任;(4) 当事人一方违约后,对方应当采取适当措施防止损失的扩大,否则不得就扩大的损失要求赔偿。

8. 工程承包合同的终止和评价

(1) 合同终止应具备下列条件之一:①工程承包合同已按约定履行完成;②合同解除;③承包人依法将标的物提存。

(2) 合同终止后,承包人应进行下列评价:①合同订立过程情况评价;②合同条款的评价;③合同履行情况评价;④合同管理工作评价。

【案例】

(1) 背景

某施工企业中标了某电气安装工程,双方签订的是以固定总价计价方式的承包合同,合同文件中某通用条款的质量标准高于专用条款的质量标准。

(2) 问题

①两个条款不一致时如何处理?

②以固定总价计价方式的承包合同,承包方可能会出现哪些风险?

(3) 分析

①合同文件组成中不一致时,应按优先顺序执行。

②可能出现的风险是:工程量计算、单价和报价计算的错误,施工过程中物价和人工费涨价,设计深度不够所造成的误差。

11.1.4 劳务分包合同的管理

按照建设部发布的《建筑业企业资质管理规定》,建筑业企业资质分为施工总承包、专业承包和劳务分包三个序列。劳务分包作为序列之一,即意味着劳务分包企业可以以独立法人资格自主地向施工总承包企业或专业承(分)包企业分包劳务工程作业。

1. 劳务分包合同的特点

劳务分包合同与施工总承包合同和专业承(分)包合同有着明显的不同,其具有如下特点:

(1) 劳务分包工程范围不同。劳务分包合同的工程范围有13个类别,即木工、砌筑、抹灰、石制作、油漆、钢筋、混凝土、脚手架、模板、焊接、水暖电安装、钣金和架线作业。是按不同的分部工程分包劳力作业。

(2) 劳务分包工程内容不同。劳务分包合同的工程内容是以劳务分包企业的劳务人员向工程承包人提供劳务作业,实施分部工程的劳务作业,只对劳务作业的工程质量和安全生产负责,而不是全面管理整个工程。

(3) 劳务分包工程的特点。劳务分包工程相对比较专一,不同的劳务工程作业,执行不同的施工验收规范。

(4) 劳务分包合同的内容比较简单。建设部与国家工商行政管理总局联合制定发布的《建设工程施工劳务分包合同》(示范文本)在结构上只是采取了填空式合同文本,而不再分为协议款、通用条款和专用条款三个部分。

2. 劳务分包合同的签订

(1) 劳务分包合同的签订依据是国家的法律和法规,即签订劳务分包合同必须依据《合同法》、《建筑法》以及有关的法律和行政法规。

(2) 劳务分包合同的签订遵循平等、自愿、公平和诚实信用原则。

(3) 劳务分包合同的签订前提是:必须是施工总承包人和发包人签订了施工承包合同,或专业工程承(分)包人和发包人(施工总承包人)签订了专业工程承包合同或分包合同。

3. 劳务分包合同的主要内容

《建设工程施工劳务分包合同》(示范文本)的主要内容如下:

(1) 劳务分包人资质情况。

(2) 劳务分包工作对象及提供劳务内容。

(3) 分包工作期限。

(4) 质量标准。工程质量应按总(分)包合同有关质量的约定、国家现行的施工质量验收规范等。

(5) 合同文件及解释顺序。组成本合同的文件及优先解释顺序如下:本合同;本合同附件；本工程施工总承包合同；本工程施工专业承（分）包合同。

（6）标准规范。

（7）总（分）包合同。规定工程承包人应提供总（分）包合同（有关承包工程的价格细节除外），供劳务分包人查阅。劳务分包人应全面了解总（分）包合同的各项规定（有关承包工程的价格细节除外）。

（8）图纸。

（9）项目经理的基本情况。

（10）工程承包人义务。

（11）劳务分包人义务。包括：对本合同劳务分包范围内的工程质量向工程承包人负责，组织具有相应资格证书的熟练工人投入工作；根据施工组织设计总进度计划的要求，按规定提交月施工计划，经工程承包人批准后严格实施；确保工程质量达到约定的标准，保证工期，确保施工安全，做到文明施工，承担由于自身责任造成的质量修改、返工、工期拖延、安全事故、现场脏乱造成的损失及各种罚款；自觉接受工程承包人及有关部门的管理、监督和检查；须服从工程承包人转发的发包人及工程师的指令，应对其作业内容的实施、完工负责，承担履行总（分）包合同约定的，与劳务作业有关的所有义务及工作程序。

（12）安全施工与检查、安全防护、事故处理。

（13）保险。

（14）材料、设备供应。

（15）劳务报酬。可选择三种方式中的一种方式计算：固定劳务报酬（含管理费）；约定不同工种劳务的计时单价（含管理费），按确认的工时计算；约定不同工作结果的计件单价（含管理费），按确认的工程量计算。

（16）工时及工程量的确认。

（17）劳务报酬的中间支付。

（18）施工机具、周转材料供应。

（19）施工变更、施工验收、施工配合。

（20）劳务报酬最终支付。

（21）违约责任、索赔、争议。

（22）禁止转包或再分包。

（23）不可抗力、文物和地下障碍物。

（24）合同解除、合同终止。

（25）合同份数、补充条款、合同生效。

【案例】

（1）背景

某机电安装公司通过投标，中标了一个机电安装项目，并计划将部分劳务工作进行分包。由于该工程工期比较紧张，公司为了早作准备，在尚未与业主签订工程承包合同的情况下，与一家劳务分包公司签订了劳务分包合同。

（2）问题

①该机电安装公司这样的做法是否合适？

②劳务分包队伍是否需要资质等级？

(3) 分析

①因为劳务分包合同的签订前提必须是施工承包人和业主签订了施工承包合同后，所以该机电安装公司在尚未与业主签订工程承包合同的情况下，就先签订劳务分包合同是不合适的。

②劳务分包合同的主要内容之一就是劳务分包人的资质情况。劳务分包人的资质、同类工程业绩、信誉等在较大程度上可以体现其实力和是否具备胜任该劳务分包工程的能力，是工程承包人选择劳务分包人的重要依据。

11.1.5 物资采购合同的管理

施工企业的物资（包括设备和材料）采购合同是指平等主体的法人，以工程项目所需物资为标的，供货人有偿将物资以契约的形式将所有权转移于采购人的经济活动。

1. 物资采购合同的订立方式

(1) 公开招标方式

需方提出招标文件，详细说明供货条件、品种、规格、数量、质量要求、供货时间、交货地点、包装要求、运输方式、结算方式、投标截止时间等。属于资源市场范围内的供方依据投标文件，向需方报价，中标者与需方签订供货合同。这种方式适用于大批量或者大金额的采购。

(2) "询价－报价"方式

需方按要求向几个供方发出询价信函或其他方式，由供方根据需方的要求报出价格。需方经过对比分析选择一个符合要求、资信好、价格合理的供方签订采购合同。这种方式适用于批量不大、金额不大的采购。

2. 物资采购合同的主要条款

(1) 标的

采购合同的标的主要包括：名称、品种、规格、型号、质量要求、技术标准等。

(2) 数量

特别注意标的数量的计量方法要准确。

(3) 包装

要明确包装的标准和包装回收的要求。

(4) 运输方式

运输方式可分为铁路、公路、水路、航空等，一般应由需方在签订合同时提出采取哪种运输方式，供方代办发运，运费由需方负担。如果价格中已包括运费，则运费由供方负担。

(5) 技术标准和质量要求。

质量条款应明确各类物资的技术要求、试验项目、试验方法、试验频率以及质量标准。

(6) 物资交货的期限和地点

物资的交货期限应以建设工程合同进度安排为前提，规定交货的批次、时间以及交货地点。

(7) 结算

物资的价格应在合同中明确。价格的结算应通过银行转账或票据结算，并在交货验收后付款（若在合同条款中规定有质保金的，按合同执行）。

(8) 违约责任

当事人任何一方不能正确履行合同时，均应以违约金的形式承担违约赔偿责任。双方应通过协商，将违约金占合同总价的比例写在合同条款中。

(9) 特殊条款

如果供需双方有一些特殊的要求或条件，可通过协商，经双方认可后作为合同的一项条款，并在合同中明确规定。

3. 验收中发现数量不符的处理

(1) 供方交付的数量多于合同规定的数量，需方不同意接收的，则拒付超量部分的货款和运杂费。

(2) 供方交付的数量少于合同规定的数量，需方可凭有关合法证明，在到货10天内将详细情况和处理意见通知供方，否则即被视为认可需方的处理意见。

4. 验收中发现质量不符的处理

需方在验收中发现物资不符合合同规定的质量要求，需方应将它们妥善保管，并向供方提出书面异议。通常按如下规定办理：

(1) 物资的外观、品种、型号、规格不符合合同规定，需方应在到货后10天内向供方提出书面异议。

(2) 材料的内在质量不符合合同规定，需方应在合同规定的条件和期限内检验，向供方提出书面异议，并附检验证明。

(3) 对某些只有在安装后才能发现内在质量缺陷的产品，一般应从运转之日起六个月内向供方提出书面异议。

5. 采购合同争端的处理

如合同发生争端时，双方当事人应及时协商解决，协商不成时，可向国家规定的合同管理机关申请调解或仲裁，也可以直接向人民法院起诉。

【案例】

(1) 背景

某机电安装公司，中标了某大型电机安装工程，与招标方签订了工程施工承包合同。工程所需材料采购批量大，工程设备采购数额大。在材料验收时，发现某种材料内在质量不符合合同规定的质量标准，某台工程设备安装、运转30天时，发现内在质量有缺陷。在材料内在质量问题上需方与供方发生了争端。

(2) 问题

①物资在大批量、大金额采购时，需方应采取何种合同订立方式？

②材料内在质量不符合合同的规定，需方应如何处理？

③工程设备安装并运转30天时，发现内在质理有缺陷，需方应如何处理？

④需方和供方在采购合同发生争端时，如何解决？

(3) 分析

①采购大批量、大金额的物资时应采取公开招标的方式。

②材料内在质量不符合合同规定，需方应在合同规定的条件和期限内检验，向供方提供书面异议，并附检验证明。

③工程设备安装并运转30天时，发现内在质量有缺陷，应从运转之日起6个月内向供方提出书面异议，并附检验证明。

④需方和供方采购合同发生争端时，双方当事人应及时协商解决，协商不成时，可向国家规定的合同管理机关申请调解或仲裁，也可以直接向人民法院起诉。

11.1.6 合同变更的管理

合同变更，是指合同成立以后，履行完毕之前，由双方当事人依法对原合同的内容所进行的修改。

1. 合同变更的原因及内容有：①由于设计方对设计图纸进行修改；②招标方负责供应工程设备主材的，由于供货期延误影响正常施工的；③招标方将土建、安装分别招标的，由于土建工程交付延误，影响安装工程正常施工；④由于招标方要求工程量增减、施工顺序改变、质量及特性的变更等；⑤由于国家政策、法规的变化影响正常施工的；⑥由于不可抗力的客观原因影响正常施工及造成工程本身和施工的材料、待安装的设备损害的。

2. 合同变更的程序和要求

合同变更是指在原合同范围内的变更，超出合同限定的范围，则属于新增工程，只能按另签合同处理。

（1）招标人提出的变更

招标人提出的合同变更要求，经监理工程师审查同意，由监理工程师向承包方提出合同变更指令。

（2）承包方提出的变更

承包方提出的变更要求，应向监理工程师提出书面变更申请，经监理工程师同意后，并签订变更合同。

合同变更必须以书面形式，并作为合同的组成部分。

3. 合同变更价款的确定

（1）属于原合同中的工程量清单上增加或减少的工程项目的单价及费用，一般应根据合同中工程量清单所列的单价或价格确定。

（2）如果合同的工程量清单中没有包括此项变更工作的单价或价格，则应在合同的范围内使用合同中的费率和价格作为估价的基础。由监理工程师、发包方和承包商三方共同协商解决而定。

（3）变更价款的时间要求以合同中规定的条款为准，若合同中没有规定时，按以下原则执行：①变更发生后的 14 天内，承包方提出变更价款报告，经监理工程师确认后调整合同价；②若变更发生后 14 天，承包方不提出变更价款报告，则视为该变更不涉及价款变更；③监理工程师收到变更价款报告起 14 天内应对其予以确认。若无正当理由而未确认，自收到报告时算起 14 天后该报告自动生效。

【案例】

（1）背景

某施工企业承包某电气安装工程（土建另行招标），土建工程延误交付 30 天。土建交付安装施工一个月后，招标人因为资金紧缺，无法如期支付工程款，监理工程师口头要求承包人暂停施工一个月，承包人亦口头答应。

（2）问题

①土建工程延误交付 30 天，合同能否变更？为什么？

②监理工程师口头要求承包人暂停施工一个月,承包人亦口头回答,合同能否变更?为什么?

③原合同范围内的工程,在合同变更时,一般如何确定单价和价格?

(3) 分析

①要掌握合同变更发生的原因。

②要掌握合同变更的要求。

③要掌握合同变更价格的方法。

11.1.7 合同风险因素的识别和防范

合同风险因素是指可能发生风险的各类问题和原因。

1. 合同风险因素的识别

(1) 政治风险

政治风险是指承包市场所处的政治背景可能给承包商带来的风险。在不稳定的国家和地区,政治风险使承包方可能遭受严重损失。对于政治风险,承包方应在投标决策阶段加强调查研究,一般政治动乱都是有先兆的。

(2) 经济风险

经济风险主要指承包商所处的经济形势及项目发包国的经济政策变化可能给承包方造成损失的原因,也属于来自投标大环境的风险,而且往往与政治风险相关联。

(3) 技术风险

技术风险是指工程所在地的自然条件和技术条件给工程和承包方的财产造成损失的可能性。

(4) 投标风险

投标风险主要表现在,一是投标价格过低,影响企业的经济效益;二是中标后工程本身带来的风险。

(5) 管理风险

由于委派的项目经理水平低,不善于进行质量、安全、进度、成本的管理。

(6) 公共关系风险

公共关系风险包括三个方面的关系,一是与招标方的关系;二是与监理工程师的关系;三是与工程所在地政府部门的关系。

2. 合同风险的防范

合同风险的防范应该从递交投标文件、合同谈判开始,到合同完成为止。在投标阶段发现招标文件中可能招致风险的问题,力争在合同谈判阶段通过修改和补充合同中有关规定或条款来解决。

合同风险的防范主要有以下四个方面:

(1) 预防风险

预防风险系指采取各种措施以杜绝风险的发生。例如,承包方通过加强质量管理以防止因质量不合格而造成返工或者被招标方处以罚款的损失。

(2) 减少风险

减少风险系指在风险已经不可避免的情况下,通过采取种种措施以遏制风险继续恶化或范围扩大。例如承包方在招标支付进度款超过合同规定的期限时,采取提出索赔或者其他手段等。

(3) 分散风险

分散风险系指将一部分风险分给保险公司承担的办法,虽然采用这种方法要支付一定的保险费用,但相对于风险损失而言则是很小的数字,而且承包方可以将保险费计入工程成本。承包方一般向保险公司投保的险种包括:工程一切险、第三方保险、人身事故险、施工机械险、货物运输险、大型吊装险、汽车险等。

(4) 转移风险

转移风险系指承包方为减少风险损失,而有意识地将损失转嫁给另外的单位去承担。例如承包工程的分包,还如投标风险较大的工程与其他单位组成投标联合体共同投标。

【案例】

(1) 背景

B机电安装企业应邀投标某中外合资企业的扩建工程,该工程采用的是国际比较先进的工艺和技术,施工难度较大,还有一台650吨、价值6500万元的设备。B企业通过调研了解,业主自有资金只占投资额的30%,其余资金要通过银行贷款来解决,而且业主与所在地政府关系较差。

(2) 问题

①如果中标并签订合同,有哪些方面的合同风险?

②这些风险如何防范?

(3) 分析

①因为该工程采用的是国际比较先进的工艺和技术,所以有技术风险;因为业主的自有资金只占投资额的30%,所以有经济风险;因为业主与所在地政府关系较差,有间接的公共关系风险。

②预防技术风险要采取技术攻关、外出学习等措施防范;经济风险可通过向保险公司投保和工程分包防范,具备条件时可索赔;间接的公共关系风险,B施工企业要主动与地方政府联系,进行沟通,以达到政府支持的目的。

11.1.8 索赔的实施

索赔是当事人在合同实施过程中,根据法律、合同规定,对并非由于自己的过错,而是属于应由合同的对方承担责任的情况造成,而且实际已经发生了损失,向对方提出给予补偿的要求。

1. 索赔发生的原因

(1) 延期索赔

由于招标方的原因不能按时供货而导致工程延期的风险,或设计单位不能及时提交经批准的图纸或设计变更、土建施工影响等导致工程不能按原定计划的时间进行施工所引起的索赔。

(2) 工作范围索赔

招标方和承包方对合同中规定的工作范围理解不同而引起的索赔。

(3) 加速施工索赔

经常是延期或工作范围索赔的结果,有时也被称为"赶工索赔"。而加速施工索赔与劳动生产率的降低关系极大,因此又可称为劳动生产率损失索赔。如由于招标方原因推迟开工日期，但招标方仍需按合同工期完成，需要赶工增加人工、机械、管理费等措施费。

（4）不利的现场条件索赔

合同的图纸和技术规范中所描述的条件与实际情况有实质性的不同，或虽合同中未做描述，而承包方无法预测情况的索赔。

（5）合同缺陷索赔

由于建设工程承包合同是在工程开始建设前签订的，一般来说，合同中总会出现一些考虑不周的条款、缺陷和不足，如合同措词不当、说明不清楚、二义性、合同文件的前后规定不一致等，按合同文件的优先顺序执行，从而导致合同履行过程中其中一方合同当事人的利益受到损害而向另一方提出索赔。

2. 承包方索赔必须具备的条件

索赔的成功是有条件的。承包方的索赔要求必须具备以下四个条件：（1）与合同相比较，已经造成了实际的额外费用支出或工期损失；（2）造成费用增加或工期损失的原因不是由于承包方的过失；（3）按合同规定造成费用的增加或工期损失不是应由承包方承担的风险；（4）承包方在事件发生后的规定时间内提出了索赔的书面意向通知。

3. 索赔意向通知

发现索赔或者意识到有潜在的索赔机会后，承包方应将索赔意向以书面形式通知监理工程师，它标志着索赔的开始。

索赔意向通知，通常包括六个方面的内容：（1）事件发生的时间和情况的简要描述；（2）合同依据的条款和理由；（3）有关后续资料的提供；（4）承包方在事件发生后，所采取的控制事件进一步发展的措施；（5）对工程成本和工期产生的不利影响的严重程度；（6）申明保留索赔的权利。

索赔意向通知仅是表明意向，内容不涉及索赔金额。

4. 索赔报告的编写

索赔报告是承包方向监理工程师提交的一份要求业主给予一定经济补偿或延长工期的正式报告，应在索赔事件对工程产生的影响结束后28天内向监理工程师正式提交。如果索赔事件的影响持续延长，在整个工程施工期间，则应每隔一段时间提出索赔报告。

索赔报告编写的基本内容是：（1）合同索赔的依据；（2）详细准确的损失金额及时间的计算；（3）证明客观事实与损失之间的因果关系；（4）招标方违约或合同变更与提出索赔的必然联系。

5. 索赔程序

（1）索赔事件发生后28天内，向监理工程师发出索赔意向通知。

（2）发出索赔意向通知后的28天内，向监理工程师提交补偿经济损失和（或）延长工期的索赔报告及有关资料。

（3）监理工程师在收到承包人送交的索赔报告和有关资料后，于28天内给予答复。

（4）监理工程师在收到承包人送交的索赔报告和有关资料后，28天未予答复或未对承包人作进一步要求，视为该项索赔已经认可。

（5）当该索赔事件持续进行时，承包人应当阶段性向监理工程师发出索赔意向通知。在索赔事件终了后28天内，向监理工程师提供索赔的有关资料和最终索赔报告。

6. 承包方应提供的索赔证据

(1) 招标文件、工程合同及附件、招标方认可的施工组织设计、工程图纸、技术规范；图纸变更、交底记录本的送达份数及日期记录。

(2) 经监理工程师签认的签证，工程预付款、进度款拨付的数额及日期记录。

(3) 工程各项往来信件、指令、信函、通知、答复及工程各项会议记录。

(4) 施工计划及现场实施情况记录；施工日报及工长工作日志、备忘录；工程现场气候记录，有关天气的温度、风力、降雨雪量等。

(5) 工程送电、送水、道路开通、封闭的日期及数量记录；工程停水、停电和干扰事件影响的日期及恢复施工的日期。

(6) 工程有关部位的照片及录像等。

(7) 工程验收报告及各项技术鉴定报告等。

(8) 工程材料采购、订货、运输进场、验收、使用等方面的凭据。

(9) 工程会计核算资料。

(10) 国家、省、市有关影响工程造价、工期的文件、规定等。

7. 索赔费用的计算

(1) 人工费的计算

①索赔人工总工日数及明细表。

②人工费单价的确定，如果报价单中有人工费工日单价的，以此作为人工工日单价的标准。如果报价单中没有的，可协商按照国家或地区统一制定发布的人工工日定额单价计算。

(2) 材料费的计算

①索赔的材料明细表。

②材料费单价的确定，如果报价单中有材料单价的，以此作为材料单价的标准。如果报价单中没有的，可协商按市场价确定。

(3) 施工机械使用费的计算

①索赔的各种机械台班的数量。

②要分别列出属于索赔范围内的承包方自有机械、租赁机械台班明细表。

③承包方自有机械索赔单价，按台班折旧费计算；租赁机械可按租赁合同中的单价计算。

(4) 间接费的计算

间接费可按人工费、材料费、施工机械费之和，经双方协商确定的百分比计算。

8. 索赔争端的解决

(1) 索赔若出现争端时，一般由监理工程师主持会议，承包方和招标方均派代表参加，争取协商解决。

(2) 协商不能解决索赔争端时，应提交争端裁决委员会进行调解。

(3) 若争端裁决委员会经过调解仍不能解决争端，只能通过仲裁机构或通过法院起诉解决争端。

9. 索赔失败与成功的因素

(1) 索赔失败的主要因素如下：①在合同文件中没有列入有关索赔的条款；②招标方在施工现场条件方面列入开脱性条款；③在合同条款中列入因招标方原因导致工期延误无

补偿条款；④投标时，招标方不允许对工程量清单进行调整，而投标方又没有把工程量清单与设计图纸认真核对，造成实际工程量大于工程量清单中的工程量；⑤投标方报价时计算错误，造成总价过低；⑥未严格按索赔程序办理；⑦索赔时做法不当。

(2) 索赔成功的主要因素如下：①索赔的处理过程、解决方法、依据、索赔值的计算方法等都按合同规定进行；②招标方、监理工程师的公平性；③承包方的合同管理水平；④承包方与招标方、监理工程师的关系融洽。

【案例】

(1) 背景

某施工企业中标某电气安装工程（工程设备由招标方供货），合同中明确了分包工程的范围。开工后由于工程设备到货延误，影响了承包方、分包方正常施工。工程设备到货延误对工程的影响结束后，该施工企业向监理工程师提交了索赔报告和有关证据，经再三核实应索赔人工费350个工日，报价单中人工费单价为每工日32元。索赔自有施工机械30个台班，每台班折旧费100元，租赁施工机械10个台班，租赁合同中每个台费500元。经协商现场经费为人工费、施工机械费之和的10%。由于该施工企业注重合同的日常管理和处理好各方面的关系，索赔得以成功。

(2) 问题

①招标方工程设备供货延误，能否索赔？试指出可能会出现哪些主体间的索赔。

②发现索赔的机会后，承包方如何处理？

③索赔报告应在发出索赔意向通知后的多少天内向监理工程师提交？简述索赔报告的主要内容。

④根据提供的资料，计算出索赔的总金额。

⑤简述索赔成功的主要因素。

(3) 分析

①要掌握施工索赔发生的原因。

②要掌握发现或者意识到有潜在的索赔机会，承包方应在28天内向监理工程师发出索赔意向通知。

③索赔报告应在发出索赔意向通知后的28天内向监理工程师提交，要掌握索赔报告的主要内容。

④要掌握索赔的人工费、施工机械费单价的确定方法。

⑤承包方必须严格执行合同和提高合同的日常管理水平。

11.2 施工进度计划管理

11.2.1 单位工程施工程序的确定和施工阶段的划分

电气安装的单位工程由于使用要求和生产产品及功能性能不同，其施工部署内容和侧重点会有所不同。在工程前期准备中，施工程序应根据该单位工程的各分部工程确定的展开方向以及每个分部工程的施工顺序这两个方面进行确定。

1. 施工程序确定的原则

(1) 按合同约定确定施工程序的原则：合同约定的工期是确定施工程序的主要依据，

在制定施工程序时必须首先满足合同工期的要求。

（2）按土建交付安装先后顺序及有关条件确定施工程序的原则：包括土建工程施工给机电安装施工条件提供的先后顺序及合理性；设计图纸和文件提供条件；工程设备到货和材料供应条件等。

（3）按各分部、分项工程搭接关系确定施工程序的原则：在一个单位工程中，各分部、分项工程具有一定的搭接关系，施工程序应遵循这些固有的搭接关系，统筹安排，保证重点，兼顾其他，确保工程按期竣工。

（4）按各专业技术特点确定施工程序的原则：各专业技术特点各不相同，它们都具有各自的内在规律，在确定各分部、分项工程的施工程序时，必须按照其内在规律、难易程度、工期长短确定施工程序。

2. 施工阶段的划分

单位工程施工程序是从施工前期准备开始到联动调试和空载试运行完成为止的全过程施工活动，大致可分为施工准备阶段、施工阶段和竣工验收阶段。

（1）施工准备阶段

①组织合同交底，明确合同条件，落实施工任务。

②组织施工前期准备，为单位工程开工创造必要条件。一般电气安装工程开工必须具备如下条件：

A. 施工许可证已办理；

B. 施工图纸已经过会审；

C. 施工预算已编制；

D. 施工组织设计已经批准并已交底；

E. 施工临时设施已按施工总平面图设计的要求设置，并能基本满足开工后施工和生产的需要；

F. 材料和工程设备有适当的储备，并能陆续进入现场；

G. 施工机械设备已进入现场，并能保证正常运转；

H. 劳动力计划落实并已进行必要的技术安全防火教育，可以随时调动进场；

I. 安装配合土建预埋预留管线的工序已完成，土建工程达到安装施工条件。

③组织相关专业工种开展配合土建施工，进行预埋预留管线的工序施工。

（2）施工阶段

①土建工程已交付安装，施工开始，它包括依据施工组织设计、施工方案、施工图纸和技术文件的规定要求，按已确定各分部工程施工流程组织施工，并逐渐形成安装高峰期一直到联动调试和空载试运行完成的全过程施工活动。

②在电气安装工程施工中，由于专业工种多，工艺生产线的施工技术要求复杂、难度大，需要多专业工种相互配合，在同一空间（包括垂直方向和水平方向）往往有多项分部或分项工程需要平行交叉施工作业。因此，组织施工时一般应遵循的程序如下：

A. 先地下后地上；

B. 厂房或楼房内同一空间处先里后外、顶部处先高后低、低部处先下后上；

C. 各类设备安装和多种管线（包括各种工艺管道、风管、电线电缆）安装应先大后小、先粗后精；

D. 每道工序未经检验和试验合格，不准进入下道工序施工；
　　E. 先单机调试和试运转，后联动调试和试运转。
　　(3) 竣工验收阶段
　　该阶段的主要工作内容有：①单位工程施工（包括土建、安装、装饰装修）全部完成以后，各施工责任方内部预先验收，严格检查工程质量并达到合格标准，整理各项技术经济资料；②各施工责任方按规定要求提交工程验收报告，即各分包方向总承包方提交工程验收报告，总承包方经检查确认后，向建设单位提交工程验收报告；③建设单位组织有关的施工方、设计方、监理方进行单位工程验收，经检查合格后，办理提交竣工验收手续及有关事宜。

【案例】
　　(1) 背景
　　某机电安装公司在承建某文体中心制冷机房的电气安装工程任务，其建筑结构是地下二层全混凝土结构，底层为制冷机组四台、水泵、水处理及各类管道等，上层为配电控制室、办公室等，楼顶有两台大型散装冷却塔。
　　(2) 问题
　　①确定该工程的施工程序的依据是哪两个方面？
　　②施工应划分的三大阶段。
　　③试述施工程序确定的原则。
　　④该工程组织施工时，应遵循的程序是什么？
　　(3) 分析
　　①在工程前期准备中，因该工程是单位工程，所以其施工程序应根据该单位工程的分部工程展开方向及施工顺序两个方面进行确定。
　　②任何工程施工一般都应按三大阶段划分，这三大阶段划分都有通用性。
　　③电气安装工程施工程序确定的原则应主要考虑的四个方面内容：确定分部工程；统筹安排；施工条件提供；施工安排原则，进行解题分析。
　　④应根据该工程的实际情况，分析组织施工时应遵循的程序，由于没有地下埋设，所以不存在先地下后地上这一条内容。
　　注意提问的用词，这里提出的四个问题中①、④特定"该工程"，而②、③没有，所以解题时，②、③题是通用性的。
　　⑤应分析各分部工程固有的搭接关系，然后按倒排工期的原则定性地解决。

11.2.2　单位工程施工进度计划的编制
　　项目施工进度计划包括施工总进度计划和单位工程施工进度计划两种。
　　电气安装工程的单位工程施工进度计划是单位工程施工组织设计的重要组成部分。单位工程施工进度计划编制的合理性，将对施工过程的顺利开展，确保合同工期的完成起重要的作用。
　　1. 编制的步骤
　　(1) 划分施工工序
　　①施工方案确定后，应确定施工顺序，划分工序。工序可以按机电安装各专业工种划分；也可按分部分项的工程划分，其详略程度以满足施工需要即可。

②列出施工工序明细表。工序划分确定以后,应编制单位工程施工工序明细表。
(2) 确定工序的作业工时和人数
①根据实物工程量、人工定额、机械定额以及技术方案进行估算,合理配置施工人员,并应根据实际情况作相应调整并组成合理的作业班组,使编制的计划更切合实际。
②对一些缺乏经验但又比较重要的工序,可采用三时估算法,即估算一个最短时间,一个最可能完成时间和一个不利条件下的最长时间,然后按以下公式计算平均作业时间:

$$平均作业时间=(最短时间+最长时间+最可能完成时间\times 4)\div 6$$

③根据合同工期要求倒排进度。首先根据规定工期和施工经验,确定各工序的作业天数,然后再按各工序需要工时数及其他因素确定每个工作班组数及每班组需要的工人数。
(3) 编制施工进度计划
编制施工进度计划时,应按施工方案、工序明细表、工程量、施工定额、投入的资源、技术措施和技术方案等条件尽可能组成流水作业,采用穿插搭接和平行作业方法,将各主要工序搭接起来,编制单位工程施工进度计划图表。
(4) 施工进度计划的检查与调整
施工进度计划初步编制后,要进行检查与调整,目的在于使进度计划方案更符合规定的目标。
①一般从以下三个方面进行检查:
A. 平行搭接和技术间歇是否合理;
B. 是否满足规定的工期;
C. 资源的利用是否均衡合理。
②调整的一般方法:
A. 增加或缩短某些工序的时间;
B. 将某些工序的时间向前或向后推移;
C. 必要时,可以改变施工方案、改进施工方法或调整施工组织。
(5) 最后绘制出正式的机电安装单位工程施工进度计划图表,并由项目经理进行审核。

2. 施工进度计划的编制依据和内容
(1) 编制依据
依据下列资料编制:①"项目管理目标责任书";②施工总进度计划或合同工期;③施工方案或分部工程施工流程;④主要材料和工程设备的供应能力;⑤施工人员的技术素质及劳动效率;⑥施工现场条件、气候条件、环境条件;⑦已建成的同类工程实际进度及经济指标。
(2) 编制内容
单位工程施工进度计划应包括下列内容:①编制说明。应简明扼要,能说明问题即可;②进度计划图。可以用横道图来表示,也可以用网络图来表示;③单位工程施工进度计划的风险分析及控制措施。
下列情况宜采用网络图:
A. 单位工程施工的机电安装作业工种多;
B. 工业建设项目的机电安装单位工程。

编制工程网络计划应符合国家现行标准《网络计划技术》GB/T 13400.1～3—92 及行业标准《工程网络计划技术规程》JGJ/T 121—99 的规定。

【案例】

(1) 背景

某机电安装公司承建某厂锅炉房工程安装任务。该锅炉房建筑结构为局部三层，其中一层是机械除渣系统、水泵房和水处理间；三层是输煤廊，煤斗是钢制煤斗；锅炉房有蒸发量为 20t/h、蒸汽压力为 1.6MPa 的散装工业锅炉 4 台。

该锅炉房的机电设备安装工程由业主发包，其合同工期为 150 天。

(2) 问题

①经项目部测算，其中关键线路锅炉本体安装最短工期为 80 天，最长工期为 120 天，最可能完成的工期是 90 天，筑炉工期不少于 25 天。据此，项目部绘制了网络图，详见图 11-1。该网络图存在哪些问题，为什么？

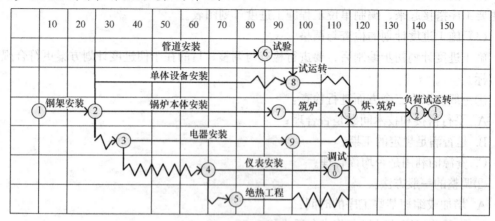

图 11-1 锅炉安装进度网络图

②由于基础存在问题致使钢架安装延期 6 天，而项目部又不想延长已制定的工期目标，应如何调整？

③由于组织协调适当，管道工程和单体设备均可提前 5 天完成，整个工期能否提前完成？

④简述单位工程施工进度的编制步骤。

(3) 分析

①应从项目部对工期的预测时间、各分部工程的开、竣工时间及它们之间存在的搭接关系来分析、解答。

②首先根据背景中所给的条件和锅炉安装的常识，搞清楚哪些工序是可以压缩的，哪些工序是不可以压缩的，而后给出正确的答案。

③这个问题要从网络图本身的特性来回答。

11.2.3 单位工程施工进度计划的实施

单位工程施工进度计划应经授权人批准后才能实施。

1. 编制阶段性施工进度计划

施工进度计划的实施，首先应编制并执行阶段性施工进度计划，如根据工期目标编制

相应的年、季、月、旬施工进度计划,并应做到:

(1) 单位工程施工进度计划、阶段计划的实施应逐级落实到相关部门、各专业技术(工长)人员;

(2) 各专业技术(工长)人员通过施工任务单落实到班组;

(3) 如有工程分包时,分包方应根据单位工程施工进度计划的要求,编制分包工程施工进度计划并组织实施。

2. 施工进度计划的实施过程控制

(1) 在施工进度计划实施的过程中应进行下列工作:①执行施工合同对工期的相关承诺;②对计划的实施进行监督,当发现进度计划执行受到干扰时,应采取协调措施;③在计划图上进行实际进度记录,并跟踪记载每个施工过程的开始日期、完成日期,记录完成实物量、施工现场发生的情况、干扰因素的排除情况;④跟踪实际进度对工程量、产值、耗用的人工、材料和机械台班等的数量进行统计与分析,编制统计报表;⑤落实控制进度措施应具体到执行人、目标、任务、检查方法和考核办法;⑥处理进度索赔。

(2) 应将分包工程施工进度计划纳入单位工程施工进度计划控制范畴,并协助分包方解决进度控制中的相关问题。

(3) 在进度控制中,应确保资源供应进度计划的实施。当出现下列情况时,应采取措施处理:①当发现资源供应出现中断、供应数量不足或供应时间不能满足要求时或由于工程变更引起资源需求的数量变更和品种变化时,应及时调整资源供应计划;②当发包人提供的材料、设备供应进度发生变化不能满足施工进度要求时,应及时与发包人协调,并对造成的工期延误及经济损失进行索赔。

(4) 施工进度计划应定期检查,必要时做好计划调整。

3. 施工进度计划的检查和调整

(1) 对施工进度计划的检查应依据施工进度计划实施记录进行。

(2) 检查内容应包括:①检查期内实际完成和累计完成工程量;②实际参加施工的人力、机械数量及生产效率;③窝工人数、窝工机械台班数及其原因分析;④进度偏差情况;⑤进度管理情况;⑥影响进度的特殊原因及分析。

(3) 施工进度计划检查后,应提出月度施工进度报告。其内容应包括:①进度执行情况的综合描述;②实际施工进度图;③工程变更、价格调整、索赔及工程款收支情况;④进度偏差的状况和导致偏差的原因分析;⑤解决问题的措施;⑥计划调整意见。

(4) 施工进度计划的调整

在项目施工过程中,经常发生实际施工进度比计划进度超前或滞后的现象。因此,首先要分析超前或滞后的原因,对整个工期的影响,然后再研究采取措施进行调整。进度计划的调整必须依据施工进度计划检查结果进行;进度计划调整的方法、步骤和内容按作业计划的实施与进度计划偏离时调整的要求进行;调整施工进度计划后,应执行调整后重新编制的施工进度计划。

【案例】

(1) 背景

某机电安装公司组建某厂锅炉房电气安装工程项目经理部,编制了该单位工程施工进度计划，并经授权人批准后组织实施。

(2) 问题

①该工程的施工进度计划的实施，项目经理部应按期编制哪些施工进度计划？

②在施工进度计划实施过程中，应做哪些工作？

③在进度控制中，当资源供应出现哪些情况时，应采取措施处理？

④对施工进度计划实施过程中的检查内容应包括哪些？

⑤施工进度计划检查后，提出月度施工进度报告的内容包括哪些？

(3) 分析

①因该工程的合同期为10个月，所以短期的时间周期计划只需季、月、旬就行。

②本节中的第2部分是施工进度计划的实施过程控制，它阐述了在施工进度计划实施的过程中应进行的工作是六个方面内容。

③确保资源供应进度计划的实施，是施工进度计划内实施控制的重要内容之一。可能出现情况从三个方面考虑：

A. 供应商方面；

B. 工程设计变更而引起的；

C. 发包方（业主）提供的。

④本节的第3部分"检查和调整"中阐述的检查内容应包括六个方面。

⑤通常以月度提出"施工进度报告"报送发包方（业主）和企业，其内容包括六个方面。

11.2.4 施工月、旬作业计划的编制

电气安装工程的施工月、旬作业计划是按施工时间段制定的，它是项目工程施工总进度计划目标进行分解后的时间目标计划；而项目工程施工总进度计划，又是通过施工月、旬作业计划的编制和实施来保证，从而达到项目工程施工总进度计划目标的实现。

1. 施工月、旬作业计划的表示形式

施工月、旬作业计划，通常是采用横道图形式表示。首先应根据承包的施工任务范围，按单位工程、分部分项工程的划分，列出明细表；按施工月、旬计划的编制依据和实际施工条件，通过计算和平衡编制月、旬施工作业计划。

2. 施工月、旬作业计划的编制依据是：①项目工程施工总进度控制目标及施工总进度计划或调整后的施工总进度计划；②发包方（业主）提出的实时进度指标；③各专业工种的劳动力情况；④各单位工程、分部分项工程所需的施工资源、工程设备和材料供应情况；⑤施工现场条件、气候条件、环境条件；⑥上月完成的施工实际进度及存在的问题。

3. 编制的要求

编制施工月、旬作业计划应明确下列要求：

(1) 具体的计划任务目标。

(2) 所需的各种资源量，包括：①工程设备和材料的需用量；②机械需用台班；③劳动力需要增减量；④资金提供计划等。

(3) 各工种之间和相关方的具体搭接和接口关系。

(4) 存在问题及解决问题的途径和方法。

4. 编制的内容

施工月、旬作业计划的内容应包括：（1）编制说明；（2）施工月、旬作业计划图表；（3）各单位工程应计划完成的工程实物量；（4）要实现施工月、旬作业计划的风险分析及控制措施。

5. 编制施工月、旬作业计划的注意事项有：（1）应保证重要单位工程施工进度和其他各单位工程中的关键工序或重点工序的施工；（2）项目经理部各相关部门、各专业技术人员应提供相关资料，并参与分析研究，达成共识；（3）在保证项目施工总进度控制目标的前提下，施工月、旬作业计划应留有余地；（4）尽可能做到各专业工种持续、均衡施工作业的要求。

6. 施工月、旬作业计划的批准

施工月、旬作业计划编制完成后，需经项目经理批准。

【案例】

（1）背景

某电气安装工程项目经理部承建某工厂建设工程项目中三个单位工程机电安装施工任务。该工厂成立建设工程项目指挥部，负责组织、指挥、协调工作。

该项目经理部承建的三个单位工程机电安装施工任务按项目指挥部施工总进度计划目标编制了施工总进度计划，并得到该项目指挥部批准。

该项目经理部每月编制施工月、旬作业计划。

（2）问题

①该项目经理部编制施工月、旬计划的依据？

②施工月、旬作业计划的编制应明确哪些要求？

③施工月、旬作业计划宜采用什么表示形式？作业计划应包括哪些内容？

（3）分析

①背景界定明确，该项目指挥部是业主代表，并制定了施工总进度控制目标。所以在解答编制施工月、旬作业计划的依据中的用词，如总进度控制目标、不能用"业主"而用"项目指挥部"等。

②依据本节第2部分编写。

③作业计划表示形式已在本节中第1部分明确；作业计划内容是第4部分明确的四个方面。

11.2.5 施工月、旬作业计划的实施

施工月、旬作业计划是项目施工进度计划内实施的重要措施之一，对施工过程，必须按月、旬作业计划进行控制，主要工作有：

1. 逐级落实

（1）项目经理在施工月、旬作业计划实施前要进行交底，并对施工队和分承包方下达作业计划任务书。

（2）施工队（分承包方）应根据施工月、旬作业计划的任务书要求，把月、旬作业计划按分部分项工程下达给各专业技术（工长）人员和相关管理人员。

各专业技术（工长）人员应编制月、旬施工任务单，将月、旬作业计划任务落实到施工作业班组。

（3）其施工任务单的内容应包括：①具体的施工实际进度；②计划完成的工程实物

量;③技术措施;④工程质量要求;⑤安全生产要求及相应的安全技术措施。

2. 跟踪监督

(1) 施工月、旬作业计划的实施过程应进行跟踪监督,当发现作业计划执行受到干扰时,应采取相应措施。

(2) 施工月、旬作业计划中重要单位工程或关键工序的施工时,项目经理部计划部门派专人或施工队计划人员应进行重点跟踪监督,做到及时发现问题,及时同相关方协调解决,确保作业班组持续施工作业。

(3) 要做好施工记录,记录每月完成数量、施工现场发生的情况、干扰因素及排除情况。

(4) 在施工月、旬作业计划图上进行实际进度记录,每周进行作业计划与实际进度的比较分析。

(5) 跟踪实际进度,对工程量、总产值、耗用的人工、材料和工程设备、机械台班等的数量进行统计与分析。

3. 加强施工调度

调度工作是实施施工月、旬作业计划顺利进行的重要手段。主要包括以下工作:(1) 掌握重要单位工程和关键工序的施工作业计划的实施情况,发现问题及时采取相应措施;(2) 做好施工资源调度工作,包括劳动力、施工机械、材料等方面,尽可能做到施工作业班组的持续、均衡施工;(3) 做好与相关方的协调工作,包括业主、监理、设计、土建、装饰装修和分承包方等,必要时,还应包括当地相关行政主管部门及社会群体;(4) 协调施工中的各个环节、各个专业工种之间相互配合关系,如施工中的平行作业、交叉作业、搭接作业等;加强薄弱环节,处理施工中出现的各种矛盾,保证施工有条不紊地按作业计划进行。

4. 检查

(1) 施工月、旬作业计划检查应采取日检查的方式进行。应检查的内容与单位工程施工进度计划的实施图中施工进度计划应检查的内容相同。

(2) 施工作业班组施工任务完成后,由施工队进行检查验收,并及时回收施工任务单进行奖罚兑现。

(3) 月末由项目经理部对施工队(分承包方)月、旬作业计划任务书执行情况进行检查验收。

(4) 进行实际完成进度与施工月、旬作业计划的对比、分析、总结,提出存在的问题和改正意见。

(5) 编制统计报表。统计实际完成进度,对工程量、总产值、耗用的人工、材料和工程设备、机械台班等数量进行统计与分析。

5. 实施检查后,应向企业提供月度施工进度报告

【案例】

(1) 背景

项目经理部对施工月、旬作业计划的实施进行控制,为此要进行组织、指挥和管理,确保施工月、旬作业计划的实现。

(2) 问题

①项目经理部对施工月、旬作业计划的实施控制应采取哪些方面工作?
②施工月、旬作业计划检查应采取的方式?
③给施工作业班组签发施工任务单的内容应包括哪些?
④项目经理部的施工调度工作包括哪些内容?

(3) 分析

①本节主要阐述了施工月、旬作业计划在实施中如何进行控制的四大内容。
②在本节"检查"中首先明确提出了施工月、旬作业计划检查应采取的方式。
③在本节逐级落实部进行了阐述。
④在本节加强施工调度部分阐述了主要方面工作。

11.2.6 作业计划的实施与进度计划偏离时的调整

为保证电气安装工程施工进度计划正常实现,要抓住计划、实施、检查、调整四个环节的循环,检查和调整是这个循环系统的要害。施工月、旬作业计划的编制和实施是进度计划实施的基础,通过对作业计划的检查后,发现与进度计划偏离时,应立即采取应对措施,予以调整,最终实现计划工期目标。

1. 进度计划的比较分析

通常把施工月、旬作业计划实施的结果,在进度计划图上绘制出来,将实际进度与计划进行比较分析,找出偏差,采取应对措施,并进行该进度计划的调整。

(1) 常用的进度计划比较分析方法如下:①横道图比较法;②S形曲线比较法;③"香蕉"形曲线比较法;④前锋线比较法;⑤列表法。

(2) 通过比较能得出实际进度与计划进度是相一致、超前、滞后的三种情况。

(3) 分析出现的进度偏差对后续工作和进度计划的影响

①若出现的偏差是关键性工作,则无论偏差大小,都会对后续工作及进度计划产生影响。
②若出现的偏差大于总时差,则必将影响后续工作和进度计划。
③若出现的偏差大于自由时差,则对后续工作产生影响。

(4) 综合上述三种出现的进度偏差的情况,如果出现前两种进度偏差,就必须对进度计划进行调整;如果出现第三种进度偏差情况,不需要调整进度计划,只需采取应对措施,在以后编制施工月、旬作业计划时予以考虑解决。

2. 计划的调整方法、步骤及内容

(1) 计划的调整方法

根据进度计划的比较分析结果、出现的进度偏差对进度计划的影响程度,确定调整进度计划的目标,选择采取计划的调整方法。

一般采用的主要方法有:①改变某些工作之间的衔接方式;②缩短某些工作的持续时间;③调整资源供应主要措施;④增减施工内容,采取措施对局部逻辑关系进行调整;⑤改变施工方案和施工方法,使单位时间内工程量增加或减少;⑥在相应工作时差范围内改变起止时间。

(2) 调整进度计划的步骤如下:①分析施工月、旬作业计划实施结果的实际进度与计划进度比较;②确定调整对象和目标;③选择适当的调整方法;④编制调整方案;⑤对调整方案进行评价和决策;⑥确定调整后付诸实施的新施工进度计划。

(3) 进度计划调整应包括以下内容：①施工内容；②工程量；③起止时间；④持续时间；⑤工作关系；⑥资源供应。

(4) 采用调整进度计划的方法和措施确定后，重新绘制符合实际进度情况和进度控制目标的新施工进度计划。

【案例】

(1) 背景

电气安装工程施工进度计划在实施中，将会受到多种因素的干扰。其项目经理部编制施工月、旬作业计划，并组织实施，通过实施检查后，发现与进度计划发生偏离时，就需要进行进度计划的调整。

(2) 问题

①电气安装工程进度控制目标的实现应抓住哪些环节？

②施工月、旬作业计划实施的检查后，进行实际进度与计划进度比较，发现哪些属于计划偏离？

③进度计划的比较分析，有哪几种常用方法？

④哪些进度偏差的出现，就需要调整进度计划？

⑤进度计划的调整方法及其内容？

(3) 分析

①本节开始就明确进度计划能否正常实现应抓住四个环节的循环。

②通过实际进度与计划进度的比较分析，得出三种可能的结论，即：相一致、超前、滞后，再确定哪些属于计划偏离情况。

③在本节第一部分提出常用的进度计划比较方法有五种。

④首先是分析出现的进度偏差对后续工作和进度计划产生影响的三种情况，再确定哪些对进度计划产生影响，需要进行计划调整。

⑤在本节第二部分阐述计划的调整方法、步骤及内容。

11.3 项目成本管理

11.3.1 单位工程施工图预算的审核

施工图预算是投标报价的依据之一，也是衡量报价让利水平或预期盈利水平的主要依据，因而其准确度和可靠性成为编制工作的关键。

1. 施工图预算

施工图预算是施工图设计预算的简称，又叫设计预算。它是由设计单位在施工图设计完成后，根据有关资料编制和确定的电气安装工程造价文件。施工图预算也可以由有资格的施工企业、中介机构编制。编制施工图预算的人员要具备造价师资格，或者有预算员上岗证。

2. 施工图预算的编制依据有：(1) 施工图纸和其说明书以及相关的标准图集；(2) 进行预算定额及单位估价表；(3) 施工组织设计及主要施工方案；(4) 预算定额及其调价规定；(5) 电气安装工程费用定额；(6) 机电设备产品目录、采购信息及有关规定等；(7) 预算工作手册及有关工具书；(8) 预算定额编制软件；(9) 工程量清单计价规定。

3. 单位法编制施工图预算步骤是：(1) 搜集各种编制依据资料；(2) 熟悉施工图纸和定额；(3) 计算工程量；(4) 套用预算定额单价；(5) 编制工料分析表；(6) 计算其他各项应取费用，包括措施费、间接费、利润和税金；(7) 汇总机电安装单位工程造价；(8) 复核；(9) 编制说明、填写封面。

4. 机电安装预算取费计算的原则是：(1) 其他直接费的取费以直接工程费中的人工费为基数；(2) 间接费、利润等的取费以直接工程费中的人工费加其他直接费中的人工费之和为基数；(3) 税金则以直接工程费、间接费、利润之和为计算基数；(4) 含税造价（总造价）为直接工程费、间接费、利润、税金之和。

5. 施工图预算主要从以下方面审核：(1) 听取编制人员对施工图预算编制情况的介绍；(2) 熟悉施工图纸；(3) 审核工程量是否正确；(4) 抽查套用预算定额是否正确；(5) 审核套用预算定额是否与施工方案相符；(6) 审核施工工序有无遗漏；(7) 审核取费计算是否正确。

【案例】

(1) 背景

某施工企业投标某工程，招标文件要求采用定额单价法报价，该企业组织有关人员编制了报价文件，并认真进行了审核。

(2) 问题

①编制施工图预算的人员应具备什么资格？

②简述施工图预算的编制依据。

③简述施工图预算审核的主要工作。

(3) 分析

①要掌握只有具备造价师资格或有预算员上岗证才能编制施工图预算。

②要掌握施工图预算的编制依据（本节第2点）。

③要熟悉施工图预算审核的主要工作（本节第5点）。

11.3.2 单位工程的工程量清单计价的运用

工程量清单是按招标和施工图要求，将拟建招标工程的全部项目和内容，依据统一的工程量计算规则和清单项目编制的要求，计算分部、分项工程数量的清单。

1. 工程量清单

工程量清单是招标人提供的文件，编制人是招标人或其委托的工程造价咨询单位。它是招标文件的组成部分，投标人已经中标并签订合同，工程量清单即成为工程合同的组成部分。

如投标工程是固定总价合同的，投标人对招标文件中所列的工程量清单应与设计图纸的工程量认真进行核对，若有误差分两种情况进行处理：一是允许调整的，投标人要通过招标单位答疑会提出调整意见并提供证据，取得招标单位同意后进行调整；二是不允许调整的也要通过招标单位的答疑会，经招标单位同意后，采用调整分项工程总价的方法解决。

在分项工程量清单中，项目编号、项目名称、计量单位和工程量等，由招标单位根据全国统一的工程量清单项目设置规则填写。单价与合价由投标人根据施工组织设计以及招标单位对工程的质量、安全工期等要求,综合评定后填写。

工程量清单除了是投标的重要依据外,在工程变更或索赔时,也可以作为工程量变更或是索赔费用的依据。

2. 工程量单价的套用——工料单价法

工料单价法即工程量清单的单价,按照现行预算定额的工、料、机消耗标准及预算价格确定。措施费、间接费、利润、税金等费用,计入相应标价计算表中。

3. 工程量单价的套用——综合单价法

综合单价法,即工程量清单的单价综合了直接费、其他直接费、现场经费、间接费、利润、税金等一切费用,即综合单价=工料单价系数×工料单价+人工费单价×人工费系数。

(1) 材料费单价包括:采购价、税、运费、保险费、损耗、仓储费、利润等所有费用。人工工日单价包括:工资、奖金、津贴、公积金、养老金、医保、工伤保险、失业保险、个人收入所得税的一切费用。机械台班单价包括:折旧费、修理费、燃料费、保险费、机械拆卸费、进出场费、养路费、操作人员费用等一切费用。上述三项费用及其他直接费、间接费率、利润率等均由投标单位综合评价后自行确定,税率按当地政府规定。

(2) 综合单价法计算规则

①直接费为A,其中:人工费为a。

②其他直接费为a×费率。

③直接工程费为直接费(A)加其他直接费。

④间接费为a×费率。

⑤利润为a×费率。

⑥税金为直接工程费、间接费、利润之和乘以税率。

⑦含税造价为直接工程费、间接费、利润、税金之后,经计算便可得出工料单价系数和人工费单价系数。

⑧工料单价乘以工料单价系数加人工费单价乘以人工费系数便可得出综合单价。

⑨综合单价乘以数量为合价。

【案例】

(1) 背景

某招标单位向某投标单位提供了某工程的工程量清单,见表11-1,要求按综合费率报价。某投标单位经过综合评价,确定了工程单价和其中的人工费,并确定了费率如下:其他直接费率为15%,现场经费率为30%,利润率为10%,税金按当地政府规定为3%。

(2) 问题

试计算该工程单位工料单价综合费率。

试编制该工程工程量清单及综合单价表。

(3) 分析

①要掌握综合费率计算的方法。

②要掌握综合单价=工料单价系数×工料单价+人工费系数×人工费单价。

×××工程工程量清单表　　　　　　　　　表 11-1

序号	分项工程名称	单位	数量	工料单位（元）	其中人工费（元）
1	材料1	t	1	200.00	20.00
2	材料2	t	2	300.00	30.00
3	材料3	t	3	350.00	35.00
4	材料4	t	4	400.00	40.00
5	材料5	t	5	450.00	45.00
	工程造价合计				

11.3.3　单位工程项目成本计划的编制

单位工程项目成本是项目施工过程中单位工程所发生的费用支出的总和。

1. 变动成本和固定成本

（1）变动成本

变动成本是随经济活动变化而变化的成本。在工程项目中，直接成本（如直接原材料和直接劳动）与项目的活动水平成正比例关系，因此直接成本便是变动成本，如施工用的原材料、辅助材料、燃料和动力、外协加工费、计件工资下的生产工人工资等。

（2）固定成本

凡成本总额在一定时期和一定产值范围内不受产值增减变动影响而相对固定不变的，称作固定成本。固定成本与产值的增减成反比例的关系，如管理费用中的办公费、差旅费、折旧费、管理人员工资等。

2. 项目成本的分类

（1）考核成本

目前，机电安装企业都是通过竞标才承接到施工任务，因此，中标价不等于预算价。企业下达给项目经理部的成本是根据企业的有关定额经过评估、测算而下达的用于考核的成本。它是考核工程项目成本支出的重要尺度。

（2）计划成本

它是在考核成本基础上，根据工程项目的技术特征、自然位置特征、劳动力素质、设备情况等，由企业法人代表和项目经理签订的内部承包合同规定的标准成本。它是控制项目成本支出的标准，也是成本管理的目标。

（3）实际成本

它是工程项目施工过程中实际发生的可以列入成本支出的费用总和，是项目施工活动中各种消耗的综合反映。

考核成本与实际成本相比较体现了该项目的成本节约额或超支额；考核成本与计划成本相比较体现了该项目部完成企业下达的成本指标的情况。

3. 项目成本计划的编制方法

（1）项目成本计划的编制依据有：①与招标方签订的工程承包合同；②项目经理与企业法人签订的内部承包合同及有关资料，包括企业下达给项目的降低成本指标及其他要求；③项目实施性施工组织设计，如进度计划、施工方案、技术组织措施计划、施工机械的生产能力及利用情况等；④项目所需材料的消耗及价格、机械台班价格及租赁价格等；

⑤项目的劳动效率情况，如各工种的技术等级、劳动条件等；⑥历史上同类项目的成本计划执行情况以及有关技术经济指标完成情况的分析资料等；⑦施工预算；⑧其他有关资料。

(2) 项目成本计划的编制

项目成本计划一般由两个表组成，即降低成本技术组织措施计划表、降低成本计划表。

①降低成本技术组织措施计划表（见表11-2）

某项目降低成本技术组织措施计划表　　　　　　表11-2

工程名称：　　　　　　　编制日期：　　　　　　　单位：元

措施项目	措施内容	涉及项目			降低成本来源		成本降低额					执行者
		实物量单位	单价	金额	预计收入	计划支出	合计	人工费	材料费	机械费	其他直接费	
合计												

它是预测项目在计划期内各直接费计划降低额的依据，该表的编制以技术部门为主，合同有关单位（与技术组织措施内容相关的）共同研究后确定，主要包括下述三部分内容：

A. 计划期拟采取技术组织措施的种类和内容；

B. 该项措施涉及的对象；

C. 经济效益的计算和各项直接费用的降低。

②降低成本计划表（见表11-3）

根据降低成本技术组织措施计划表和间接费用降低额编制降低成本计划表。

某项目降低成本计划表　　　　　　　表11-3

工程名称：　　　　　　　编制日期：　　　　　　　单位：元

分项工程名称	成本降低额					
	合计	人工费	材料费	机械费	间接费用	其他间接费
分项合计						

4. 施工项目成本失控内部因素分析

施工项目成本失控内部因素分析
- 工作效率低
  - 人工
  - 机械
- 缺乏科学组织施工
  - 施工方案缺乏优化选择
  - 生产要素不能做到优化组合
  - 不重视作业组织形式选择
  - 各项技术组织措施不利
- 非生产人员比重大
- 现场管理不善，资源存在浪费
- 合同变更未索赔

【案例】
(1) 背景

某机电公司，下达给所属某项目部考核成本为 1500 万元，根据内部签订的承包合同，成本降低率为 5%，人工费占计划成本的 10%，材料费占 60%，机械费占 15%，其他直接费用占 5%，间接费占 10%。该项目部经测算人工费降低 2%，材料费降低 4.7%，机械费降低 5%，其他直接费降低 10%，间接费降低 10%。

(2) 问题

根据以上资料，试编制该项目降低成本计划表。

(3) 分析

①掌握项目考核成本与计划成本之间的关系。
②掌握计划成本总额与成本构成子目之间的关系。
③掌握根据降低率计算降低额的方法。

11.3.4 单位工程项目成本计划的控制

项目成本的控制是指以计划成本为标准，对施工进程中所发生的费用支出进行指导、监督、调节，以使各项费用控制在计划成本的范围内，保证成本目标的实现。

1. 项目成本各阶段的控制

(1) 施工准备阶段

①优化施工方案，对施工方法、施工顺序、机械设备的选择、作业组织形式的确定、技术组织措施等方面进行认真研究分析，运用价值工程理论，制定出技术先进、经济合理的施工方案。
②编制成本计划并进行分解。
③对施工队伍、机械的调迁、临时设施建设等其他间接费用的支出，做出预算，进行控制。

(2) 施工阶段

①对分解的计划成本进行落实。
②及时准确地记录、整理、核算实际发生的费用，计算实际成本。
③经常进行成本差异分析，采取有效的纠偏措施，充分注意不利差异产生的原因，以防对后续作业成本产生不利影响或因质量低劣而造成返工现象。
④注意工程变更，关注不可预计的外部条件对成本控制的影响。

(3) 竣工交付使用及保修阶段

①工程移交后，要及时结算工程款，进行成本分析，总结经验。
②控制保修期的保修费用支出，并将此问题反馈至有关责任者。
③进行成本控制考评，落实奖惩制度。

2. 项目成本控制的内容

(1) 人工成本的控制措施有：①严密劳动组织，合理安排生产工人进出场的时间；②严格劳动定额管理，实行计件工资制；③强化生产工人技术素质，提高劳动生产率。

(2) 材料成本的控制措施有：①加强材料采购成本的管理，从量差和价差两个方面控制；②加强材料消耗的管理，从限额发料和现场消耗两个方面控制。

(3) 施工机械费的控制措施有：①按施工方案和施工技术措施中规定的机种和数量安

排使用；②提高施工机械的利用率和完好率；③严格控制对外租赁施工机械。

(4) 其他直接费用的控制

以收定支，严格控制。

(5) 间接费用的控制措施有：①尽量减少管理人员的比重，要一人多岗；②对各种费用支出要用指标控制。

3. 项目成本控制的方法——净值法

(1) 净值法的基本理论

净值法是通过分析项目目标实施与项目目标期望值之间的差异，从而判断项目实施的费用、进度、绩效的一种方法。

净值法主要运用三个费用值进行分析，它们分别是已完成产值、计划完成产值和已完成产值实际成本。

①已完成产值

已完成产值是指某一时间已完成的工作量，这是招标方支付进度款的依据，故称净值。

②计划完成产值

根据进度计划，在某一时刻应当完成的产值。

③已完成产值实际成本

截止某一时刻，已完成产值实际发生费用的总额。

(2) 偏差的计算

①费用偏差

费用偏差＝已完产值－实际成本

当费用偏差为负值时，表示项目运行超出预算费用，当费用偏差为正值时，表示项目运行节支，实际费用没有超出预算费用。

②进度偏差

进度偏差＝已完产值－计划产值

当进度偏差为负值时，表示进度延误，即实际进度落后于计划进度，当进度偏差为正值时，表示进度提前，即表示进度快于计划进度。

(3) 绩效指数的计算

①费用绩效指数

费用绩效指数＝已完产值/实际成本

当费用绩效指数小于1，表示超支，即实际费用高于预算费用；当费用绩效指数大于1，表示节支，即实际费用低于预算费用。

②进度绩效指数

进度绩效指数＝已完产值/计划产值

当进度绩效指数小于1，表示进度延误，即实际进度比计划进度拖后；当进度绩效指数大于1，表示进度提前，即实际进度比计划进度快。

【案例】

(1) 背景

某项目部截至3月底的统计资料如表11-4所示。

(2) 问题

①求出费用偏差。

②求出进度偏差。

③求出费用绩效指数。

④求出进度绩效指数。

(3) 分析

①费用偏差＝已完产值－实际成本。

②进度偏差＝已完产值－计划产值。

③费用绩效指数＝已完产值/实际成本。

④进度绩效指数＝已完产值/计划产值。

统计资料表　　　　　　　　　　　　　表 11-4

单位：万元

工作代号	计划产值	已完产值	已完产值占计划产值 (%)	实际费用
1	100	250	250	250
2	100	100	100	95
3	100	80	80	75
4	100	0	0	0
5	100	100	100	105
合计	500	530	106	525

11.3.5　单位工程项目成本的分析

工程项目成本的分析，就是对工程项目成本计划执行情况的分析。通过分析，查明成本节约或超支的原因，寻求进一步降低成本的途径。

1. 按项目成本构成进行分析

(1) 人工费的分析

①实际耗用工日与预算定额工日数之间的差异对人工费的影响，其测算公式为：

用工日数变动对人工费的影响＝(预算用工日数－实际用工日数)×预算日平均工资

②实际日平均工资与预算定额日平均工资之间的差异对人工费的影响，其测算公式为：

日平均工资变动对人工费的影响＝(预算日平均工资－实际日平均工资)×实际用工日数

(2) 材料费的分析

①量差，即材料实际耗用量与预算定额用量的差异。

②价差，即材料实际单价与预算单价的差异，包括材料采购费用的分析。

(3) 机械使用费的分析

①实际机械台班数与计划台班数的差异。

②实际机械台班单价与计划台班单价的差异。

(4) 其他直接费的分析

收入的其他直接费与实际支出的其他直接费之间的差异，对差额较大的要分析原因。

(5) 间接费的分析

间接费要根据其指标分解的金额与实际发生的数额差异进行分析。

2. 实际偏差的分析

实际偏差，即计划成本与实际成本相比较的差额，它是反映施工项目成本控制的实绩，也是反映和考核项目成本控制水平的依据。

实际偏差＝计划成本－实际成本

分析实际偏差的目的，在于检查计划成本的执行情况。其负差反映计划成本控制中存在的缺点和问题，应挖掘成本控制潜力，缩小和纠正目标偏差，保证计划成本的实现。

3. 因素分析法

因素分析法，又称连锁置换法或连环替代法。这种方法，可用来分析各种因素对成本形成的影响程度。进行分析时，首先要假定众多因素中一个因素发生变化，其他因素则不变，然后逐步替换，并分别比较其计算结果，以确定各个因素的变化对成本的影响程度。

因素分析法的计算步骤如下：

(1) 确定分析对象（即所分析的技术经济指标），并计算出实际值与计划值的差异。

(2) 确定该指标是由哪几个因素组成的，并对其相互关系进行排序，排序方法是先绝对值，后相对值；先工程量，后价值量。

(3) 以计划值为基础，将各因素的计划值相乘，作为分析替换的基数。

(4) 将各个因素的实际数按照上面的排列顺序进行替换，并将替换后的实际数保留下来。

(5) 将每次替换计算新得的结果与前一次的计算结果相比较，两者的差异即为该因素对成本的影响程度。

(6) 各个因素影响程度之和，应与分析对象总差异相等。

【案例】

(1) 背景

某机电安装公司承担某装置内工艺管线安装任务，计划用钢管100t，实际用量110t，计划价格每吨7000元，实际价格每吨7500元。

(2) 问题

①试用因素分析法计算出实际用钢管比计划用钢管增加使实际成本增加的金额。

②试用因素分析法计算出因实际价格高于计划价格使实际成本增加的金额。

(3) 分析

①计算出实际成本总额

实际成本总额＝实际用钢管数量×实际价格

②计算目标数

目标数＝计划用钢管数量×计划价格

③计算用量增加使实际成本增加的金额

增加金额＝(实际用量×计划价格)－目标数

④计划价格提高使实际成本增加的金额

增加金额＝(实际用量×实际价格)－(实际用量×计划价格)

⑤用量增加和价格提高影响之和与实际成本与目标成本的总差额相等。

11.3.6 施工方案的技术经济比较

施工方案是单位工程施工组织设计的核心，它是某分部、分项工程或某项工序在施工过程中由于其难度大、工艺新或比较复杂、质量与安全性能要求高等原因，所需采取的专项施工技术措施以确保施工的进度、质量、安全、成本目标的实现，从而达到技术经济效果。

在电气安装工程项目施工中，由于分工业、民用、公用机电安装，专业技术种类繁多，施工的工程对象多且复杂，所以对施工方案编制的深度、侧重面等要求也相应不同。必须制定针对性施工方案，才能满足施工要求，所以施工方案应进行技术经济的比较。

1. 施工方案技术经济分析的方法

(1) 分析的原则

①对施工方案进行技术经济评价是选择最优施工方案的重要环节之一。

②根据条件不同，应制定多个施工方案，进行技术经济分析。

③选出工期短、安全有保证、质量好、材料省、劳动力安排合理、工程成本低的方案。

(2) 施工方案经济评价的常用方法—综合评价法

①综合评价法公式：

$$E_j = \sum_{i=1}^{n}(A \times B)$$

式中 E_j——评价值；
n——评价要素；
A——方案满足程度（%）；
B——权值（%）。

②用上述公式计算出最大的方案评价值 $E_{j\max}$ 就是被选择的方案。

(3) 需作经济分析的主要施工方案有：①特大、重、高或精密、价值高的设备的运输、吊装方案；②大型特厚、大焊接量及重要部位或有特别要求的焊接施工方案；③工程量大、多交叉的工程的施工组织方案；④特殊作业方案；⑤现场预制和工场预制的方案；⑥综合系统试验及无损检测方案；⑦传统作业技术和采用新技术、新工艺的方案；⑧关键过程技术方案等。

2. 施工方案的技术经济比较

(1) 技术经济比较的目的

电气安装工程施工方案进行技术经济比较的目的是为了选优。主要从以下方面进行比较：①评估施工方案技术水平处于何种地位，如省、行业、国家级水平等；②实施方案的经济性；③实施方案的安全性和对环境的影响；④工期进度能否适应合同或施工组织总设计的要求；⑤施工方案的技术效率。

(2) 技术水平比较的内容

①技术效率。所预选的几种技术在单位时间完成工作量的大小，如：

A. 吊装技术中的起吊吨位，每吊时间间隔，吊装直径范围，起吊高度等；

B. 焊接技术中能否适应的母材，焊接速度，熔敷效率，适应的焊接位置等；

C. 无损检测技术中的单片、多片射线探伤等；

D. 测量技术中平面、空间、自动记录、绘图等。

②技术的先进性

A. 评价方案所选用的技术在同行业中是否处于先进水平；

B. 所设计的方案技术创新是否可以评价；

C. 方案的先进性可分为内部开发和外部引进或外引加改造三种类型；

D. 统计创新技术的点数占本方案总的技术点数的比率来体现其方案的技术水平。

③方案的经济性：所选择的几种方案进行技术经济分析，以确定在满足要求的情况下费用最低的方案。

④方案的重要性：所选定的方案在某项目、开辟某行业领域或在企业自身技术发展等方面所处的地位及推广应用的价值。

【案例】

(1) 背景

某变压器厂装配车间为全钢结构厂房，跨度为28m，长180m，轨道中心跨距为22m，轨道顶标高22.5m。某安装公司承接了一台160/40t桥式起重机安装工程，起重机自重175.8t，安装工期15天，为了确定能保证安全可靠、保证工期、降低成本的吊装方案，已初选出用汽车吊进行吊主梁分片的吊装方案和用扒杆吊装方案。根据调查资料和本公司实践经验，已定出各评价的权重及方案的评分值见表11-5。

(2) 问题

用综合评价法选出安全可靠满足工期成本的吊装方案。

(3) 分析

根据评价要素及各方案的评分值用综合评价法公式计算出最大的方案评价值 $E_{j\max}$ 就是被选择的方案。

评价要素及各方案评分值表　　　　　表11-5

序号 (n)	评价要素	权值(%) B	方案满足程度(%) A	
			汽车吊装 ($E1$)	扒杆吊装 ($E2$)
1	吊装安全	20	20	15
2	吊装成本	40	10	40
3	吊装工期	15	15	10
4	操作难度	15	15	10
5	客观条件	10	10	10

11.4 质量管理

11.4.1 施工人员的控制

工程质量的关键是人（包括参与工程建设的组织者、指挥者、管理者和作业者）。人的政治思想素质、责任心、事业心、质量意识、业务能力、技术水平等均直接影响工程质量。为此，电气安装工程施工任务承接后，应充分提供能胜任对工程产品质量有保证的管理、操作和验证的人员。

1. 资格和能力的控制

(1) 从事影响工程产品质量的所有人员，应确定其所必要的资格和能力要求。人员的资格和能力应从教育（学历）、培训、技能、经历等四个方面予以判定。控制人的使用，避免产生工作失误。

(2) 项目经理部应根据工程特点，从确保质量出发，在人的技术水平、人的生理缺陷、人的心理行为、人的错误行为等方面来控制人的使用。如对技术复杂、难度大、精度高的工序或操作，应由技术熟练、经验丰富的工人来完成；反应迟钝、应变能力差的人，不能操作快速运行、动作复杂的机械设备；对某些要求万无一失的工序或操作，一定要分析人的心理行为，控制人的思想活动，稳定人的情绪；对具有危险源的现场作业，应控制人的错误行为，严禁吸烟、赌博、酗酒、误判断、误动作等。

2. 加强质量意识教育

(1) 所有施工人员应意识到自己所从事的活动与工程质量的相关性和重要性，以及如何为实现工程质量目标做出业绩。通常可采用教育、宣讲、树样板等形式，对员工进行质量意识教育，增强责任心，激励人的积极性，发挥人的主导作用。

(2) 所有施工人员应意识到建筑安装工程产品质量能满足业主要求和法律法规要求的重要性以及偏离规定的后果。从电气安装工程中所发生的质量通病进行分析时，其施工人员的质量意识是重要因素之一，许多质量问题的发生一般不是技术水平问题，而是由于施工管理环节比较薄弱，施工人员质量意识差，工作责任心不强所造成的。为此应通过质量意识教育，增强人的质量观和责任感，使每个人牢牢树立"百年大计，质量第一"的思想，认真搞好本职工作，以优秀的工作质量来创造优质的工程质量。

3. 严格培训、持证上岗

(1) 电气安装工程产品特点是单一多变性，技术和质量要求高，又由于工种多，各专业都有一定的关键技术，应根据现场需要的人力资源和施工人员掌握的熟练程度的不同，有针对性地进行专业技术培训，严格控制无技术资质的人员上岗操作；对有关国家法规规定的操作人员必须经过定期培训考试合格，取得上岗操作证的特种作业人员，必须做到持证上岗，从而确保电气安装工程的质量。

① 特种设备作业人员：一般指从事《特种设备安全监察条例》所规定的锅炉、压力容器、压力管道、起重机械和电梯、游乐设施的制造、安装、改造的专业技术操作人员，在施工企业中界定的专业工种有焊工、起重工、冷作工、电工、探伤工、试验工、架子工、司炉工、水处理工、砌筑工等。国家质量监督机构对焊工、探伤工、司炉工、水处理工等的培训、考试、发证及上岗的管理都建立了相应的制度和办法。

② 特殊工种作业人员：一般指从事较危险施工环境作业的工种，在机电安装施工企业有焊工、起重工、电工、场内运输工（叉车工）、架子工等。国家安全生产监督机构制定了一系列的办法和制度，强制性地使从事危险环境作业的工人通过培训掌握本工种的安全操作技能和安全知识，以保证在危险环境下的安全作业。

(2) 项目经理部应根据工程特点，通过施工人员技术能力分析，确定工序或操作所需员工数量，制定培训计划并予以实施，满足人力资源需要。如电梯、锅炉、压力容器、压力管道的焊接工人必须经过定期培训考试合格，持有上岗操作证才能上岗操作；又如高压阀门的研磨的操作人员,必须组织培训,掌握磨具的使用方法和研磨的关键技术,并能熟练操作,经试件检验合格后,才能上岗操作;再如锅炉对流管与汽包的胀管技术的培训,锅炉试运行前对司炉工的培训等。

(3) 新材料、新技术、新工艺和新机具使用更新快,难度大,操作要求高,需要施工人员及时适应、掌握。为此,"四新"的推广应用可通过试验,形成样板再组织专业技术培训,经培训考试或考核合格的人员才能上岗操作,确保工程施工质量。

【案例】

(1) 背景

某机电安装公司在承建某纺织城热电厂锅炉安装工程任务时,因群众举报施工质量有弄虚作假行为,经××省质量技术监督局锅炉处查证核实有如下三方面错误:第一,有两人无证施焊;第二,方案确定受热面管道采用氩电联合工艺,施工时却采取手工电弧焊;第三,有数张焊口抽检X光片失踪。据此,吊销了该公司的B级锅炉安装许可证。

(2) 问题

①阐述该公司对施工人员失控的主要环节有哪些?

②该公司应对施工人员的主要控制环节采取整体措施,主要包括哪些方面内容?

(3) 分析

①应从国家法规规定对特种人员,必须做到持证上岗的要求的失控角度分析此问题;从人的错误行为即操作者未按方案规定的氩电联合工艺进行施焊,造成失控;焊口抽检X光片失踪是责任人缺乏质量意识和责任心而出现对施工人员质量意识教育的失控。

②认真执行国家法规规定的特种作业人员必须经过培训考试合格,取得上岗操作证,必须做到持证上岗的要求,该公司质量管理部门应加强对从事影响工程施工质量的所有人员进行资格和能力控制监督检查,发现特种作业人员无证上岗时应立即阻止操作,并派到当地质量技术监督局指定的具备培训资格的单位进行培训考试合格,领取资格证后才能上岗;应从人的技术水平、人的生理缺陷、人的心理行为、人的错误行为等方面严格控制人的使用;对缺乏质量意识和责任心的人员应加强意识教育,使他们认识到违反法规规定和偏离质量规定的后果。

11.4.2 施工机具和检测器具的控制

施工机具和检测器具是电气安装工程组织施工的重要物质基础,是现代化施工中必不可少的手段,它对施工项目的进度、质量都有直接影响。为此,施工机具和检测器具的选用,必须综合考虑施工现场条件、施工工艺和方法、施工机具和检测器具的性能、施工组织与管理、技术经济等各种因素,进行多方案比较,使之合理装备、配套使用、有机联系,以充分发挥其效能,力求获得较好的综合经济效益。由于电气安装工程误差等级在毫米到微米之间较多,所以对检测器具的选择、使用、保管要加强管理。

1. 施工机具选用的原则

应着重从施工机具和设备的选型、主要性能参数和使用操作要求等三方面予以控制;应严格执行对新设备采购前的审批制度和库存设备使用前的验证制度。

(1) 施工机具和设备的选型。应本着因地制宜,突出施工与机具相结合特色,使其具有工程的适用性,具有保证工程质量的可靠性,具有使用操作方便性和安全性。

(2) 机具和设备的主要性能参数是选择的依据,要能满足需要和保证质量要求。

(3) 机具和设备的使用、操作要求。要根据工程的具体特点和使用场所的环境条件，选用适合的机具设备。

2. 检测器具选用的原则

(1) 检测器具必须满足被测对象及检测内容的要求，使被测对象在量程范围内。

(2) 检测器具的测量极限误差必须小于或等于被测工件或物体所能允许的测量极限误差。

(3) 经济合理，降低测量成本。

3. 使用、操作的控制

(1) 合理使用施工机具设备和检测器具，正确地进行操作，是保证电气安装工程施工质量的重要环节。

(2) 正确执行各项制度。坚持正确执行"人机固定"制度、"操作证"制度、岗位责任制、交接班制度、"安全使用"制度。操作人员必须认真执行各项规章制度，严格遵守操作规程，不"违章作业"，防止出现安全质量问题。例如，起重机械应保证安全装置齐全可靠，操作时，不准机械带病工作，不准超载运行，不准猛旋转、开车快，不准斜牵重物，六级大风或雷雨天应禁止操作等。

(3) 预防事故损坏。施工机具设备在使用中，要尽量避免发生故障，尤其是预防事故损坏（非正常损坏），即指人为地损坏。其主要原因有：操作人员违反安全技术操作规程；操作人员技术不熟练或麻痹大意；使用方法不合理或指挥错误；机械设备保养、维护不良或运输、保管不善和作业条件的影响等。这些都必须采取措施严加防范。

(4) 进行正确操作。检测器具在使用时，使用者要熟悉并掌握相应的使用要求和操作方法，按规定进行正确操作，并保证在适宜的环境条件下进行，如温度、湿度、振动、屏蔽、隔声等。必要时，应采取措施，消除或减少环境对测量结果的影响，保证测量结果的准确可靠。

4. 管理和保养的控制

施工机具和检测器具的管理和保养工作，是为了提高机具和设备的完好率、利用率和效率。确保检测设备处于良好的技术状态，是测量结果准确可靠的基础。

(1) 应按施工机具和设备技术保养制度、机械设备检查制度等要求，加强施工现场机械设备的使用、保养、调度、监察等方面的管理工作。要做到：机械设备处于完好状态，工作性能达到规定要求；机械随机工具、部件及附属装置等完整齐全；精心保养，随时搞好机械设备的清洁、润滑、调整、紧固、防腐；确保机械施工安全，防止机械事故发生。

(2) 检测工具的周期检定、校验控制。应根据国家对强制检定的计量器具检定周期的规定，企业自有的计量管理制度和对非强检计量器具检定（校验）周期的规定，对检测器具进行周期检定、校验，以防止检测器具的自身误差而造成工程质量不合格。

(3) 检测器具应分类存放、标识清楚，实行预防性保护措施，如定期通电、通风、更换干燥剂等措施，保持其准确性和实用性；应按使用说明及有关要求合理搬运并妥善保管；针对不同要求采取相应的防护措施，如防火、防潮、防振、防尘、防腐、防外磁场干扰等。

总之，机具设备和检测器具的使用、操作、管理和保养、搬运和储存应认真执行控制程序和管理制度要求，为工程产品质量符合规定的要求提供保证和证据。

【案例】

(1) 背景

某机电安装公司项目经理部承建某工程机电安装任务,该工程特点之一是不锈钢容器和管道安装工程量较大,设计要求不锈钢管道连接采用氩—电联焊。在不锈钢容器及管道上安装的压力表其量程为1.6MPa的1.5级表。为此该项目经理部组织编制不锈钢容器及其管道的施工方案。

(2) 问题

①在编制施工方案时,其焊接设备的选用原则是什么?
②检测用的工作计量器具——压力表选用多大量程和精度等级适宜?
③项目经理部质检员在进行监督检查时,对该检测器具——压力表及其使用中应检查哪些方面内容?
④质检员在检查中发现工作计量器具——压力表的指针不在"0"的位置时,应采取什么纠正措施?

(3) 分析

①应根据不锈钢的焊接特点,从适用性、可靠性、安全性和使用方面等几方面进行分析。
②检测器具的量程应选被测计量表的1.25倍为宜;其精度等级应选用高于或等于被测量表的精度为宜。
③首先应按法规要求检查是否经过周期检定,并在周期检定期内进行检查;再检查选用该计量器具的量程和精度等级和使用过程操作的正确性和作用环境的适宜性等。
④质检员发现上述问题后,立即宣布停用,按计量器具使用前的检查要求及检查已被测过的压力表数量及表号等方面内容,确定纠正措施。

11.4.3 工程材料的控制

工程材料的质量是工程质量的基础,其质量不符合要求,工程质量也就不可能符合标准。因此,加强工程材料的质量控制,是提高工程质量的重要保证,也是创造正常施工条件的前提。

1. 工程材料采购的控制

(1) 根据设计图纸和技术要求文件,编制采购计划,其内容应包括工程、材料的名称、规格、型号、参数、数量、质量要求和分批量使用的时间等。采购计划需经项目经理批准。

(2) 重要的工程材料签订采购合同前通报业主(或设计、监理方)进行确认。

2. 工程材料进货检查和验收的控制

确定对工程材料质量检验的方式(免检、抽检、全检),采用不同的检验方法(书面检验、外观检验、理化检验、无损检验等)。根据材料的质量标准,项目经理部物资管理部门负责组织进货检验,邀请监理方参加检验并确认,确保检验不合格的物资不入库或进场,或做出标识隔离存放,保证投入使用物资的质量可靠性。

(1) 工程的主要材料进货验收时,必须具备出厂合格证、材质化验单等质量证明资料。

(2) 凡标识不清或对其质量、证明资料有怀疑,或与合同规定不符的,应进行一定比例试验或进行追踪检验，以控制和保证其质量。

（3）材料质量抽样和检验方法，应符合相关标准，要能反映被抽样材料的质量性能。

（4）进口的设备、材料必须经过商检局检验合格并出具商检合格证明书。

（5）在现场配制的材料，如防腐材料、绝缘材料、保温材料等，应按其配合比的规定进行试配检验合格后才能使用。

（6）外观检查发现有损伤时，如有必要应对高压电缆、电工绝缘材料、高压瓷瓶进行耐压试验；高压阀门、截止阀和压力容器设备等要进行强度试验和严密性试验。

3. 工程材料质量的检验方法

材料质量的检验方法有书面检验、外观检验、理化检验和无损检验等四种。

（1）书面检验：是通过对提供的材料质量保证资料、实验报告进行审核，取得认可方能使用。

（2）外观检验：是对材料的品种、规格、外形几何尺寸、标识、腐蚀、损坏及包装情况等进行直观检查，看其有无质量问题。

（3）理化检验：是借助试验设备和仪器仪表对材料样品的化学成分、机械性能等进行检验。

（4）无损检验：是利用超声波、X射线、表面探伤等检测器具进行检测。

4. 工程材料储存保管的控制

（1）按照被储存保管的材料性能、规格和要求，在安全适用的库房或场所分类存放，对于易燃、易爆、有毒的材料，应设专用库房，并设醒目的禁令标识、具备安全防火防毒禁入设施。

（2）入库的物资按规定要求上架、入区，并有区别标识，建立入库"物资台账"，保证账、物相符，坚持定期盘点和不定期检查，加强日常保养。

（3）在储存保管期间，发现问题应及时报告，并采取必要的措施，防止问题扩大，同时实施处置对策。

5. 合理组织物资发放使用，减少损失

（1）遵循物资先入先出的原则，尽量缩短库存时间。

（2）按定额计量使用材料的制度，加强材料管理和限额发放工作，健全现场材料管理制度，既可避免材料损失、变质，又可避免材料的不正确使用。

（3）工程材料领取后，要加强施工现场的保管工作，合理存放，做好标识，避免错用。

【案例】

（1）背景

一机电安装公司项目经理部承建某热电厂机电安装任务，该工程的特点之一是不锈钢管道安装工程量大，需要各种规格的不锈钢焊条和焊丝15t左右。为此项目经理部在组织编制该工程设计时，把对不锈钢焊条和焊丝的管理，从编制需用计划到发放使用的全过程均制定了控制措施。

（2）问题

①工长（施工员）在编制不锈钢焊条和焊丝的需用供应计划时，应包括哪些内容？材料供应部门收到该需用供应计划时，组织采购工作应如何进行？

②供应商按合同要求供货到现场后,项目经理部如何进行进货检验和验收控制?
③在仓库保管和使用发放时,如何确保不锈钢焊条和焊丝的使用质量?

(3) 分析

①应根据设计图纸和技术要求文件及施工总进度计划的安排,不锈钢焊条、焊丝的使用特点,编制需明确的质量保证和分期分批需用计划;材料供应部门按采购计划的编制,对供应商选择及签订采购合同前通报业主或委托方进行确认要求。

②确定材料质量检验有免检、抽检、全检3种方式可选定;进货检验方法有书面检验、外观检验、理化检验和无损检验4种方法可选定;材料管理部门负责进货检验时,邀请监理工程师参加并确认;检验不合格的材料不准入库,并做出标识和隔离存放。

③由于焊接材料的特殊性,对保管和发放应有明确要求,如存放、标识、防变质、缩短库存时间等。

11.4.4 施工方法和操作工艺的控制

工程质量是施工过程中形成的。工序质量控制是项目施工过程中质量控制的基础,制定正确的施工方法和操作工艺,才能对各工序施工活动的质量进行有效控制。

1. 施工方法和操作工艺的制定要求

施工方法和操作工艺的制定正确与否,是直接影响工程施工进度控制、质量控制、成本控制的三大目标能否顺利实现的关键。往往由于施工方法和操作工艺的制定时,考虑不周到而拖延进度、影响质量、增加成本。为此,施工方法和操作工艺的制定要求是:①必须结合工程实际、企业自身能力、因地制宜等方面进行全面分析、综合考虑;②力求施工方法技术可行、经济合理、工艺先进、措施得力、操作方便;③有利于提高工程质量,加快施工进度、降低工程成本;④施工方法是实现工程施工的重要手段,无论施工方法的选择、操作工艺的制定、施工方案和施工组织设计的编制等,都须确保工程施工质量和安全。

2. 施工方法和操作工艺示例

电气安装工程设备安装类型多,涉及专业面广,因此施工方法和操作工艺很多。

(1) 工业锅炉安装,从设备基础放线开始,经过钢构架安装,锅筒、集箱及受热面安装,省煤器、空气预热器安装,直到炉墙砌筑,汽水管道安装等,是属于多工程施工的综合设备安装项目。锅炉钢架的吊装就位方法,可以采用依装配工序先后的逐件吊装法,也可采用整个炉墙的钢架组合件整体吊装的方法。但采用组合件调整时,由于组合件的自重,使钢架承受负荷,所以必须预先检查组合件是否有足够的刚度。

(2) 大型起重机起吊时,可采用起重机主梁和端梁在地面组合后整体起吊。如整体起吊组合宽度在空中旋转受厂房跨度的限制,就必须计算好并制作安装时用的"过渡端梁",先在地面组装后起吊,待起重机主梁就位后,采用有效方法拆去过渡端梁,将正式端梁吊装就位。

3. 实施的要点

(1) 严格遵守施工工艺标准和操作规程,它是进行施工作业的依据,是确保工序质量的前提。

(2) 切实控制工序活动的操作者、材料和工程设备、施工机具、施工方法和施工环境等,使其处于受控状态,保证每道工序质量正常、稳定。

(3) 检验工序活动是评价工序质量是否符合标准要求的手段。加强工序质量检验工作，对质量状况进行综合统计与分析，及时掌握质量动态。发现质量问题随即研究处理，满足规范和标准的要求。

(4) 控制点是指为了保证工序质量而需要进行控制的重点或关键工序，设置工序质量控制点并进行强化管理，保持工序处于良好的受控状态。

(5) 工序质量控制的方法

一般有质量预控和工序质量检验两种，以质量预控为主。主要方法有：

①质量预控是指施工技术人员和质量检验人员事先对工序进行分析，找出在施工过程中可能或容易出现的质量问题，从而提出相应的对策，采取质量预控措施予以预防。

质量预控方案一般包括：工序名称、可能出现的质量问题、提出质量预控措施等三部分内容。例如：锅炉、压力容器、压力管道的焊接质量预控方案；锅炉对流管的胀接治理预控方案；锅炉的烘、煮炉质量预控方案；轴孔热、冷配合预控方案；电缆头制作质量预控方案等。

②工序质量检验是指质量检查人员利用一定的方法和手段，对工序操作及其完成产品的质量进行实物的测定、查看和检查，并将所测得的结果同该工序的操作规程规定的质量特性和技术标准进行比较，从而判断是否合格。

工序质量检验一般包括标准、度量、比较、判定处理和记录等内容。

【案例】

(1) 背景

某公司在江南某地承接一电厂低压蒸汽架空外管的工程。根据合同，蒸汽管道系统必须在1个月完成，当时正值梅雨季节，据当地气象局部门预报，将有20天左右的连续阴雨。为保证工程进度和工程质量，尤其保证焊接质量和进度，施工单位决定采取地面组装、分段吊装的施工方法，从施工方法和工序控制方面加强了施工中的质量控制。

(2) 问题

①制定施工方法和操作工艺时应注意哪些要求？
②该项目在制定施工方法和操作工艺时应重点注意哪些要求？
③在该项目实施时应主要注意哪些问题？
④试针对该项目分析从哪几个方面提出质量预控措施？
⑤质量预控措施一般包括哪些内容？针对本工程提出一项质量预控措施。

(3) 分析

①应从以下几个方面分析

A. 必须结合工程的实际情况、因地制宜进行分析；
B. 施工方法应可行，同时考虑经济性、可操作性等；
C. 保证工程质量和进度。

②根据雨季的特点和采取的施工方法，应从场面组装、焊接质量控制和吊装工艺等方面分析。

A. 保证焊接质量，注意室外的防雨、防风、焊条防潮和焊接接头坡口处理等方面；
B. 在吊装工艺允许情况下，尽量加大地面组装的范围，吊装时应减少吊装变形，保证一次就位等方面。

③从以下几个方面分析回答。

A. 严格按本工程的施工方法和操作工艺执行；

B. 切实保证控制工序活动的操作者、材料、设备、施工方法和施工环境等处于受控状态，以保证每道工序的质量；

C. 加强工序质量检验工作，对已完成的工序及时进行检验，发现问题及时研究处理并提出预防措施，保证工程质量处于受控状态；

D. 关键工序设置质量控制点，强化管理，本项目主要针对雨季施工中的焊接和吊装两个关键工序设立控制点；

④本项目的质量预防措施应从可能影响工程质量的关键工序焊接和吊装以及该工序可能出现的质量问题（如焊接中怎样保证作业面防雨、防风，怎样保证焊条不受潮，管道坡口处理方法和焊后及时检验以及吊装时可能出现的变形等）提出相应对策，采取质量预控措施。

⑤从工序名称、可能出现的质量问题和提出质量预控措施等三部分内容来分析。如：从焊接来分析提出措施。

工序名称：室外焊接。

可能出现的质量问题：由于处于梅雨季节，室外将处在风雨中，风雨中焊接，尤其在雨中焊接，除安全问题外，焊条会受潮，焊缝坡口会有水。

质量预控措施：在室外搭建移动小屋，将焊缝处于室内，并在小屋内营造比较干燥的小环境（如在小屋内增加照明和具备加热等）保证焊接在干燥、无风的环境中进行，保证焊缝质量。

11.4.5 施工环境的控制

影响工程项目施工质量的环境因素较多，有工程技术环境、工程管理、作业劳动环境等。环境因素对工程施工质量的影响，具有复杂多变的特点。

1. 环境因素

(1) 工程技术环境如气候条件的变化（温度、湿度、风速、暴雨等）都将直接影响或间接影响工程质量。往往前一道工序就是后一道工序的环境，前一分项或分部施工后也就是后一分项或分部工程的环境。

(2) 工程管理环境在组织立体交叉作业时，上层施工会污染或损坏下层已施工实物，且构成下层施工人员安全隐患；在组织平行施工作业时，由于空间和作业的限制而产生相互干扰等。

(3) 作业劳动环境，机械或电动工具产生的噪声或粉尘；电焊、气焊产生的弧光和烟尘等环境因素都会不同程度影响工程质量和职工身心健康。

2. 主要控制内容是：(1) 对环境因素的控制，与施工方案和技术措施紧密相关；与施工组织、管理、协调工作紧密相关；也与施工作业人员的文明施工、责任心和敬业精神紧密相关；(2) 综合上述环境因素及相关性，涉及范围较广，在拟定对环境因素的控制方案或措施时，必须全面考虑，综合分析，才能达到有效控制的目的；(3) 拟定控制方案及措施。电气安装工程项目经理部，应针对工程的特点和环境条件情况，拟定控制方案及措施如制定季节性保证施工质量和施工安全的有效措施；精密设备或洁净室等安装时，对空气洁净度的环境要求，应制定明确的环境条件和应采取的措施。

【案例】

(1) 背景

某公司承接某电子厂的洁净车间，工程内容包括室内装饰和净化空调系统的制作安装，土建已完成，并已交付安装。

(2) 问题

影响洁净室施工质量的环境因素主要有哪些？

对洁净室施工环境的主要控制内容有哪些？

(3) 分析

从洁净室施工的特点和对环境的特殊要求分析，洁净室施工中主要需防止粉尘、油污的污染。所以必须有一个较封闭和清洁的施工环境，同时必须对施工环境进行保护。

从建立和保护相对封闭和清洁的施工环境分析，首先应有如何满足必需的施工环境的施工方案和技术措施，同时亦加强对施工人员的教育和管理。如洁净室装饰时，所选材料应不产尘、不积尘、易清扫。施工应相对封闭，并应有专人清扫，保持室内的清洁。注意对地面的保护，防止机油和化学品的污染等。净化空调系统制作应在较封闭和清洁的环境中进行。地面应铺防护材料，风管加工前应彻底清洗。高效过滤器安装必须在洁净室全面清洁后进行，并必须保证进入洁净室的人员和材料的清洁等。

11.4.6 典型工程的质量检验

典型工程的质量检验是工程质量检验的基础和基本方法，典型电气安装工程的质量检验举例如下。

1. 建筑电气工程施工质量检验

(1) 以变配电室高低压配电装置安装工程质量检验为例，其质量检验的主要内容有：①柜、盘的平整度、水平度、垂直度测量，各种距离的尺寸测量；②螺栓紧固程度做拧动试验，有最终拧紧力矩要求的螺栓用扭力扳手抽测；③需做动作试验的电气装置，如各类电源自动切换或通断装置的调整试验；④供电线路的绝缘电阻的测试；⑤接地（PE）或接零（PEN）的导通状态测量；⑥开关插座的接线正确性检查；⑦漏电保护装置的动作电流和时间数据值测定；⑧接地装置的接地电阻测定；⑨由照明设计确定的照度；⑩空载试运行和负荷试运行检查等。

(2) 质量检验应按分项、分部工程的规定要求进行检查，抽查的结果应符合相应的建筑电气工程施工质量验收规定和设计要求。

2. 通风与空调工程施工质量检验

以净化空调系统质量检验为例，其质量检验的重要内容有：(1) 风管、风口表面平整、无损坏，风口安装位置正确、可调节部件能正常运作；(2) 风管连接、高效过滤器与风管、风管与设备或调节装置的接管有可靠密封，无明显缺陷，风管的软性接管正确牢固、自然无强扭；(3) 各类调节装置的制作和安装正确牢固，调节灵活，操作方便、防火及排烟阀等关闭严密，动作可靠；(4) 空调机组、风机、净化空调机组、风机过滤器单位和空气吹淋室，风机盘管机组的安装位置正确牢固，连接严密；组合式空气调节机表面平整光滑、接缝严密、组装顺序正确，喷水室外表面无渗漏；(5) 送回风口、各类末端装置以及各类管道等与洁净室内表面的连接处密封处理可靠、严密；(6) 净化空调机组、静压箱、风管机送回风口清洁无积尘；(7) 消声器安装方向正确，外表面平整无损坏；除尘器、积尘室安装牢固，接口严密；（8）制冷机、水泵、制冷及水管系统的管道、阀门、仪表安装位置正确，系统无渗漏；（9）风管、部件及管道的支、吊架形式，位置及间距符合规定要求；风管、部件、管道及支、吊架的油漆均匀，油漆颜色与标志符合设计要求；（10）装配室和洁净室的内墙面、吊顶和地面光滑、平整、色泽均匀，不起灰尘，地板静电值低于设计规定；（11）绝缘层的材质、厚度符合设计要求，表面平整，无断裂和脱落，室外防潮层或保护壳应顺水搭接、无渗漏。

质量检验应按分项、分部工程的规定要求进行检查，抽测的结果应符合相应的通风与空调工程施工质量验收规定和设计要求。检测结果洁净度等级符合设计要求。

3. 建筑给水排水及采暖工程的质量检验

（1）质量检验的主要内容有：①承压管道系统和设备、阀门的水压试验；②排水管道灌水、通球及通水试验；③雨水管道灌水及通水试验；④给水管道通水试验及冲洗、消毒检测；⑤卫生器具通水试验，具有溢流功能的器具满水试验；⑥地漏及地面清扫口的排水试验；⑦消火栓系统测试；⑧采暖系统冲洗及测试；⑨安全阀及报警联动系统动作测试；⑩采暖锅炉48小时符合试运行性能要求等。

（2）其施工质量检验应按分项、分部（子分部）工程的规定要求进行检查，抽检和测试结果应符合相应的建筑给水排水及采暖工程施工质量验收规定和设计要求。

4. 机械设备安装工程质量检验

（1）以金属切削机床的普通卧式车床为例，机床精度检验的主要内容有：①溜板移动在垂直平面内的直线度检验；②溜板移动的倾斜度检验；③溜板移动在水平面内的直线度检验；④溜板移动对主轴轴线平行度检验；⑤主轴锥孔轴心线和尾座顶尖套锥孔轴心线对溜板移动的等高度检验。

对其检验测试结果，与金属切削机床安装工程施工及验收规范中相应标准规定要求进行对照评定，得出"合格"或"优良"。如果评定为不合格则不能予以验收。

（2）机械设备安装工程质量检验按规范进行质量检验。

5. 焊接质量检验

（1）在电气安装工程质量中焊接连接被广泛应用，然而由于工程的使用要求和性能要求不同，焊接技术方法及焊接质量要求都各不相同。为此，焊接质量检验应按焊接技术要求和焊缝质量等级要求来判定，从焊接质量检验的主要内容中确定使用的质量检验方法，确保焊接质量。

（2）焊接质量检验的主要内容有：①外观检验；②致密性检验，包括气密性试验、氨气试验、煤油试验、水压试验及气压试验等；③无损检测，包括荧光检验、着色检验、磁粉检验、超声波检验、射线检验、氨检漏检验等；④力学性能试验，包括拉伸试验、弯曲试验、硬度试验、冲击试验、断裂韧性试验及疲劳试验等；⑤化学分析及腐蚀试验，包括化学分样、腐蚀试验；⑥金相检验，包括宏观金相检验、微观金相检验。

【案例】

（1）背景

某机电安装公司承接某饭店通风空调系统安装工程。该项目质检部门拟编制质量检验计划，为此需弄清以下两个问题才能结合施工计划编制合理的质量检验计划，确保工程质量。

(2) 问题

①质量检验的步骤？

②该工程质量检验有哪些主要内容？

(3) 分析

①质量检验应按分项工程、分部工程和单位工程依次进行。

②按《通风与空调工程施工质量验收规范》有关质量检验的主要内容阐述。

11.4.7 常见质量通病的分析及预防措施

安装工程项目施工中有些质量问题，如"跑、冒、滴、漏"等，由于经常发生，重复出现，称之为质量通病。质量通病在各专业施工中都有不同程度存在，其量大面广，虽不影响使用功能，但有碍观感，影响工程质量。消除质量通病，是提高工程产品质量的关键环节之一。

1. 质量通病的分析

在调查的基础上分析产生质量通病的原因，一般常用质量管理的方法分析原因。在分析原因时要注意四个方面的问题：

(1) 要针对存在问题分析原因；

(2) 分析原因要展示问题的全貌；

(3) 分析原因要彻底，要一层一层地分析下去，分析到能直接采取对策的具体因素为止；

(4) 要正确恰当地应用统计方法。常用的方法有因果图、系统图、关联图等，通过"人、机、料、法、环"分析原因。

2. 质量通病防治措施有

(1) 针对分析的原因，根据现场实际情况，采取相应的防治对策。

(2) 对质量通病除进行必要的防治外，还必须对所采取的措施进行巩固。

(3) 防治质量通病，不仅仅是一个治理问题，应该"防"、"治"结合，标本兼治，重在预防。质量控制的三个过程"事前预防、过程控制和事后改进"，其核心是"事前预防"，应针对工程施工过程中可能出现的质量通病设立质量控制点，采取相应的预防措施。

(4) 加强质量意识教育，牢固树立"质量第一"的观念。虽在工程项目上制定了防治质量通病的有效措施，然而，产生质量通病的根本原因往往并非是技术原因，而是管理原因和员工质量意识不强等。

(5) 加强组织管理和协调工作，认真贯彻执行质量技术责任制。

(6) 坚持质量标准、严格检查。实行层层把关，协调各专业之间和相关方之间的相互配合协作，处理好接口关系。

【案例】

(1) 背景

某饭店冷冻机房的冷却水管由碳钢焊接安装，冷冻机在使用一年后，发现冷冻机冷却水量不足，冷冻机无法正常使用。经调查发现冷却水管出现堵塞。

(2) 问题

①分析造成碳素钢管安装后堵塞的质量通病原因。

②应采取什么预防措施和治理方法？

(3) 分析

①发现介质不流通或流量过小,说明管路系统有堵塞,碳素钢管系统产生堵塞的原因有:

A. 焊接接口处对口缝隙过大,焊渣流到管内,积少成多,当有介质流动时,将焊渣汇到一处,从而在转弯、变径、阀件等断面有变化的部位堵住,管道投入运行前吹扫不彻底。

B. 阀件阀芯脱落,尽管阀柄旋起,而阀芯仍未开启。

C. 管子安装前未进行清理,管内有锈蚀或杂物。

D. 与土建交叉施工时,泥土或杂物进入管内。

②预防措施

A. 管道对口焊接时,间隙值不要超过规范规定,防止焊渣流入。对管道内清洁程度要求高且焊后不易清洁的管道,其焊缝底层宜采用氩弧施焊。在管道安装完毕,未投入使用前,应彻底清洗和吹扫管道,以清除杂物,防止积垢堵塞管道。

B. 当管路中设有关闭的阀门时,开启后要检查是否全部开启,阀芯是否已旋起,防止由于阀芯松动脱落堵塞管道。

C. 管道在安装前,应仔细清理管子内部杂质,如锈皮等,必要时应用铁丝缠以旧布来回拉动几次,以清除管内杂物。特别是使用旧的管子更应彻底清理。

D. 管道安装时,由于与土建交叉施工,管口未封堵,从而使土建施工的灰、砂落入或流入,汇集后堵塞管道,这是最普通的现象。特别是在立管安装过程中,必须随时用木塞封堵管口,以防杂物进入。

③治理方法

A. 属于焊渣及杂物堵塞时,首先要确定堵塞位置,割开清理后再焊接好。

B. 如果是阀芯脱落,可将阀门压盖打开,取出阀芯后重新装好。

【案例】

(1) 背景

动力和照明电器均采用钢管预埋,在穿线时发现有部分管道穿线有困难,有的预埋管无法穿线。

(2) 问题

①该质量问题会造成什么危害?

②分析预埋电管堵塞质量通病的原因及采取的防治措施。

(3) 分析

①该质量问题造成的危害:不能穿电线的电缆电管需剖开,影响土建质量、工期,无法剖开的电管需重埋或用明敷,严重影响使用功能。

②原因分析

A. 电管敷设前没有先清除管内杂物。

B. 电管敷设后没有及时有效地封堵管口,杂物进入电管;采用对接焊接,焊瘤凸入管内。

C. 电管对接不严密,水泥砂浆进入管内。

③防治措施。

A. 电管敷设前检查管内有无杂物。

B. 电管敷设完毕应及时将管口进行有效的封堵。不应使用水泥袋、破布、塑料膜等物堵管口，应采用束节、木塞封口。箱、盒内管口采用镀锌铁皮封箱。

C. 电管连接需采用套管，焊接应严密。

11.4.8 质量事故的调查与分析

由于工程质量不合格或质量缺陷而引发或造成一定的经济损失、工期延误、设备人身安全或影响使用功能的即构成质量事故。工程质量事故具有复杂性、严重性、可变性和多发性的特点，正确处理好工程的质量事故，认真分析原因，总结经验教训，改进质量管理体系，预防质量事故的发生，使工程质量事故减少到最低程度，是质量管理工作的一个重要内容与任务。

1. 质量事故的调查

(1) 由于影响电气安装工程施工质量的因素很多，所以引发质量事故的原因就错综复杂，往往一项质量事故是由于多原因引发的，为此，项目经理部对发生的质量事故应进行调查。调查的主要目的是确定质量事故的范围、性质、影响和原因等，通过调查为质量事故的原因分析与处理提供依据。

(2) 质量事故的调查组织机构及调查内容是：①由项目技术负责人为首组建调查小组，参加人员应由与事故直接相关的专业技术人员、质检员和有经验的技术工人组成。②对事故进行细致的现场调查，包括发生时间、性质、操作人员、现状及发展变化的情况，充分了解与掌握事故的现场和特征。

收集资料，包括所依据的设计图纸、使用的施工方法、施工工艺、采用的材料、施工机械、真实的施工记录、施工期间环境条件、施工顺序及质量控制情况等，摸清事故对象在整个施工过程中所处的客观条件。对收集到可能引发事故的原因进行整理，按"人、机、料、法、环"五个方面内容进行归纳，形成质量事故调查的原始资料。

2. 质量事故的分析

(1) 事故的原因分析，要建立在事故情况调查的基础上，避免情况不明就主观分析推断事故的原因。尤其是有些质量事故，其原因往往涉及设计、施工、材料设备质量和管理等方法，只有对调查提供的数据、资料进行详细分析后，才能去伪存真，找到造成质量事故的主要原因。

(2) 对某些质量事故如吊装设备发生事故，一定要结合专门的计算进行验证，才能做出综合判断，找出其真正原因。

(3) 项目技术负责人组织项目有关人员及发生事故的班组长进行质量事故分析，必要时可通知业主和监理方参加，进行详情分析、评审。

(4) 质量事故分析一般可采用数理统计法，如因果分析图法、调查分析法和排列法等。

3. 质量事故调查报告的内容

质量事故调查与分析后，应整理撰写"质量事故调查报告"，其内容包括：(1) 工程概况，重点介绍质量事故有关部分的工程情况；(2) 质量事故情况，事故发生时间、性质、现状及发展变化的情况；(3) 是否需要采取临时应急保护措施；(4) 事故调查中的数据资料；(5) 事故原因分析的初步判断；(6) 事故涉及人员与主要责任者的情况等。

【案例】

(1) 背景

某公司在北京冬季承建一大型钢结构，由于工期紧，A公司将钢结构预制分包给B公司，B公司施工人员不足，临时招聘了一批铆工和焊工，在进行了短期岗位培训后上岗操作，由于赶工期，B公司在施工工艺编制时，没有按通用工艺布置焊接顺序和定位焊的数量，对焊接的反变形量也没有计算，要求工人根据经验确定。B公司在现场制作了组合式预制架和夹具等工装，但在组合架未调试结束、夹具数量不足、A公司尚未批准施工方案的情况下就开始施工。施工中对在运输中变型的型钢没有详细检查就开料加工，对下料超差的构件也没有及时修整。在构件组合时，有些数据未达到规程要求就进行点焊，焊接时没有严格执行工艺纪律，焊接电流时大时小，焊接速度忽快忽慢，对已完成的预制构件也没有及时检查。结果在A公司进行组装时由于预制构件焊接变形超标而无法组焊。

(2) 问题

①该质量事故由谁组织调查小组，调查小组由哪些人员参加？

②试用因果分析法找出造成质量事故的主要原因。

③质量事故调查报告的主要内容有哪些？

(3) 分析

①该质量事故应由A公司项目总工程师（技术负责人）为首组建调查小组，调查小组人员应包括：A公司技术、质量专业管理人员、有经验的技术工人、B公司项目技术负责人、项目技术质量管理人员及主要预制施工班组的班组长。

②因果分析图

因果分析图如图11-2所示，从图中可以分析出，造成构件焊接变形的主要原因是：

A. B公司为赶工期没有按规程要求编制合理施工工艺。A公司在未审核批准施工方案的前提下，B公司擅自开始预制。

B. 施工工艺中，焊接顺序不对，定位点少，施工中未严格执行工艺纪律。

C. 预制组合架未调试完成，工装尚未达到预制构件的要求。

D. 施工人员经验不足，思想上不重视。

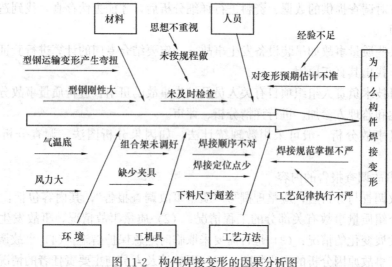

图11-2 构件焊接变形的因果分析图

E. 施工中未及时检查，A公司监督不力。

③质量事故调查报告的主要内容。

A. 工程概况，重点介绍质量事故有关部分的工程情况。

B. 质量事故情况，事故发生时间、性质、现状及发展变化的情况。

C. 事故调查中的数据资料。

D. 事故原因分析的初步判断。

E. 事故涉及人员与主要责任者的情况等。

11.4.9 质量事故处理报告的编制

质量事故处理的目的是消除质量缺陷或隐患，以达到设备或建筑物的安全可靠和正常使用的各项功能要求，并保证施工正常进行。对质量事故特别是重大质量事故的总结、编制质量事故处理报告，贯彻"三不放过"原则，才能改进管理，吸取教训，加强质量控制，提高责任人的责任心，避免类似问题的重复发生。

1. 工程质量事故处理报告的主要依据

（1）质量事故报告

①施工单位在质量事故发生后应在规定时间内编写报告。

②报告内容主要有：A. 质量事故发生的时间、地点、工程项目名称及工程的概况；B. 质量事故状况的描述；C. 质量事故现场勘察笔录、证物照片、录像、证据资料、调查笔录等；D. 质量事故的发展变化情况等。

（2）调查组所提供的工程质量事故调查报告及事故调查组研究所获得的第一手材料。

（3）工程有关资料、见证

①有关的合同文件

A. 工程承包合同及分包工程合同；

B. 设计合同；

C. 设备、材料采购合同；

D. 监理合同等。

②有关技术文件和档案

A. 有关的设计文件；

B. 有关施工的技术文件和档案资料：施工组织设计或施工方案，施工计划，施工记录，施工日志，有关材料的质量证明文件资料，有关设备检验材料，质量事故发生后的事故状况观测，试验记录和试验、检测报告等；

C. 有关的建设法规；

D. 设计、施工、监理方面的单位资质、市场法规、施工方面法规等。

2. 工程质量事故处理程序

工程质量事故的处理程序一般如图11-3所示。

3. 事故处理结论的内容主要有：（1）事故已排除，可以继续施工；（2）隐患已排除，不可能引发事故；（3）经返工处理后，完全可以满足使用功能要求；（4）基本满足使用功能要求，但附有限制条件，如限制运转速度或出力、限制使用条件等；（5）对使用寿命影响的结论；（6）对工程外观影响的结论；（7）对事故责任的结论；（8）对一时难以做出结论的事故，还应提出进一步观测检查的要求。

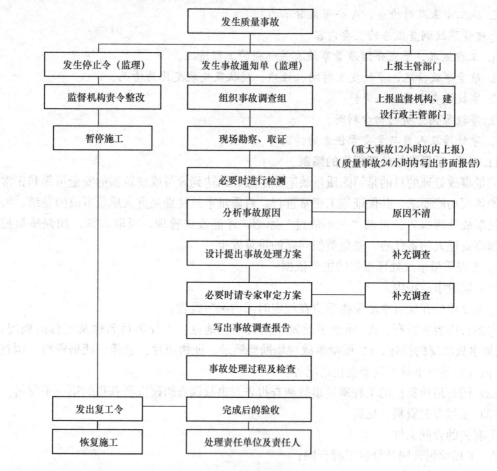

图 11-3 工程质量事故处理

4. 事故处理报告的内容

(1) 事故处理后,应提交完整的事故处理报告,其内容包括:
①事故调查的原始资料、测试数据;
②事故原因分析、论证;
③事故处理依据;
④事故处理方案、方法及技术措施;
⑤检查复验记录;
⑥事故处理结论等。

(2) 事故处理附件包括:
①质量事故报告;
②调查报告;
③质量事故处理方案;
④质量事故处理实施记录、检测记录、验收资料等。

【案例】

(1) 背景

某公司施工某厂的蒸汽管道,在暖管送汽时,由于未按要求暖管、输水,送汽时蒸汽管道发生"水击",蒸汽管道变形,部分支架松动。

(2) 问题

①该质量事故的处理应遵循什么程序?

②事故处理报告应包括哪些内容?

(3) 分析

①处理程序

A. 按质量事故处理程序回答,是否决定停工。

B. 确定是否需要采取防护措施。

②质量事故处理报告内容

A. 按质量事故处理报告内容回答。

B. 事故处理完后应再次暖管送汽,直至达到要求,事故处理才结束。须有调试送汽记录和验收记录。

C. 对不处理的支架应有检查记录。

11.5 施工安全管理

11.5.1 施工安全管理组织及安全管理责任制

只要有施工活动,就一定会伴随着安全问题。因此,必须坚持"安全第一,预防为主"的方针,依法建立安全管理体系和安全生产责任制。作为项目经理,必须把安全作为头等大事来抓,应有高度责任感,牢固树立"生产必须安全,安全为了生产"的观点,做到常抓不懈。

1. 安全管理组织工作

项目经理部的安全第一责任人是项目经理,负责本工程项目安全管理的组织工作,具体内容主要有:

(1) 确定安全管理目标。明确并分解安全管理目标,落实到相关职能部门、施工作业队和工程分承包方的安全生产管理工作指标和安全目标。

(2) 建立项目经理部的安全管理机构,明确机构各级的管理责任和权利,使该机构能行之有效地行使其安全管理的职能。

(3) 依据《建设工程安全生产管理条例》和《施工企业安全生产评价标准》及其他安全生产的法律、法规,建立、健全项目安全生产制度和安全操作规程。

(4) 明确安全管理责任制。安全管理责任制是将安全管理的责任落实到每一个具体的部门和个人,确保安全生产的一系列规章、制度得到落实。

(5) 做好安全施工技术管理工作。安全生产不仅涉及安全管理,也和具体的施工技术的合理性紧密相关,作为一个工程项目的组织者和负责人,必须高度重视整个工程的安全施工技术管理和重点工序的安全施工技术措施的制定和实施。

(6) 进行安全生产的宣传教育工作。只有全面提高每一个职工的安全意识和安全技术知识,才能真正做到安全生产。安全生产的宣传教育工作是一个经常性、长期的工作。通过宣传教育工作把党和国家安全生产的方针、政策、规定和本企业的安全制度、规章等传授给广大职工,使职工经常保持高度的安全意识,树立牢固的"安全第一"的思想。

(7) 开展危险源辨识和安全性评价。通过这个工作，使企业、项目经理部、各职能部门及项目负责人能对自己管理范围内的安全状态有一个清楚的了解，以便采取针对性的措施，实现"预防为主"方针。

(8) 组织安全检查。经常的安全监督和检查对于确保安全生产是必不可少的，通过安全检查，可以及时排除不安全因素、纠正违章作业、防止事故的发生。

(9) 处理事故。安全事故一旦发生，必须立即处理，其要点主要有：抢救伤员；排除险情，避免发生第二次伤害；立即向有关部门报告，保护事故现场；组织事故调查，查明事故过程和原因、责任，处理善后工作。

2. 安全管理责任制

安全管理责任制是安全管理体系的主要文件，是岗位责任制的重要组成部分。它明确了各级管理层、各部门及施工作业班组和施工人员的责任，是保障项目安全施工的重要手段。

(1) 建立安全管理责任制的要求

①分级管理、分线负责、责任明确

项目安全生产责任管理应包括项目施工的所有部门、人员：项目经理、项目生产副经理、项目总工程师、施工作业队长、工长（施工员）、各级安全员、班组长、施工作业人员以及安全部门、生产部门、技术部门、物资部门等相关部门。

②工程分承包方、劳务分包方的安全生产责任，除应遵循承包方对项目安全生产管理目标总体控制的规定外，其内部也要建立相应的安全生产管理责任制，并经总承包方确认。

(2) 项目经理部各级安全生产职责

①项目经理对本工程项目的安全生产负全面领导责任，应组织并落实施工组织设计中安全技术措施，监督施工中安全技术交底制度和机械设备、设施验收制度的实施。

②项目总工程师对本工程项目的安全生产负技术责任，参加并组织编制施工组织设计及编制、审批施工方案时，要制定、审查安全技术措施，保证其可行性与针对性，并随时检查、监督、落实。

③工长（施工员）对所管辖劳务队（或班组）的安全生产负直接领导责任，针对生产任务特点，对管辖的劳务队（或班组）进行书面安全技术交底，履行签认手续，并对规程、措施、交底要求的执行情况经常检查，随时纠正违章作业。

④安全员负责按照安全技术交底的内容进行监督、检查，随时纠正违章作业。

⑤劳务队长或班组长要认真落实安全技术交底，每天做好班前教育。

【案例】

(1) 背景

某电气安装工程中，A为工程承包单位，B为劳务分包单位，某天下班后，B单位三民工擅自开动工地塔式起重机吊装材料。其中一民工开塔式起重机，二民工捆绑材料后趴在材料上，随材料一起被吊起。由于开塔机者误操作，材料冲顶，塔机滑轮组钢丝绳被拉断，二民工随材料当场坠落。事后检查，A单位安全制度完整，但B单位安全制度不完整，且无A单位工长的书面安全技术交底记录，A单位对职工的安全培训不强制要求B单位的民工参加。

(2) 问题

①A单位项目部经理的安全组织工作存在哪些缺陷？

②事故发生后，A单位应立即处理的要点有哪些？

③A单位工长对该安全事故是否负有责任？

(3) 分析

①该事故的直接原因是民工违章操作，但深层原因是：

A. B单位安全制度不完整，A单位项目部经理没有督促、确认B单位安全制度；

B. A单位对B单位的民工安全生产宣传教育工作不足，致使民工的安全意识淡薄，导致伤亡事故的发生；

C. A单位对塔式起重机等特种机械管理不严，给民工违章操作、擅自开动工地塔式起重机以可乘之机。

所以，A单位项目部经理的安全组织工作存在的缺陷有：A单位项目部经理没有督促、确认B单位安全制度；A单位没有进行安全生产的宣传教育工作；A单位对塔式起重机等特种机械管理不严。

②其要点主要有：抢救伤员；排除险情，避免发生第二次伤害；立即向有关部门报告，保护事故现场；组织事故调查，查明事故过程和原因、责任，处理善后工作。

③工长（施工员）安全岗位职责是：针对生产任务特点，向管辖的劳务队（或班组）进行书面安全技术交底，履行签认手续，并对规程、措施、交底要求的执行情况经常检查，随时纠正违章工作，B单位无A单位工长的书面安全技术交底记录，可认为没有进行安全技术交底，负有不可推卸的责任。

11.5.2 施工危险源的辨识

为了贯彻"安全第一，预防为主"的方针，实现电气安装工程施工安全目标，应对机电安装施工各种危险源进行辨识、预测，并加以分析、评价，从而进行有效控制，达到预防发生事故，特别是预防发生重大事故的目的，把可能造成的损失减到最小。

1. 危险源的分级

危险源的分级至少可以分成可承受危险和不可承受危险（重大危险），企业可以根据自己的具体情况进行更细的分级见图11-4。

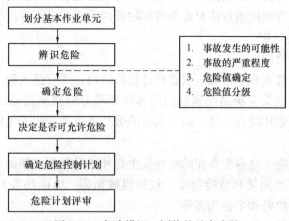

图11-4 危险辨识、评价的基本步骤

2. 危险源产生的因素

(1) 物品的不安全状态

所谓物品包括机械、设备、装置、工具、材料等，也包括厂房、临时设施。不安全状态是使事故能够发生的不安全的物体条件或物质条件。例如，轮胎式起重机过载保护装置失灵，这是不安全的物体条件；项目部不给登高作业人员配备安全带、防滑鞋等安全防护用品，这是不安全的物质条件。

(2) 人的不安全行为

不安全行为是指违反安全规则或安全原则，使事故有可能或有机会发生的行为。人的不安全行为包括某件事不应做而做了的；某件事不应该这样做而这样做了的和某件事应该做而没有做成等情况。违反安全规则或安全原则包括不遵守法律、法规、标准、条例、规章制度和大多数人都知道并遵守的不成文的安全原则（安全常识）。

注意：人的不安全行为指的是操作者的行为。

(3) 环境因素

环境因素主要包括作业环境、化学因素、生物因素、人类功效学。

①作业环境包括噪音、振动、温度、辐射等，还包括施工环境的整洁、条理，安全防护等。例如，作业环境噪声太大、温度太高等，都可能造成操作者心理烦躁而出现不安全因素。

②化学因素包括腐蚀性物质、有毒物质、易燃物质等由于管理或操作不当而直接对人体和环境造成的危害。

③生物因素包括由于环境卫生不好而发生细菌、病毒或其他有害微生物的感染而对人体造成的危害。

④人类功效学是指操作者长时间从事超负荷作业而使身体处于极度疲劳状态而产生的不安全因素。

(4) 管理缺陷

①技术管理缺陷包括技术、设计、工艺、结构上有缺陷，施工组织设计不完善，作业程序安排不合理等。

②对人的管理缺陷包括对操作者的教育、培训，对作业任务的安排，对操作者思想、情绪的关注等方面的缺陷。

③对安全工作的管理缺陷包括安全检查不坚持或走过场，安全防范措施不落实等。

④对采购工作的管理缺陷包括对安全防护物资的采购质量不重视等。

3. 施工危险源的辨识

(1) 危险源辨识范围

所有工作场所（常规和非常规）或管理过程的活动；所有进入施工现场人员（包括外来人员）的活动；机电安全项目经理部门内部和相关方的机械设备、设施（包括消防设施）等；施工现场作业环境和条件；施工人员的劳动强度及女职工保护等。

(2) 危险源的种类

第一类危险源：施工过程中存在的可能发生意外能量释放（如爆炸、火灾、触电、辐射）而造成伤亡事故的能量和危险物质，包括机械伤害、电能伤害、热能伤害、光能伤害、化学物质伤害、放射和生物伤害等。

第二类危险源：导致能量或危险物质的约束或限制措施破坏或失效的各种因素。其中包括发生物的故障,指机械设备、装置、原部件等性质低下而不能实现预定功能即物的不安全状态;人的失误,指人的行为结果偏离被要求的标准即人的不安全行为。人与物的存在环境中,温度、湿度、噪声、振动、照明或通风换气等方面的问题,促使人的失误或物的故障发生。例如施工现场中常见的"孔"、"洞"等,它可能造成高空中的人、物意外跌落。

危险源辨识的首要任务是辨识第一类危险源,在此基础上再辨识第二类危险源。

(3) 危险辨识、评价的基本步骤如图11-4所示。

(4) 危险源辨识方法

评价危险源时要考虑3种状态(正常、异常和紧急状态)及7种危险因素(机械能、电能、热能、化学能、放射能、生物因素和人机工程因素,如机械设备伤人,物体打击,漏电伤人,化学品对人的伤害,射线对人的伤害,人员的误操作、违反操作规程出现的危害等),并依据危险源辨识的结果,采用主观评价或定量评估,来确定危险源给施工作业活动带来的危险程度。

危险源辨识、评价的方法有直观经验法、作业条件危险性评价法(D=LEC)、逻辑分析法(事件树法和事故树法)等。下面仅就直观经验法和作业条件危险性评价法做简单介绍。

① 直观经验法

根据危险源产生的因素,凭人的经验和判断力对施工环境、施工工艺、施工设备、施工人员和安全管理的状况进行辨识和判断,从而作出评价。施工现场经常采用直观经验法对危险源进行辨识,进而采取预防措施。

安全检查表(SCL)是一种常用的危险源辨识、评价的方法。该法是把整个工作活动或工作系统分成若干个层次(作业单元),对每一个层次,根据危险因素确定检查项目并编制成表。这样就形成了整个工作活动或工作系统的安全检查表。而后,根据检查表对每一作业单元进行检查,作出详细记录并逐项作出评价。最终根据评价提出整改措施,防止危险的发生,举例,如表11-6所示。

某车间施工环境危险因素检查　　　　　　　　　　表11-6

序号	安全检查项目	检查结果
1	预留孔洞有防护设施吗?(每个能造成危害的预留孔洞均有牢固的防护措施)	有一个预留孔的防护设施不牢固
2	施工现场地面整洁吗?(地面应整洁无杂物)	地面有杂乱包装板,个别包装板钉子朝上
3	施工现场的温度	中午(12点至14点)温度高达36℃,有闷热感
4	施工现场噪声	无刺耳或使人感觉烦躁的噪声
5	材料堆放(应按规格型号堆放整齐并不得影响施工通道)	堆放整齐,不影响施工通道
6	防火设施(应设置泡沫灭火器8个并放置在容易观察到、容易拿到的地方)	设置了8个泡沫灭火器且挂在了距地面2.5m的墙上
检查部门	安全科　　检查人　　×××	整改负责人　　×××
被检查单位负责人	×××　　检查时间　　××年5月26日	整改限期　　××年5月27日
整改措施	1. 将预留孔防护栏加固;将地面清理干净,包装板及时运出; 2. 更改作业时间,避开高温天气; 3. 将灭火器挂在人们容易取下的地方	

编制和使用安全检查表时应注意下列问题：
A. 检查内容尽可能全面、系统，不能漏掉任何可能导致事故发生的关键因素；
B. 对重点危险部位应单独编制检查表，确保及时发现和消除隐患；
C. 每一项检查要点要明确、清楚，便于操作；
D. 实施安全检查表要落实到人，检查时间、整改时间要明确，签字要完整，并与有关人员和部门及时进行信息沟通。

②作业条件危险性评价法，其公式为：

$$D = L \times E \times C$$

是用于系统危险率有关的三种因素指标值之积来评价危险大小的半定量评价方法。其中：L表示事故可能性大小的概率；E表示人体暴露危险环境的频次；C表示事故可能造成的后果概率；D表示危险性分值。但要取得这三种因素科学准确的数据是相当烦琐的事情。为了简化评价过程，可采取半定量计值法，给三种因素的不同等级定出不同的数值，再以乘积的大小表示危险程度的大小。

③存在下列情况时，应将所辨识的危险源确定为重大危险因素：
A. 不符合法律、法规和标准的要求；
B. 直接观察到可能导致危险后果，且无适当的防范措施；
C. 曾发生过事故，但未采取有效的措施；
D. 相关方有合理的抱怨和要求；
E. D值超过规定的重大危险因素。

【案例】

(1) 背景

某施工现场要吊一台50t重的设备到8m高的平台上安装，吊装方案已制定并通过审核和批准。吊装方案规定起重机支腿地基需要处理，选择的两台35t轮胎式起重机是由外单位协作的，其他均有项目部负责组织实施。

(2) 问题

①编制吊装现场的危险因素检查表，检查表中的内容不少于8项。
②简述危险源产生的因素。
③出现什么情况时，应将所辨识的危险源确定为重大危险因素？

(3) 分析

①本题的分析主要从人的不安全行为（特种作业人员和特种设备作业人员的配备、他们对吊装方案的理解以及具体操作技术水平）、物的不安全状态（设备、吊具、支撑面等）、环境因素（风速、障碍物等）、管理缺陷（吊装方案、吊装作业安全操作规程、施工现场安全管理等）方面进行分析。分析时应加上吊装常识和吊装经验。
②从物的不安全状态、人的不安全行为、环境因素、管理缺陷几方面回答。
③从法律、法规和标准要求，有无防范措施，事故历史，D值和相关方面分析。

11.5.3 施工安全技术措施的主要内容

对施工危险源的辨识和评价是为了控制危险的发生。当确定危险源的等级后，应制定相应的措施，限期实施，防止危险事故的发生。制定施工安全技术措施应遵循"消除、预防、减少、隔离、个体保护"的原则。对不可避免的危险源，要在防护上、技术上和管理上采取相应的措施，并不断监测防止其超出可承受范围。施工安全技术措施根据具体工程项目特点的不同而不同，其主要内容包括：

1. 施工平面布置的安全技术要求

①油料及其他易燃、易爆材料库房与其他建筑物的距离应按规定、规程设置，符合安全要求。

②电气设备、变配电设备、输配电线路的位置、防护及与其他设施、构筑物、道路等距离是否符合安全要求。

③材料、机械设备与结构坑、槽的距离符合安全要求。

④加工场地、施工机械的位置应满足使用、维修的安全距离。

⑤配置必要的消防设施、装备、器材，确定控制和检查手段、方法、措施。

2. 高空作业

高空作业，人员在高空，具有势能，如意外释放（即从高空跌落），即可能造成人身伤害。高空作业不可避免，安全技术措施应主要从防护着手，包括：职工的身体状况（不允许带病、疲劳、酒后上高空作业）和防护措施（佩带安全带、设置安全网、防护栏等）。

3. 机械操作

机械运动具有动能，可能造成人身机械伤害，除应要求严格按安全操作规程操作外，对一些特殊的机械，应制定特别的安全技术措施。

4. 起重吊装作业

起重吊装作业，尤其是大型吊装，具有重大风险，一旦出现安全事故，后果极其严重。应根据具体方案制定安全技术措施，并形成专门的安全技术措施方案。设置警戒区，凡是吊装事故发生后可能影响的区域均应进入警戒区，在吊装过程中，除吊装施工人员外，不允许其他人员进入警戒区，更不允许在警戒区内安排其他施工。

5. 动用明火作业

动用明火作业的限制，是针对某些充满油料及其他易燃、易爆材料的场合，在这些场合不允许动用明火，必须动用的，必须采取专门的防护措施和预备专门的消防设施和消防人员。

6. 在密闭容器内作业

在密闭容器内作业，空气不流通，很容易造成工人窒息和中毒，必须采取空气流通措施。

7. 带电调试作业

带电调试作业既可能导致工人触电发生事故，也可能发生用电机械产生误动作而引发安全事故。必须采取相应的安全技术措施防止触电和用电机械产生误动作。

8. 管道和容器的压力试验

管道和容器的压力试验中的气压试验，由于空气具有较大的体积可压缩性和还原性的特点，一旦试验压力超过管道和容器材料、连接部位或某个零部件的承受能力，即可能发生爆炸，导致安全事故发生。其安全技术措施主要是严格按试压程序进行，即先水压试验，后气压试验，分级试压，试压前严格执行检查、报批程序。

9. 临时用电

施工现场的职工易对临时用电产生麻痹思想，乱拉乱接，很多触电事故和火灾事故均是由此引起。采取的安全技术措施包括：充分考虑施工现场的临时用电部位，规范布线，严格管理等。

10. 单机试车和联动试车等安全技术措施

单机试车和联动试车是将所安装的设备进行试运行，由于还处于试验阶段，设备可能出现误动作，这既可能造成设备安全事故，又可能造成人员伤亡事故，是施工过程中安全事故，特别是重大安全事故的频发段。应根据设备的工艺作用、工作特点、与其他设施的关联等制定安全技术措施方案。

此外还有冬期、雨期、夏季高温期、夜间等施工时安全技术措施；针对工程项目的特殊需求，补充相应的安全操作规程或措施；针对采用新工艺、新技术、新设备、新材料施工的特殊性制定相应的安全技术措施；对施工各专业、工种、施工各阶段、交叉作业等编制针对性的安全技术措施等。

【案例】

(1) 背景

某施工单位承包某厂扩建车间内的家电设备安装工程，工程范围有：桥式起重机安装、车间内通风空调风管安装、动力电气线路安装和车间外一大型热交换器的安装。桥式起重机安装高度为18m，通风空调风管和消防管道安装标高为24m，通风空调风管在现场制作，电气线路敷设于电缆沟，并与该厂变、配电房的指定配电柜相接。进场时，土建工程已完工，为不影响该厂生产，施工全过程中不允许停电。施工单位项目针对桥式起重机的吊装制定了较完善的施工方案和安全技术措施。

(2) 问题

试分析该项目工程应有哪些安全技术措施。

(3) 分析

①危险源的辨识。

A. 桥式起重机的轨道安装于18m高处，通风空调风管安装于24m高处，存在高空作业。

B. 通风空调风管在现场制作，存在机械操作。

C. 桥式起重机吊装，存在吊装风险。

D. 动力电缆必须在变、配电房不停电的条件下，与指定配电柜搭接，存在人员触电的危险。

E. 大型热交换器安装完毕后，需要进行压力试验，包括强度试验和气密性试验，存在气压试验发生爆炸的危险。

F. 施工现场有多个临时用电点，存在工人触电的危险和引起火灾的危险。

G. 单机试车存在的运行风险。

②安全技术措施的制定

安全技术措施应根据上述7个危险源逐项制定，即高空作业安全技术措施、机械操作安全技术措施、吊装作业安全技术措施、变、配电房施工安全技术措施、压力试验安全技术措施、临时用电安全技术措施、单机试车安全技术措施。

③结论：施工单位项目部仅针对桥式起重机的吊装制定了较完善的施工方案和安全技术措施。还有6项安全技术措施没有制定，所以其安全技术措施的制定是不完善的。

11.5.4 施工机械的安全管理

随着施工技术的进步,施工作业的机械化程度越来越高,施工机械的复杂程度也越来越高。因而,项目部对施工机械的安全管理会越来越重要。施工机械的安全管理会直接影响到项目安全目标的实现,关系到项目部整个安全管理工作的成败。

1. 施工机械的安全隐患主要有:(1) 未制定施工的设备(包括应急救援器材)安装、拆除、验收、检测、使用、定期保养、维修、改造和报废等制度,以及制度不完善、不健全;(2) 购置的设备无生产许可证、产品合格证或证书不齐全,进入施工现场后没有进行检验和试验;(3) 设备未按规定安装、拆除、验收、检测、使用、保养、维修、改造和报废;(4) 向不具备相应资质的企业和个人出租或租用设备;(5) 施工机械的装拆由不具备相应资质的单位或不具备相应资格的人员承担;(6) 未按操作规程操作机械设备,特种设备操作人员无证上岗;(7) 机械设备防护装置不全或失灵,超载、带病运转;(8) 起重设备装拆无经审批的专项方案、未按规定做好监控和管理;(9) 起重设备未按规定检测或检测不合格即投入使用。

2. 施工机械的安全防护措施主要有:(1) 制定完善的、切实可行的施工机械安全管理制度并严格贯彻执行;(2) 施工机械的操作人员应经培训上岗。他们应掌握施工机械的结构、工作原理、操作规程和日常维护等有关知识。特种设备的操作人员必须持证上岗。违反安全操作规程的指令,操作人员应拒绝执行;(3) 施工设备进入现场应首先进行检验和试验,确认其完好方可投入使用;(4) 机械设备应定期保养及修理,其中包括日常保养、定期保养、季节性的维护与保养、中修、大修及紧急修理,保持设备的完好;(5) 机械设备应由专业人员定期调整,保持施工机械的技术性能、参数的正确性;缺少安全装置或安全装置已失效的机械设备不得使用;严禁拆除机械设备上的自控机构、力矩限位器及检测、指示、仪表、报警器等安全信号装置;机械设备的调试和故障的排除应由专业人员进行,且严禁在运行状态进行排除故障的作业;(6) 机械设备在施工现场较长期存放时,应办理封存手续并对机械设备进行防腐、防雨、防晒的处理。有些设备在封存期间还应定期通电运转,以保持其原有的性能。

3. 起重机械的管理

机电设备安装施工机械中的起重机械包括轮胎式、履带式起重机、门式起重机、桥式起重机和桅杆式起重机等,它们在电气安装工程施工中占有非常重要的作用。同时起重机械的安全管理又是项目部机械设备安全管理中的最重要部分。所以,项目部必须做好起重机械的安全管理。

(1) 起重机械设计、制造、安装必须符合《特种设备安全监察条例》的规定:

①新购置的起重机械,必须是由具备相应资质的设计和制造单位生产的产品,并且产品质量证明书、安装使用说明书和有关质量证明文件必须齐全。

②现场安装的起重机械应由具备相应资质的安装单位承担并告知国家有关监察管理部门方可安装。安装完成后,须经国家有关监察管理部门检查验收并颁发准用证后方可使用。

③起重机械的维修也必须由具有相应资质的单位进行。

④桅杆式起重机的设计必须有强度、稳定性和其他相关计算书并经具有相应资格的技术人员审核方可投入制造。制造完成后必须按规定进行检验和试验,证明其符合设计要求

后方可使用。桅杆式起重机也必须有安装使用说明书。

⑤起重机械要建立设备档案，详细记录设备的维修、保养及运行情况。

(2) 起重机械的使用管理

①起重机械必须由持证起重机司机操作，由持证起重工指挥。起重机械必须按其安全技术操作规程进行操作和作业。对于超载或物体重量不明的不得吊装。

②起重机械使用前，必须对其进行全面检查，证明其确实处于完好状态方可投入使用。尤其是起重机械的安全装置、限位装置和联锁装置必须灵敏、可靠。

③对于大型、重型设备或物体的吊装，必须有吊装施工组织设计或吊装方案并得到有关技术负责人的审核和项目经理的批准，必要时还应请专家进行论证。一切吊装作业必须严格按被批准的方案执行。

④重物的捆绑、吊挂必须由持证起重工操作或在其监督下进行，吊挂点必须合理，所使用的吊具必须完好，所选规格型号必须满足所吊装重物的要求。

⑤吊装作业过程中必须有懂吊装安全技术的技术人员和安全员旁站监督并做好记录。

(3) 起重机械的维修和保养

①起重机械必须按照安装使用说明书的规定到专业维修点或由专业人员定期保养和维修。起重机械的维修和保养应有记录并保存在设备档案里。

②应有专业人员定期对起重机械的安全保护装置、限位装置、联锁装置等进行检查和参数的确认，发现问题要及时维修和调整，确保安全装置经常处于完好状态。

③起重机械应由专人使用和管理。如变更操作人员，应进行设备的交接并办理设备交接手续。

④起重机械长期封存应进行防腐、防潮、防晒等项处理。在封存期间应定期进行运转。

【案例】

(1) 背景

A施工单位用很低廉的价格在一破产企业购置了一台用无缝钢管焊制的格构式双桅杆起重机，双桅杆起重机除防腐层局部损坏外，其他部位完好，但无任何书面资料。据破产企业的技术人员讲，此桅杆可在50m高度内起吊45t重物。刚好A施工单位有一40t设备需吊装到35m的楼板上安装，所以A施工单位就直接用刚刚购得的双桅杆起重机将设备吊装到位，即节约了吊装费用，又节省了时间，皆大欢喜。

(2) 问题

①A施工单位这种既节约费用、又节省时间的做法对不对？为什么？

②对于购置的这台双桅杆起重机，A单位至少还应做哪些工作？

③简述起重机械的使用管理。

(3) 分析

①从施工机械安全管理中施工机械的安全隐患的条文中，可以得到A单位这种做法不对的结论。同时也可以从施工机械购置隐患和起重机械安全管理的有关条文中找出不对的根据。

②这要从自制桅杆式起重机的规定和平时累计的知识中去分析应做的工作。

③从指挥、操作人员资格、使用前检查、施工方案和作业过程监督等方面分析。

11.5.5 临时用电的安全管理

施工现场的临时用电关系到施工安全和用电安全,是一项极为普遍且极为重要的工作。项目经理应十分重视临时用电的安全管理,严格按行业现行规范《施工现场临时用电安全技术规范》和国家有关部门的规定执行。

1. 施工现场临时用电的准用程序

根据国家有关标准、规范和施工现场的实际情况,编制施工现场"临时用电施工组织设计",并协助业主向当地电业部门申报用电方案;按照电业部门批复的方案及《施工现场临时用电安全技术规范》进行设备、材料的采购和施工;对临时用电施工项目进行检查、验收,并向电业部门提供相关资料,申请送电;电业部门在进行检查、验收和试验,同意送电后送电开通。

2. 临时用电施工组织设计的主要内容

临时用电设备在 5 台及其以上或设备总容量在 50kW 及其以上者,均应编制临时用电施工组织设计。临时用电设备不足 5 台和设备总容量不足 50kW 者,应编制安全用电技术措施和电气防火措施。临时用电施工组织设计应由电气技术人员编制,项目部技术负责人审核,经主管部门批准后实施。其主要内容应包括:(1)现场勘察;(2)确定电源进线,变电所、配电室、总配电箱、分配电箱等地位置及线路走向;(3)进行负荷计算;(4)选择变压器容量、导线截面积和电器的类型、规格;(5)绘制电气平面图、立面图和接线系统图;(6)制定安全用电技术措施和电气防火措施。

3. 临时用电检查验收的主要内容

临时用电工程必须由持证电工施工。安装完毕后,由安全部门组织检查验收。参加人员有主管临时用电安全的项目部领导、有关技术人员、施工现场主管人员、临时用电施工组织设计编制人员、电工班长及安全员。必要时请主管部门代表和业主的代表参加。检查内容应包括:接地与防雷、配电室与自备电源、各种配电箱及开关箱、配电线路、变压器、电气设备安装、电气设备调试、接地电阻测试记录等。检查应仔细、严格并做好记录。记录要由相关人员签字确认。

4. 临时用电的使用管理

(1) 安装、维修或拆除临时用电工程,必须由持证电工完成。电工等级应与工程的难易程度和技术复杂程度相适应。

(2) 各类用电人员应做到以下几个方面:

A. 掌握安全用电基本知识和所用设备的性能。

B. 使用设备前必须按规定穿戴和配备好相应的劳动防护用品;检查电气设备和保护设施是否完好;严禁设备带"病"运转。

C. 停用的设备必须拉闸断电并锁好开关箱。

D. 负责保护所用设备的负荷线、保护零线和开关箱。发现问题,及时报告解决。

E. 搬迁或移动用电设备,必须经电工切断电源并做妥善处理后进行。

(3) 施工现场临时用电必须建立安全技术档案,其内容包括:①临时用电施工组织设计的全部资料;②修改临时用电施工组织设计的资料;③临时用电交底资料;④临时用电工程检查验收表;⑤电气设备的调试、检验凭单和调试记录;⑥接地电阻测试记录;⑦定期检(复)查记录;⑧电工维修工作记录。

临时用电安全技术档案应由主管现场的电气技术人员建立与管理。其中的《电工维修记录》可指定电工代管，并于临时用电工程拆除后统一归档。

（4）临时用电工程应定期检查。定期检查时间规定为：施工现场每月一次；基层公司每季一次。基层公司检查时，应复测接地电阻值。检查工作应按分部、分项工程进行，对不安全因素，必须及时处理，并应履行复查验收手续。

【案例】

（1）背景

某供电公司检修时发现，一个 10m 高的电力塔杆焊缝开裂，需紧急抢修。负责施工的项目副经理派一名持证焊工和一名临时工去补焊，他们接上电焊机后焊工上去焊接时触电坠地受伤。事故后检查发现，该焊接把线漏电，所使用的安全带由于烧损在焊工坠落时断裂。

（2）问题

①试分析项目部在安全防护和临时用电安全管理上存在的问题。

②焊工本人在这次事故中应负哪些责任？

③简单叙述临时用电使用管理的主要内容。

（3）分析

①项目部存在的问题主要表现在高空作业的防护、特种作业人员的管理和劳动安全防护用品的管理上，施工设备安全管理上，从这几个方面便可以找出正确答案。

②焊工本人存在的问题应从能否识别正确的指令，不正确的指令是否服从，对自己使用的用电设备安全性的确认，对自己的安全防护用品的正确使用等方面来分析。

③从操作人员资质要求和用电人员作业要求及临时用电安全技术档案方面回答。

11.5.6 施工安全事故的分析及其处理程序

伤亡事故是指职工在劳动过程中发生的人身伤害、急性中毒等事故。施工活动中发生的工程损害纳入质量事故处理程序。施工现场如发生安全生产事故，负伤人员或最先发现事故的人员应立即报告有关领导；施工单位应按照国家有关伤亡事故报告和调查处理的规定，及时、如实地向负责安全生产监督管理部门、建设行政主管部门或其他有关部门报告；特种设备发生事故的，还应当同时向特种设备安全监督管理部门报告。建设工程生产安全事故的调查、对事故责任单位和责任人的处罚与处理，按照国家及安全监督管理部门制定的有关法律、法规的规定执行。

对事故的调查和处理必须按"事故原因不清不放过，员工没受到教育不放过，事故责任者不查处不放过，没有防范措施不放过"的"四不放过"原则执行。安全事故的处理参照《企业职工伤亡事故报告和处理规定》执行。

1. 伤亡事故分类

伤亡事故分类有按事故伤害程度分类、按事故严重程度分类、按事故类别分类、按受伤性质分类等 4 种分类方法。其中按事故严重程度分为轻伤事故、重伤事故、死亡事故、重大死亡事故、特大死亡事故。

2. 伤亡事故调查程序

参照《企业职工伤亡事故调查分析规则》GB 6442 的有关规定，伤亡事故调查程序为：

(1) 调查前的准备。迅速成立调查组开展调查。轻伤事故和重伤事故由施工企业组织调查、处理结案；死亡事故由企业主管部门会同企业所在地区的行政安全部门、公安部门、监察部门、工会组成调查组，进行调查，处理结案；重大死亡事故按照企业隶属关系由省级主管部门会同同级劳动、公安、监察、工会及其他有关部门人员组成事故调查组，由同级劳动部门处理结案。

(2) 事故现场处理与勘察。事故发生后，调查组应迅速赶赴事故现场进行勘察。对事故现场的勘察必须及时、全面、准确、客观。现场勘察的主要内容有：事故发生的时间、地点、气象；现场勘察人员姓名、单位、职务；勘察的起止时间、勘察过程、能量释放所造成的破坏情况、状态、程度等；设备损坏或异常情况及事故前后的位置；事故发生前劳动组合、现场人员的位置等。

(3) 物证收集。重要物证的特征、位置及检验情况等；物证的散落情况。

(4) 事故材料收集。事故材料收集是指造成事故主体材料的取样和收集，为事故分析提供物证。

(5) 证人材料收集。包括事故当事人和见证人对事故的叙述和证明材料。这些材料均应有证明人的签字方可有效。

(6) 影像及事故图

①影像是现场拍照，包括方位拍照、全面拍照、中心拍照、细目拍照和人体拍照等。

②事故图是根据事故现场的类别和规模以及调查工作的需要绘出下列示意图：

A. 建筑物平面图、剖面图；

B. 事故发生时人员位置及活动图；

C. 破坏物立体图或展开图；

D. 涉及范围图；

E. 设备或工、器具构造简图等。

(7) 事故原因分析。通过全面的调查，查明事故的经过，弄清造成事故原因，包括人、物、安全管理和技术管理等方面存在的问题，经过认真、客观、全面、细致、准确的分析，确定事故发生的原因。

事故分析应从受伤部位、受伤性质、起因物、致害物、伤害方法、不安全状态和不安全行为等项内容入手进行分析，确定直接原因、间接原因。

(8) 事故责任分析。应根据调查所认定的事实，从直接原因入手，逐步深入到间接原因。通过对直接原因和间接原因的分析，确定事故中的直接责任者和领导责任者，而后再根据其在事故发生工程中的作用，确定主要责任者。

(9) 对责任人的处理建议、事故预防措施。对责任人的处理建议应在调查分析的基础上，实事求是地提出处理建议。对责任人处理的建议，应根据情节的轻重和损失的大小，谁有责任，谁应负主要责任，谁应付次要责任，是领导责任还是一般责任，要在调查组充分讨论的基础上提出建议。

根据对事故的分析，应提出防止类似事故再次发生的预防措施。措施应具体，应有很强的针对性，并便于操作。

(10) 根据事故调查情况撰写企业职工伤亡事故调查报告书。

3. 伤亡事故调查报告

调查报告的内容包括：事故基本情况、事故发生的经过、事故原因分析、事故预防措施建议、事故责任的确认和处理意见、附图及附件。调查报告要经调查组充分讨论，形成一致意见并签字后报批。如果个别同志仍有不同意见允许保留，并在签字时写明自己保留的意见。

4. 事故结案的一般程序

（1）伤亡事故调查结束后，企业及主管部门将《企业职工伤亡事故调查处理报告书》按批复权限报相应一级劳动安全监察机构。

（2）报告书批复后，企业将事故处理结果回执返回劳动安全监察机构。

（3）对违反《中华人民共和国安全生产法》和《建设工程安全生产管理条例》的，按相关规定条文处理。

（4）造成重大安全事故，构成犯罪的，对直接责任人，依照刑法有关规定追究刑事责任。

（5）要把伤亡事故调查处理文件、示意图、照片、资料等结案材料归档并长期保存。

【案例】

（1）背景

A工程公司将某储料场制作安装栈桥的任务分包给了B专业承包公司（包工、包料）。B专业承包公司用塔吊将重约3吨的斜梁吊装找正后用电焊将斜梁与栈桥点固定在一起，根据以往的经验，电焊工认为可以摘钩了。但摘钩时斜梁倾翻，2名作业人员从6m高处坠落，造成2人重伤。其中一人未佩戴安全带站在斜梁上，第二个佩戴了安全带，并将安全带挂在了栈桥大梁上，但当事者下落时安全带挣断。

（2）问题

①本事故应由谁来组织调查、处理结案？
②调查组在物证收集时应收集哪些物证？为什么？
③造成斜梁倾翻的原因可能有哪些？
④本次事故可能有哪些地方违章？
⑤试述事故调查的程序。

（3）分析

①从B专业承包公司是一个法人单位来分析。
②从斜梁倾翻原因进行分析需要收集哪些物证，安全带挣断也不正常。
③斜梁倾翻的原因肯定是焊接强度不能承受其重量造成的，分析强度不够的原因就可以找到答案。
④从斜梁倾翻可能发生的原因和高空坠落产生的原因进行分析。
⑤从伤亡事故调查程序的10个步骤回答。

11.5.7 伤亡事故发生时的应急措施

事故现场伤亡事故发生后所采取的应急措施，是为了尽快抢救伤员，使伤员得到及时的救助；及时采取措施，防止事态的进一步扩大，最大限度地减少事故造成的损失。而真正要达到上述目的，就必须针对事故现场的具体情况，建立应急预案和确定应急程序，制定相应的应急措施。只有这样才能遇事不慌，迅速而又有条不紊地进行应急和抢救。

1. 建立项目部安全生产事故应急预案

(1) 根据对施工现场危险源的辨识，预测出可能发生伤亡事故的类型、区域。

(2) 根据（1）的预测，制定相应的应急预案和相应计划，应急预案应包括下列内容：①当紧急情况发生时，应规定报警、联络方式和报告内容，确定指挥者、参与者及其责任和义务以及信息沟通的方式，保证预案内部的协调；②确定与外部的联系，包括有关当局、近邻单位和居民、消防、医院等应急相应部门，请求外部援助或及时通知外部人员疏散；③明确作业场所内的人员，包括急救、医疗救援、消防等应急人员的疏散方式和途径；④应配备必要的应急设备，如报警系统、应急照明、消防设备、急救设备、通信设备等。

(3) 应急预案落实到相关的每一个人、每台应急设备，必要时应进行演练，证明应急预案的有效性和适用性。

(4) 应急预案是针对危险源的辨识和预测而制定的，它可以是一个，也可以是多个。

2. 伤亡事故发生时的应急措施

施工现场伤亡事故发生后，项目部应立即启动"安全生产事故应急救援预案"，各单位应根据预案的组织分工和预定程序立即开始抢救工作。

(1) 施工现场人员要有组织、听指挥，首先抢救伤员。除现场对伤员进行必要的紧急处理外，要根据预案的安排，立即联系有关急救医院进行抢救，争取抢救时间，尽一切可能减少伤势的恶化和死亡的发生。

(2) 在抢救伤员的同时，应迅速排除险情，采取必要措施防止事故进一步扩大。

(3) 保护事故现场，一般要划出隔离区，作出隔离标识并有人看护事故现场。确因抢救伤员和排险要求，而必须移动现场物品时，应当做出标记和书面记录，妥善保管有关证物；现场各种物件的位置、颜色、形状及其物理、化学性质等尽可能保持事故结束时的原来状态；必须采取一切可能的措施，防止人为或自然因素的破坏。

(4) 事故现场保护时间通常要到事故调查组对事故现场调查、现场取证完毕，或当地政府行政管理部门或调查组认定事实原因已清楚时，现场保护方可解除。

【案例】

(1) 背景

A工程公司承包了一铆焊车间的土建工程，墙体为钢筋混凝预制牛腿柱加砖混墙面。预制牛腿柱不规则地散放在杯形基础周围，立柱重8t，高9m。在吊装预制牛腿柱时，项目部派来了一台35t汽车吊，由于汽车吊司机临时有急事，由一名富有经验的大货车司机代为操作。结果，在吊装某一预制牛腿柱时，汽车吊向车尾方向倾翻，车头离开地面2m，吊车主臂搭在一横梁上。致使吊车主臂变形，预制牛腿柱摔裂，同时将负责指挥吊装的一名架子工的大腿砸断。调查结果显示，施工组织设计中有吊装方案并符合施工需要，而且已进行了技术交底；地面承载能力、起重机支腿设置、现场条件、吊车的吊装能力均没问题。

(2) 问题

①结合本案例说明伤亡事故发生时应采取的应急措施。
②试分析发生本次事故的主要原因。

(3) 分析

①结合事故现场的内容回答。

②将排除的原因去掉,剩下的就是产生事故的真正原因。要考虑背景中所给的一切条件,包括特种设备作业人员、特殊工种作业人员的管理,起重机械的安全管理等。

11.6 工程协调和任务划分

11.6.1 工程项目内部协调和外部协调的管理要求

从事机电安装的施工企业承建机电工程安装任务后,工程项目经理部必须要做好内部、外部协调的管理工作,它是机电工程安装施工进度能否能得到保障,实现项目进度计划目标的重要环节之一。

1. 内部协调管理

电气安装工程的施工管理和技术构成具有与其他施工内容不同的特色,主要表现在管理对象多,专业分工细,既有施工又有制造,涉及机械、电子、轻工、热机、热力、电力、供水、排水、制药、食品、纺织等各行业相关学科。因而其员工的构成尤其是技术管理人员和作业人员的素质及配备数量应当与施工对象相称。

(1) 项目经理部在现场组织安装工程施工的内部协调应包括下列内容:①施工进度计划协调;②施工生产资源协调;③施工的工程质量协调;④施工安全生产协调。

(2) 施工进度计划协调

①施工进度计划的协调工作应包括进度计划的编制、组织实施、计划检查和计划调整4个环节的循环;

②电气安装工程包含了设备安装、电气安装、管道安装、通风与空调安装、自动控制及仪表安装、建筑智能化安装、金属结构贮罐容器组装、窑炉安装等各专业施工活动,因此施工进度计划的编制和实施中,各专业之间的搭接关系和接口的进度安排,计划实施时相互间协调和配合、工作面交换、工序衔接、各专业管线的综合布置等,并相互创造施工条件,都应通过内部协调处理,确保施工进度目标的实现。

(3) 施工生产资源的协调

①施工生产资源包括:人力资源、施工机械设备和检测器具、施工技术资源、工程设备和材料资源、资金资源等,也称五大生产要素。

②上述资源在施工过程中需要优化配置、动态控制和科学调度,通过协调手段做到合理有序的安排,保证施工进度计划目标、工程质量目标、安全生产目标和工程成本目标的实现。

③要通过内部协调工作,处理好进度、质量、安全、成本之间的关系,全面实现"项目管理目标责任书"的要求。

2. 外部协调管理

外部协调管理是指电气安装工程项目经理部与相关方之间的协调。

(1) 安装工程施工的外部协调主要有以下方面:①与土建施工方的协调配合;②与其他相关方的协调;③与监管部门的接口。

(2) 与土建施工方的协调配合

①不论哪些类特征的电气安装工程,都离不开与土建工程的协调配合,只是依据工程性质来区别协调配合的复杂和紧密程度。

②民用电气安装工程主要依附于土建工程,土建工程的进度计划、质量控制、安全与文明施工等各项项目管理是主线,电气安装工程为辅线,辅线必须服从主线。

③工业电气安装工程要依附生产工艺流程及其各类动力站(变配电所、空压站、热力站、乙炔站、氧气站、煤气站、供水泵站等)投运顺序来安排总体进度计划,无疑电气安装工程处于主线位置,土建工程要服从这个安排原则处于辅线地位。

④如果工程项目实行工程总承包,则总承包方实施对整个项目全面管理,并负协调配合的主导责任。

(3) 与其他相关方的协调

电气安装工程协调配合还有与项目外部相关方协调的一面,除特殊材料订货采购外,应注意下列各相关方协调配合的时机与条件,否则会影响已建项目的顺利投产或使用。

其他相关方可能包括:

A. 进口设备材料的进关检验。

B. 供电线路引入。

C. 供水干线连通。

D. 排污干线入网。

E. 通信网络引入。

F. 市政煤气和热力连通。

(4) 与监管部门的接口

电气安装工程中有政府明令监督的特种设备安装、消防设备安装等,应按国家的法律法规和当地监管部门的相关规定,列出计划,依照报检、过程监督、最终准用等程序办理一切法定手续。

11.6.2 施工任务的划分及交底

电气安装工程承接机电工程施工任务后,应组建项目经理部,明确合同约定的施工范围,进行单位工程、分部工程、分项工程的划分;应高度重视施工任务的交底工作,明确分工和各自的责任。

1. 施工任务的划分

电气安装工程项目经理部对施工项目任务划分后,将施工任务和管理责任落实到各个层次。

(1) 按项目构成的划分原则

项目构成可划分为:单位(子单位)工程、分部(子分部)工程和分项工程。

①单位工程

A. 具备独立施工条件并能形成独立使用功能的建筑物或构筑物为一个单位工程;

B. 能形成生产产品的车间、生产线和组合工艺装置以及各类动力站等各自为一个单位工程;

C. 建筑物规模较大的单位工程,其能形成独立使用功能的部分为一个子单位工程;

D. 室外工程可根据专业类别和工程规模划分单位(子单位)工程。

②分部工程

A. 按专业性质、建筑部位确定分部工程;

B. 按设备所属的工艺系统、专业种类、机组和区域划分为分部工程;

C. 分部工程较大较复杂时，可按材料种类、施工特点、施工顺序、专业系统及类别等划分为若干个子分部工程。

③分项工程

按主要工程材料、施工工艺、设备类别等进行划分。

(2) 按项目实施方式的划分原则

项目工程总承包方承担的施工任务，包括总承包方自行组织实施和发包给专业分承包方组织实施两大部分。其划分原则如下：

①总承包合同约定或法规规定的，主体工程或主要生产工艺系统工程施工任务项目应自行组织施工。

②自有专业队伍能力和资源条件可以满足承建项目施工任务的，应自行组织施工；如有不能满足的部分，可以分包给具备相应专业资质、能力的专业承包商。

③采用多专业混合队建制组织施工时，施工任务划分宜按单位工程或子单位工程组织施工。

采用单一专业队建制组织施工时，施工任务划分宜按分部工程或子分部工程组织施工。

2. 施工任务的交底

施工任务交底可分为：企业向项目经理部交底；施工任务划分交底；经批准后的项目管理实施规划、施工组织总设计或施工组织设计的交底；对作业施工队、施工作业班组的施工任务交底等。

(1) 企业向项目经理部交底

由企业责任部门负责向已组建的项目经理部管理人员进行施工任务交底。交底内容应包括：①招投标过程中，经济标和技术标标书、合同洽谈等情况；②企业对业主的承诺和施工合同内容、目标、施工任务及范围；③工程设备和材料的采购供货责任分工及有关要求；④工程施工所需资源配置的来源及措施；⑤工程项目管理的目标（质量、安全、进度、成本）和管理控制的要求。

(2) 项目管理实施规划、施工组织总设计或施工组织设计的交底

电气安装工程项目经理部经理和项目总工程师（技术负责人）按分工进行项目管理实施规划、施工组织总设计或施工组织设计经授权人批准后进行交底，项目经理部各层面和分承包方有关管理技术人员参加。

交底的内容应包括：

①工程概况、施工特点和难点分析、施工部署、主要施工方法、施工总进度计划、全场性的施工准备工作计划、施工资源总需要量计划、施工总平面图和各项主要技术经济评价指标等。

②需要进一步编制施工方案清单，并落实负责编制责任人。

③全场性的施工准备工作计划实施的责任分工。

④实施施工组织总设计或施工组织设计的有关要求，包括信息沟通传递渠道。

⑤解决施工难点的策划方向。

⑥由承包方（包括企业和项目经理部）承担工程设备、材料采购供应的情况。

(3) 对施工作业队、施工作业班组进行施工任务的交底

工程项目（单位工程）开工前，主管工程师向专业施工员和施工作业队进行施工任务交底；专业施工员（工长）向施工作业班组进行施工任务交底。

交底的内容应包括：

① 介绍工程概况和特点、设计意图、施工具备的条件。

② 采用的施工方法或工艺、施工顺序及施工进度目标的要求。

③ 依据的施工质量验收规范和质量评定标准，施工质量应达到的目标和要求。

④ 针对施工作业场所和施工人员操作中风险情况，明确已识别的风险源及应采取的安全防范措施，对重大风险因素应采取的相应管理方案和控制要求。

⑤ 与其他相关专业工种的施工配合及接口关系，电气安装工程中各种工种进行交叉或平行作业时的协调和注意事项。

11.7 质量检验和质量问题处理

11.7.1 单位工程质量检验的主要依据和主要内容

1. 单位工程质量检验的主要依据

电气安装工程的质量检验应包括建筑设备安装工程和工业设备安装工程。目前，我国建筑设备安装的质量验收统一标准坚持了"验评分离、强化验收、完善手段、过程控制"的指导思想，此标准是将有关建筑设备安装工程的施工及验收规范和工程质量检验评定标准合并，组成新的工程质量验收规范体系，以统一建筑设备安装工程施工质量的验收方法、质量标准和程序，为此，建筑设备安装工程的质量是通过检验和验收予以控制；而工业设备安装工程的质量仍旧是按原检验、评定和验收标准予以控制。

（1）项目经理必须根据合同和设计图纸的要求，严格执行国家颁发的有关现行工程质量验收标准，及时地配合监理工程师、质量监督站等有关机构和人员进行质量评定和办理竣工验收交接手续。

（2）项目质量的检验贯穿于施工全过程，而工程项目质量评定和验收是按分项工程、分部（子分部）工程、单位（子单位）工程依次进行的。其中工业设备安装工程质量等级分为"合格"和"优良"两级，凡检验不合格的项目则不予验收。

（3）建筑设备安装质量检验的主要依据是施工图、现行的施工质量验收标准。现行的建筑设备或建筑安装工程施工质量验收标准有7种：

① 建筑工程施工质量验收统一标准。

② 钢结构工程施工质量验收规范。

③ 建筑给水排水及采暖工程施工质量验收规范。

④ 通风与空调工程施工质量验收规范。

⑤ 建筑电气工程施工质量验收规范。

⑥ 电梯工程施工质量验收规范。

⑦ 智能建筑工程施工质量验收规范。

（4）工业设备安装工程质量验收的主要依据是工艺设计施工图、机械设备安装使用说明书、现行施工及验收规范、质量验收检验评定标准等。工业设备安装现行施工验收规范、质量检验评定标准有：

机械设备安装工程施工及验收规范共10册（包括通用规范，连续输送设备，金属切削机床，锻压设备，工业锅炉，制冷设备、空气分离设备，压缩机、风机、泵，破碎、粉磨设备，铸造设备，起重设备）以及各行业发布的施工质量验收标准等。主要有：

① 通用机械设备安装工程质量检验评定标准。
② 工业管道工程施工及验收规范。
③ 现场设备、工业管道焊接工程施工及验收规范。
④ 工业金属管道工程质量检验评定标准。
⑤ 工业设备及管道绝热工程施工及验收规范。
⑥ 工业设备及管道绝热工程质量检验评定标准。
⑦ 工业炉砌筑工程施工及验收规范。
⑧ 工业炉砌筑工程质量检验评定标准。
⑨ 工业自动化仪表工程施工及验收规范。
⑩ 自动化仪表安装工程质量检验评定标准。
⑪ 球形储罐施工及验收规范。
⑫ 立式圆筒形钢制焊接油罐施工及验收规范。
⑬ 容器工程质量检验评定标准。
⑭ 火灾自动报警系统施工及验收规范。
⑮ 泡沫灭火系统施工及验收规范。

2. 单位工程质量检验的主要内容

(1) 工程质量检验就是依据相应的质量标准，借助一定的检测手段来评价工程产品、材料和工艺设备的性能特征或质量状况的工作，正确地进行工程项目的质量检验，是保证工程质量的重要手段。

(2) 电气安装工程由若干个单位工程组成，一个单位工程由若干个分部工程组成，一个分部工程由若干个分项工程组成，分项工程施工又分为若干个工序。因此单位工程质量检验应按工序→分项工程→分部工程→单位工程的顺序逐次进行。

(3) 工程质量检验工作应在施工过程中进行，只有检验合格后方可办理交接和验收，质量检验分为过程验收和竣工验收检验。

(4) 过程验收检验包括：
① 条件检查（包括设备基础检查验收）。
② 主要设备、材料的验收检验。
③ 工序交接检查。对于重要的工序或对工程质量有重大影响的工序，在自检、互检的基础上，还要组织专职人员进行工序交接检查。
④ 隐蔽工程检查。凡是隐蔽工程均应检查确认合格后方能隐蔽。
⑤ 工程检验，应按相应的施工及验收规范进行
A. 建筑安装工程：按主控项目和一般项目进行检验。
B. 工业设备安装工程：按保证项目、基本项目和允许偏差项目进行检验。
⑥ 停工后复工前的检查。因处理质量问题或某种原因停工后复工前，应经检查认可后方能复工。
⑦ 成品保护检查。检查成品有无保护措施，保护措施是否可靠。

⑧检验的确认。分项、分部工程完工后,应经检查认可,签署验收记录后,视为确认。

(5) 竣工验收检验

①分部分项工程完成后,应在施工单位自行验收合格后,通知建设单位(或工程监理)验收,重要的分部分项应请设计单位参加。

②单位工程完成后,施工单位应自行组织检查、评定,符合验收标准后,向建设单位提交验收申请。

③建设单位收到验收申请后,应组织施工、勘察、设计监理等单位人员进行单位工程验收,明确结果,形成验收报告。

④竣工验收采用随机抽检。

⑤按各专业质量检验评定标准进行。

(6) 质量检验应常抓不懈,采取灵活多变的形式,例如:"实行自检、互检、专职检查"、"以专职检验为主,专职检验与群众检验相结合"、"随机抽查与集中检查结合"、"日查、周查、月查、季查"。

(7) 政府主管部门的监督检查。如对锅炉压力容器、电梯、起重机械等,政府主管部门要组织专项检查和监督检查。

11.7.2 质量问题处理的程序和基本要求

电气安装工程施工质量问题一般是指施工过程中出现的安装分项工程没有满足某个(某几个)规定指标的要求。一般由项目总工程师(技术负责人)组织技术、质量负责人及责任负责人进行分析处理。

1. 质量问题处理程序

质量问题处理程序一般如图 11-5 所示。

2. 质量问题处理的基本要求

(1) 质量问题的调查

质量问题发生后,项目质量负责人应及时组织调查。调查的目的是确定质量问题的范围、性质、影响和原因等,通过调查为质量问题的分析与处理提供依据。

调查一定要力求全面、准确、客观。调查结束,对质量问题应填写"不合格报告",上报项目总工程师(技术负责人)。对重大质量问题还要写成"质量问题调查报告",由项目总工程师上报企业质量管理部门处理。

(2) 质量问题的现场保护和应急措施

①根据质量问题发生的情况,质量负责人应立即决定是否需要通知相关的技术人员或质量责任人。

②由质量责任人根据调查情况确定保护措施,并组织进行保护,以便分析并处理。

③对于那些可能会进一步扩大,甚至会发生严重质量问题的,要及时采取应急保护措施。

(3) 质量问题的原因分析

①原因分析要建立在质量问题情况调查的基础上,避免情况不明就主观分析推断质量问题的原因。

②项目总工程师根据需要组织现场有关人员,必要时可通知业主或监理方参加,进行

质量问题的原因分析，对不合格项目进行评审。

③质量分析可采用因果分析图法。对人、机、料、法、环的五大因素进行原因分析，从中找出发生质量问题的主要因素。

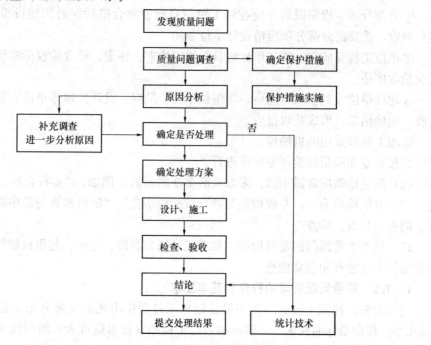

图 11-5　质量问题处理程序

（4）质量问题处理方案的实施、控制及验证

①根据对质量问题的原因分析和评审结果，由责任人编写质量问题的处理方案，经项目质量负责人审核后，由项目总工程师批准实施。

②质量问题处理方案的实施

经批准的质量问题处理方案应发给质量问题责任人实施。对质量问题处理方案的实施一般有4种方法：

　　A. 返工，以达到规定要求；

　　B. 返修或不经返修作为让步接收；

　　C. 降级使用（或改作他用）；

　　D. 拒收或报废。

③质量问题处理的控制及验证

质量问题处置后的复验：质量问题责任人对质量问题按处理方案处理完毕后，报经质量检查人员进行复验，验证是否达到预期目的或还留有隐患。

复验必须严格按施工质量验收规范有关规定进行，必要时，还要通过实测、实量、荷载试验、试压、耐燃试验、力矩测定和其他仪表检测等方法获取可靠的数据，这样才能对质量问题作出正确的处理结论。

（5）质量问题不作处理的论证

①在机电工程安装过程中，发生的质量问题并非都要处理，即使有些质量缺陷，虽已

超出了国家标准及规范要求，但也可针对工程的具体情况，经过分析、论证，做出不作处理的结论。

②不作处理除了需满足功能和安全需求外，还要论证使用寿命是否达到预期要求，以及等强度的设计是否需要，否则局部的提前损坏会导致安全事故发生或影响整个工程投资的效益。

③不作处理的质量问题通常有以下几种情况

不影响使用功能和生产工艺的要求。例如，外表的横平竖直超差不大；焊接产生不大的局部变形等，经分析论证，不影响工艺和使用要求，可以不作处理。

不影响结构安全的要求。例如，各类非标设备在加工制造安装过程所产生的几何尺寸有些超差；锅炉钢架安装过程所产生的几何尺寸有些超差等，经分析论证，不影响结构安全要求，可以不作处理。

某些轻微的质量缺陷，通过后续工序可以弥补的，由后续工序处理。

对出现的质量问题，经复核验算，仍能满足设计要求者，可不作处理，但应经过设计人员验证确认。

11.8 现场文明施工

11.8.1 施工现场安全防护和标识

1. 施工现场的安全防护

施工现场的安全防护是贯彻"预防为主、安全第一"方针的有力措施。项目部应努力提高安全生产管理水平，积极采取事故预防的技术措施和管理措施，加强施工现场的安全防护，尽量从源头上消除施工过程中的危险因素，减少或杜绝伤亡事故的发生。

施工现场的安全防护应从危险源产生的因素入手，根据工程特点和施工现场的实际情况具体制定防护措施并实施。

（1）消除物的不安全状态的防护措施

物的不安全状态至少应包括施工设备、装置的缺陷，作业场所的缺陷和物质环境的危险源。

①消除施工设备的不安全状态：这里包括建立设备维修、保养制度，定期检查调整和试验制度，施工设备报废制度等，消除施工设备技术性能降低、刚度不够、结构不良、老化、控制装置失灵等缺陷，保证设备、装置完好。

②消除作业场所的不安全因素：如预留洞口、楼梯、通道口、电梯口防护要符合要求；电梯井内每隔两层（不大于10m）设一安全网；脚手架搭设牢固、合理，梯子使用应符合防滑、防倾覆的要求；设备、材料放置安全合理，作业通道畅通；交叉作业要制定具体的防护措施；高空作业应有妥善的防护措施；施工场所整洁等。

③消除施工现场危险物质的不安全因素：如易燃易爆物品应单独存放并符合有关规定；焊接作业应有防火措施；防止高空物体的坠落和物体的打击等。

④必须保证施工现场的临时用电符合规定，防止触电、漏电事故的发生。

⑤施工现场的安全标识必须齐全，悬挂位置合适并且醒目、牢固。

（2）消除人的不安全行为的防护措施

人的不安全行为指操作者不懂、不遵守安全技术操作规程和安全管理制度及相关的法律法规，或者是由于某种原因情绪出现异常而发生的不安全行为。在安全预防和防护工作中，消除人的不安全行为是最重要的工作之一。

①加强培训，进行安全技术教育和安全技术交底，提高操作者的素质和遵守安全管理规章制度的自觉性，从根本上解决人的不安全行为。

②用安全管理制度规范人的行为，严禁违章指挥、作业人员违反操作规程作业，防止人为事故的发生。

③特种设备作业人员和特殊工种作业人员必须持证上岗。

④项目部注意营造一个良好的人际关系氛围，注意职工生活、休息和身体状况。发现职工情绪异常应及时采取纠正措施。

⑤职工进入施工现场，必须佩戴齐全个人防护用品。劳动防护用品按照防护部位分为9类：安全帽类、呼吸护具类、眼防护具、听力护具、防护鞋、防护手套、防护服、防坠落护具、护肤用品等。防护用品必须正确使用。

⑥项目部应采取措施防止操作者长时间从事超负荷作业而使身体处于极度疲劳状态而产生的不安全因素。

⑦对高空作业人员应定期进行体格检查，防止发生事故。

（3）消除环境因素对安全防护的影响

①施工环境应整洁，夜间施工要有良好的照明，材料和施工设备布置应整齐道路畅通、施工现场的安全防护到位等。

②采取措施或调整作业时间，避免使操作者在高温和低温环境中工作。必须在高温或低温环境中工作时，应采取相应措施，防止因人的身体不适应而造成不安全因素。

③应防止腐蚀性物质、有毒物质、射线等对人体的危害，对其应按照规定进行保管和使用。

（4）消除安全管理缺陷，从管理上做好安装防护

①制定完善的、切实可行的安全管理制度，并有一整套检查、落实、奖罚措施，用制度保障安全防护措施的落实。

②避免技术管理缺陷、施工组织设计不完善和作业程序安排不合理给安全防护带来的困难等。

③尽量采用机械化作业，改进施工工艺，减少人为因素带来的安全隐患。

④项目部采购的施工设备、器具、防护用品等均必须符合国家有关标准的规定，不允许不合格的设备、防护用品进入施工现场。

2. 施工现场的安全标识

安全标识是指在操作人员容易产生错误而造成事故的场所，为了确保安全，提醒操作人员注意所采取的一种特殊标识。安全标识是为了提醒人们的注意，预防事故的发生。安全标识不能代替安全操作规程和防护措施。安全标识由颜色、几何图形和符号组成。必要时，还需要补充一些文字说明与安全标识一起使用。

（1）安全标识的颜色

安全标识国家规定有红、黄、蓝、绿四种颜色。其含义是：红色表示禁止、停止（也表示防火）；黄色表示警告、注意；蓝色表示指令或必须遵守的规定；绿色表示提示、安

全状态、通行。

(2) 安全标识的种类

安全标识根据其用途的不同可分为禁止标识、警告标识、指令标识和提醒标识 4 类。安全标识根据其使用目的的不同，可分为以下 9 种：①防火标识（有发生火灾危险的场所，有易燃易爆危险的物质及位置，防火、灭火设备位置）；②禁止标识（所有禁止的危险行为）；③注意标识（由于不安全行为或不注意就有危险的场所）；④危险标识（有直接危险性的物质和场所并对危险状态作警告）；⑤救护标识；⑥小心标识；⑦放射性标识；⑧方向标识；⑨指示标识。

(3) 安全标识的使用与管理

①安全标识牌的制作按国家现行标准《安全标识》的规定制作，标识牌应坚固耐用。有触电危险场所的标识牌，应用绝缘材料制成。

②安全标识牌应挂在醒目、与安全有关的地方，并使人们看到后有足够的时间来注意它所表示的内容。

③安全标识牌应定期检查与维修，如有发现变形、破损或图形脱落以及不符合安全色的，应及时修整或更换。

④凡是施工现场有不安全因素的场所和设备，均应挂安全标识牌。

11.8.2 现场文明施工的措施

文明施工管理的水平是反映一个现代施工企业的综合管理素质和竞争能力的重要特征。项目部应在施工组织设计中作出统一规划，结合电气安装工程的专业特点，采取有效措施对现场文明施工加强管理。采取的各项措施应细化成技术措施、组织措施、经济措施及分包合同措施，从而保证现场文明施工措施的实现。

1. 现场文明施工的策划

(1) 项目部要建立文明施工管理体系

项目部要根据施工现场的具体情况建立文明施工管理体系。同一工程、同一作业面同时有几个单位施工时，应建立联合文明施工管理体系，但分工要明确，责任要到单位，要有联合办公和联合解决问题的机制。有些项目还可以将文明施工管理体系和安全施工管理体系合并，但任务要单列，考核要单列，确保文明施工管理体系的有效运转。

(2) 施工项目文明施工策划（管理）的主要内容有：①厂区文明施工管理；②施工现场文明施工管理；③环境保护；④环卫管理；⑤施工人员的文明管理。

2. 现场文明施工的措施

(1) 厂区文明施工管理

①工地现场设置大门和连续、密闭的临时围护设施，且牢固、安全、整齐美观；围护外部色彩与周围环境协调。

②严格按照相关文件规定的尺寸和规格制作各类工程标志标牌，如：施工总平面图、工程概况牌、文明施工管理牌、组织网络牌、安全记录牌、防火须知牌等。其中，工程概况牌设置在工地大门入口处，标明项目名称、规模、开竣工日期、施工许可证号、建设单位、设计单位、施工单位、监理单位和联系电话等。

③场内道路要平整、坚实、畅通，有完善的排水措施；严格按施工组织设计中平面布置图划定的位置整齐堆放原材料和机具、设备。

④施工区和生活区、办公区有明确的划分；责任区分片包干，岗位责任制健全，各项管理制度健全并上墙；施工区内废料和垃圾及时清理，成品保护措施健全有效。

(2) 施工现场文明施工管理

①根据作业面，将施工现场划分成若干个责任区，各单位要保持本单位责任区的清洁、整齐和安全的施工环境。

②施工现场要有明显的防火标志，消防通道畅通，消防设施、工具、器材符合要求；施工现场不准吸烟。

③工地的材料、设备、库房等按平面图规定地点、位置设置；材料、设备分规格存放整齐、有标识，管理制度、资料齐全并有台账；易燃、易爆、剧毒材料的领退、存放、使用应符合相关规定。

④室外施工设备应有防护棚，室内施工设备应放置整齐。设备的安全防护装置应齐全、完好，表面应干净并有相应的标识牌。

⑤各种安全标识齐全、醒目、整齐。

(3) 环境保护

①施工组织设计中要有针对性的环保措施，建立环保体系并有检查记录。

②施工中应特别注意噪声污染、粉尘污染、有毒气体污染和污水污染。应采取有效措施防止对环境的污染，防止对施工人员和周围居民的污染和干扰。

(4) 环卫管理

①建立卫生管理制度、明确卫生责任人、划分责任区，定期检查落实，有卫生检查记录。

②施工现场各区域整齐清洁、无积水，运输车辆必须冲洗干净后才能离场上路行驶。

③生活区宿舍整洁，不随意泼污水、倒污物，生活垃圾按指定地点集中，及时清理。

④食堂应符合卫生标准，加工、保管生、熟食品要分开，炊事员上岗须穿戴工作服帽、持有效的健康证明。尤其要防止食物中毒。

⑤卫生间屋顶、墙壁严密，门窗齐全有效，按规定采用水冲洗或加盖措施，每日有专人负责清扫、保洁、灭蝇蛆。

(5) 施工人员的文明管理

①项目部应对管理人员和施工人员进行文明、礼貌的教育。所有现场人员不应打架斗殴，不应骂人。应相互尊重，团结合作，形成团队精神。

②现场人员着装应整齐，有条件的单位应统一着装。所有进入现场的人员，均应佩戴相应的防护用品。

③特种设备作业人员和特殊工种作业人员应持证上岗。

所有施工人员均应遵守施工现场文明施工管理制度，严格按安全技术操作规程操作和施工，既要保证安全施工，又要实现文明施工。

11.9 成本构成和竣工结算

11.9.1 工程项目成本的构成

项目成本是指为完成该项目所有施工内容而投入的人力、物力支出的总和。

1. 项目成本的构成

项目成本由如下内容构成：人工费、材料费、施工机械使用费、其他直接费、间接费用。

2. 人工费

工程成本中的人工费，是指在施工过程中直接从事工程施工的建筑安装工人以及在施工现场直接为工程制作构件和运料、配料等工人的工资、奖金津贴、工资附加费。

3. 材料费

工程成本中的材料费是指在施工过程中耗用的，构成工程实体的材料、结构件、零件、配件等费用和有助于工程形成的其他材料以及周转材料的摊销、租赁费用等。

4. 施工机械使用费

工程成本中的机械使用费是指在施工过程中使用自有施工机械所发生的费用和使用外单位施工机械的租赁费用，以及按规定支付的施工机械安装、拆卸和进出场费等。

5. 其他直接费

工程成本中其他直接费是指在施工过程中发生的冬雨期施工增加费、夜间施工增加费、材料二次搬运费、生产工具用具使用费、检验试验费、工程定位复测费、场地清理费、临时设施费等。

6. 间接费用

间接费用也可以称作施工管理费，此项费用是指项目部为直接组织施工生产活动的施工管理机构等发生的管理费。

11.9.2 工程竣工结算的依据和程序

电气安装工程竣工结算是指项目经理按照规定的内容全部完成所承包的工程，经验收质量合格，并符合合同要求之后向工程发包方进行的最终工程价款的结算。

工程项目竣工结算的依据如下：承包合同，包括中标总价、合同变更的资料、施工技术资料、工程竣工验收报告、其他有关资料。

1. 工程竣工结算的程序

(1) 项目经理应做好竣工结算的基础工作，指定专人对竣工结算书的内容进行检查。

(2) 以单位工程或合同约定的专业项目为基础，应对原报价单的主要内容进行检查和核对。

(3) 发现漏算、多算或计算误差的应及时进行调整。

(4) 多个单位工程构成的施工项目，应将各单位工程竣工结算书汇总，编制单项工程综合结算书。多个单项工程构成的建设项目，应将各单项工程综合结算书汇总编制建设项目总结算书，并撰写编制说明。

(5) 项目经理有责任配合企业主管部门督促发包人及时办理竣工结算手续。

(6) 企业预算部门应将结算资料送交财务部门，进行工程价款的最终结算和收款，发包人应在规定期限内支付工程竣工结算款。

(7) 工程竣工结算后，应将工程竣工结算报告及完整的结算资料纳入工程竣工资料，及时归档保存。

2. 关于工程项目竣工结算的其他工作

(1) 项目工程一般工期较长，中间要进行分段结算，开工前还要收取预付款等，这些也属于结算工作的相关内容。

(2) 按合同约定逐期收取进度款的，统计部门还要编报工程进度款结算单，在规定日期内报监理工程师审批结算，据以收取进度款。

(3) 根据工程特点，发包方除工程价款以外另行支付工期奖、质量奖、措施奖及索赔等款项时，要依据双方协议、合同等文件在约定期限内随同当期进度款同时收取。

11.10 竣工验收和回访保修

11.10.1 竣工验收的依据和程序

电气安装工程项目按工程总承包合同范围和批准的设计文件规定全部内容已建成，达到设计要求；工业建设项目达到能够生产合格产品；民用建设项目能够达到系统功能并正常使用，在经检查验收合格后，办理移交手续，即电气安装工程项目竣工验收。

1. 电气安装工程项目竣工验收和建设项目竣工验收的区别如表 11-7 所示。

电气安装工程项目竣工验收和建设项目竣工验收的区别　　表 11-7

验收类别	验收时间	验收主体	参加验收单位	验收目的	验收对象	验收方式
建设项目竣工验收	建设项目建成后	使用单位（国家或其他）	建设单位、验收委员会	移交固定资产	整体项目验收	动用验收
电气安装项目竣工验收	单项或单位工程完工后	建设单位	建设、设计、监理施工单位	移交电气安装工程	单项或单位工程（项目的部分工程验收）	初步验收

2. 竣工验收依据主要有：

①可行性研究报告；

②施工图设计及设计变更通知书；

③技术设备说明书；

④国家现行的标准、规范；

⑤主管部门或业主有关审批、修改、调整的文件；

⑥工程总承包合同；

⑦建筑安装工程统计规定及主管部门关于工程竣工的规定；

⑧国外引进的新技术和成套设备的项目，以及中外合资的项目，应按照项目签订的涉外合同和国外提供的设计文件及国家标准规范等进行验收。外资独资项目，按电气安装工程总承包合同约定执行。

3. 竣工验收程序

(1) 竣工验收的要求主要有：

①根据工程的规模大小和复杂程度，电气安装工程的验收可分为初步验收和竣工验收两个阶段进行。规模较大、较复杂的工程，应先进行初验，然后进行全部工程的竣工验收。规模较小、较简单的工程，可以一次性进行全部工程的竣工验收。

②工程在竣工验收之前，由建设单位组织施工、设计、监理和使用等有关单位进行初验。初验前由施工单位按照国家规定，整理好文件、技术资料，并向建设单位提出交工报告。建设单位接到报告后，应及时组织初验。

③工程全部完成，经过各单位工程的验收，符合设计要求，并具备竣工图表、竣工结算、工程总结（如果需要）等必要文件资料，由工程主管部门或建设单位向负责验收的单位提出竣工验收申请报告。由负责验收的单位组织竣工验收。外商独资项目按有关规定执行。

（2）竣工验收步骤

竣工验收一般分为两个步骤进行：一是由施工单位先行自验；二是正式验收，即由建设单位组织监理单位、施工单位、设计单位共同验收。

①竣工自验（或竣工预验）

A. 自验的标准应与正式验收一样，即工程是否符合国家规定的竣工标准和生产有关的竣工目标；工程完成情况是否符合施工图纸和设计的要求；工程质量是否符合国家和地方政府规定的标准和要求；工程质量是否达到合同约定的要求和标准等。

B. 自验应由项目负责人组织生产、技术、质量、合同、预算以及有关的施工员等共同参加。上述人员按照自己主管的内容对单位工程逐一进行检查。在检查中要做好记录，对不符合要求的部位和项目，应确定整改措施、修补措施的标准，并指定专人负责，定期整改完毕。

②复验

在项目经理部自我检查并对查出的问题全部整改完毕后，项目负责人应提交上级要求进行复验。通过复验，应解决全部遗留整改问题，为正式验收做好充分准备。

③项目竣工验收

在自验的基础上，确认工程全部符合竣工验收标准，具备了交付投产（使用）的条件，可进行项目竣工验收。竣工验收一般程序如下：

A. 发出《竣工验收通知书》：建设单位应在正式竣工验收日之前十天，向施工单位发出《竣工验收通知书》。

B. 组织验收：工程竣工验收工作由建设单位邀请设计单位、监理单位及有关方面参加，会同施工单位一起进行检查验收。列为国家重点工程的大型项目，应由国家有关部门邀请有关方面参加，组成工程验收委员会进行验收。

C. 签发《竣工验收证明书》，办理工程移交：在建设单位验收完毕并确认工程符合竣工标准和总承包合同条款要求后，向施工单位发《竣工验收证明书》。

D. 进行工程质量评定。

E. 办理工程档案资料移交。

F. 逐渐办理工程移交手续和其他固定资产移交手续，办理交接验收证书。

G. 办理工程结算签证手续，进入工程保修环节。

11.10.2　工程回访和保修的管理要求

1. 工程回访的管理要求

电气安装工程回访制度是工程竣工验收交付使用后，在规定的期限内，由施工单位主动到建设单位或用户进行回访，对工程确由施工造成的无法使用或达不到生产能力的部分，应由施工单位负责修理，使其恢复正常。

工程回访制度属于电气安装工程交工后管理范畴，施工单位应在施工前为用户着想，施工中对用户负责，竣工后让建设单位或用户满意，回访必须认真进行。

（1）工程回访的内容主要有：①了解工程使用情况，使用或生产后工程质量的变异；②听取各方面对工程质量和服务的意见；③了解所采用的新技术、新材料、新工艺或新设备的使用效果；④向建设单位提出保修期后的维护和使用等方面的建议和注意事项；⑤处理遗留问题；⑥巩固良好的协作关系。

（2）工程回访的参加人员和回访时间

①工程回访参加人员由项目负责人，技术、质量、经营等有关方面人员组成。

②工程回访时间一般在保修期内进行，除实现上述回访的内容外，也可根据需要随时进行回访。

（3）工程回访的方式

①季节性回访：如冬季回访锅炉房及采暖系统运行情况，夏季回访通风空调制冷系统运行情况。发现问题应采取有效措施，及时加以解决。

②技术性回访：主要了解在工程施工过程中所采用的新材料、新技术、新工艺、新设备等的技术性能和使用后的效果，发现问题及时加以补救和解决，同时也便于总结经验，获取科学依据，不断改进完善，为进一步推广创造条件。这类回访既可定期，也可不定期地进行。

③保修期满前的回访：一般是在保修即将届满前进行回访。

④采用邮件、电话、传真或电子信箱等信息传递方式。

⑤由建设单位组织座谈会或意见听取会。

⑥察看电气安装工程使用或生产后的运转情况。

（4）工程回访的要求

①回访过程必须认真实施，做好回访记录，必要时写出回访纪要。

②回访中发现的施工质量缺陷，如在保修期内要采取措施，迅速处理；如已超过保修期，要协商处理。

（5）用户投诉的处理

①对用户的投诉应迅速、友好地进行解释和答复。

②对投诉有误的，也要耐心作出说明，切忌态度简单生硬。

2. 工程保修的管理要求

工程保修体现了工程项目承包方对工程项目负责到底的精神，体现了施工企业"服务为本，对用户负责"的宗旨，施工单位在工程项目竣工验收交付使用以后，应履行合同中约定的保修义务。

（1）保修的责任范围

①质量问题确实是由于施工单位的施工责任或施工质量不良造成的，施工单位负责修理并承担修理费用。

②质量问题是由双方的责任造成的，应协商解决，商定各自的经济责任，由施工单位负责修理。

③质量问题是由于建设单位提供的设备、材料等质量不良造成的，应由建设单位承担修理费用，施工单位协助修理。

④质量问题的发生是因建设单位（用户）责任，修理费用由建设单位负担。

⑤涉外工程的修理按合同规定执行，经济责任按以上原则处理。

(2) 保修时间

自竣工验收完毕之日的第 2 天计算，电气管线、给水排水管道、设备安装工程保修期为两年，采暖和供冷工程为两个采暖期或两个供冷期或按合同约定时间。

(3) 保修工作程序

①发送保修证书。在竣工验收的同时，由施工单位向建设单位发送电气安装工程保修证书，保修证书的内容主要包括：工程简况，设备使用管理要求，保修范围和内容，保修期限、保修情况记录（空白），保修说明，保修单位名称、地址、电话、联系人等。

②建设单位（用户）要求检查和修理时，其建设单位或用户发现使用功能不良，又是由于施工质量而影响使用者，可以用口头或书面方式通知施工单位的有关保修部门，说明情况，要求派人前往检查修理。施工单位必须尽快地派人前往检查，并会同建设单位做出鉴定，提出修理方案，并尽快组织人力、物力进行修理。

③验收。在发生问题的部位或项目修理完毕后，要在保修证书的"保修记录"栏内做好记录，并经建设单位验收确认，表示修理工作完成。

(4) 投诉的处理

①对于用户的投诉，应迅速及时研究处理，切勿拖延。

②认真调查分析，尊重事实，做出适当处理。

③对各项投诉都应给予热情、友好的解释和答复，即使投诉内容有误，也应耐心作出说明，切忌态度简单生硬。

参 考 文 献

[1] 成虎. 工程项目管理. 北京：高等教育出版社，2004.
[2] 国家质量技术监督局，GB/T 19016—2000 idt ISO 10006：1997 质量管理——项目管理质量指南，中国标准出版社，2000.
[3] 中华人民共和国国家标准 GB/T 50326—2006，建设工程项目管理规范. 2006.
[4] 梁世连，惠恩才主编. 工程项目管理学. 东北财经大学出版社，2008.
[5] 中华人民共和国国家标准 GB/T 50314—2006，智能建筑设计标准. 2006.
[6] 符长青，毛剑瑛编著. 智能建筑工程项目管理. 中国建筑工业出版社，2007.
[7] 邓淑文主编. 建筑工程项目管理(应用新规范). 机械工业出版社，2009.
[8] 施家治主编. 工程建设项目管理基础教程. 中国水利水电出版社，2008.
[9] 王卓甫，简迎辉著. 工程项目管理模式及其创新. 中国水利水电出版社，2006.
[10] 王恩茂主编，建筑工程项目管理问答实录，机械工业出版社，2008.
[11] 胡志根，黄建平. 工程项目管理. 武汉大学出版社，2004.
[12] 王延树主编. 建筑工程项目管理. 中国建材工业出版社，2007.
[13] 杜明芳主编. 智能建筑系统集成. 中国建筑工业出版社，2009.
[14] Shengwei Wang 著. 智能建筑与楼宇自动化. 中国建筑工业出版社，2010.
[15] 王波主编. 建筑智能化概论. 高等教育出版社，2009.
[16] 丁士昭主编. 建筑工程信息化导论. 中国建筑工业出版社，2005.
[17] 中国建筑监理协会编写. 建筑工程信息管理. 中国建筑工业出版社，2003.
[18] 中华人民共和国国家标准 GB/T 50502—2009，建设施工组织设计规范. 2009.
[19] 中华人民共和国国家标准 GB/T 50174—2008，电子信息系统机房设计规范. 2009.
[20] 中国建筑工程总公司 ZJQ00-SG-026-2006，智能建设工程施工质量标准. 中国建筑工业出版社，2007.
[21] 成虎编著. 工程合同管理. 中国建筑工业出版社，2005.
[22] 成虎著. 建设工程合同管理与索赔. 东南大学出版社，2008.
[23] 章云，许锦标主编. 建筑智能化系统. 清华大学出版社，2007.
[24] 中国工程咨询协会编写. 工程项目管理导则. 天津大学出版社，2010.
[25] 国向云. 建筑工程施工项目管理. 北京大学出版社，2009.
[26] 施家治. 工程建设项目管理. 中国电力出版社，2008.
[27] 张建新. 进度控制管理实务. 中国水利水电出版社，2008.